Bagian pertama. Intuisi.

AF745723

Edizioni PensareDiverso
Cenacolo Jung Pauli

Bruno Del Medico
Buku itu diilustrasikan oleh Elisabetta Del Medico.

Semua warna belitan kuantum

Dari mitos gua Plato, sinkronisitas Carl Jung, hingga alam semesta holografik David Bohm. Fisika kuantum menolak materialisme dan mengungkapkan komponen spiritual alam semesta.

Copyright 2023
Bruno Del Medico Editore
edizioni@delmedico.it

Ringkasan.

Pengantar. Tentang apa buku ini.

Buku itu dibagi menjadi tiga bagian. Di bagian pertama (Intuisi) penulis membahas hipotesis yang paling relevan tentang realitas palsu dunia yang dapat dilihat. Keberadaan tingkat kesadaran yang melampaui materi telah dibayangkan oleh para pemikir besar. Kami menemukan ide ini dalam "Mitos Gua" Plato, dalam "Teori Non-materialistik" Berkeley, dan juga dalam "Psikologi Bentuk" (Gestaltpsychologie). Sumber paling otoritatif terletak pada karya Carl Jung tentang "alam bawah sadar kolektif" dan "Teori sinkronisitas".

Di bagian kedua (Konfirmasi), penulis menjelaskan secara mendasar tetapi mendetail jalur fisika kuantum, dari eksperimen penghalang dengan dua celah oleh Thomas Young hingga fenomena superposisi keadaan dan korelasi kuantum. Melalui kunci istimewa ini, dimungkinkan untuk memahami keterjeratan kuantum. Pada bagian ketiga (Perspektif), penulis menjelaskan teori-teori yang dikembangkan oleh David Bohm tentang "potensi kuantum" tentang "alam semesta implisit dan alam semesta eksplisit" dan tentang visi holografik tentang kosmos. Semuanya dijelaskan dengan kesederhanaan mutlak, tanpa menggunakan rumus matematika dan dengan bantuan banyak ilustrasi.

Umat manusia, dari asalnya, ingin menyelidiki asal-usul dan komposisi benda-benda, untuk menemukan fungsi dan tujuan intinya.

Metode yang digunakan secara universal adalah memecah objek menjadi bagian-bagian yang lebih kecil dan lebih kecil, kemudian menganalisisnya dengan setiap teknik yang memungkinkan, mulai dari penyelidikan visual hingga reaksi kimia. Ini masih terjadi sampai sekarang. Misalnya, jika seorang ilmuwan ingin menemukan struktur kimia dan fisik kubus granit, ia akan memecahnya menjadi potongan-potongan yang semakin kecil hingga terbagi menjadi atom-atom individu.

Namun, jika ilmuwan itu sendiri ingin menyelidiki partikel individu yang menyusun atom, dia mendapat kejutan yang luar biasa. Kubus granit berperilaku seperti es batu. Ilmuwan melihat materi yang menjadi kabut, menguap, menghilang di antara jari-jarinya. Materi padat menjadi energi yang bergetar.

Partikel tunggal diubah menjadi gelombang berfluktuasi tanpa korporealitas padat.

Pada tingkat sub-atomik, materi bukan lagi benda padat, ia menjadi sesuatu yang berbeda.

Partikel unsur menipu kita. Mereka terlihat seperti bintik padat jika seseorang mengamatinya, tetapi mereka berperilaku seperti gelombang bergetar saat tidak diamati.

Atom praktis hanya mengandung ruang hampa.

Di permukaan, kami yakin dapat menyentuh, menimbang, memanipulasi, dan mengukur materi. Tetapi, dalam komposisinya yang paling intim, materi menjadi riak kekosongan, energi, informasi, gelombang, atau getaran.

Yang menurut kami material padat, pada intinya yang paling intim bukan lagi material padat.

Pada titik ini, jelas bahwa kita tidak dapat lagi berbicara tentang satu realitas. Bergantung pada tingkat pengamatan, dari yang sangat kecil hingga yang sangat besar, ada banyak realitas, semuanya berbeda tetapi semuanya benar-benar benar.

Atau, mungkin, ada banyak aspek dari realitas yang lebih tinggi, yang masih belum diketahui. Semua filosofi dan agama selalu menghipotesiskan sebuah "zona jiwa" yang melampaui materi; tak seorang pun, bagaimanapun, pernah mampu memberikan bukti keberadaannya. Saat ini fisika kuantum membuka jendela besar di cakrawala yang, hingga abad terakhir, tidak dapat kita bayangkan. Konfirmasi berasal dari eksperimen yang berhasil dilakukan, terutama yang berkaitan dengan fenomena belitan kuantum.

Hari ini kita tahu bahwa ada tingkat realitas yang tidak lagi tunduk pada batasan fisika Newton. Fisika materi tidak lagi cukup untuk menggambarkan alam semesta.

Fisika kuantum mendemonstrasikan keberadaan level di mana energi dan informasi mengambil alih materi. Ini yang disebut level "non-lokal". Kita bisa mendefinisikannya sebagai tingkat psikis atau spiritual. Pada level ini, Kecerdasan universal berinteraksi dengan kemanusiaan. Jalur komunikasi dengan alam semesta cerdas melewati ketidaksadaran kolektif yang diteorikan oleh Carl Jung.

Sinkronisasi Jung memandu kita dalam proyek evolusi budaya. Ini adalah proyek yang mulai kami sadari.

Bagian pertama. Intuisi.

Fenomena yang tidak bisa dijelaskan.

Menurut beberapa teks terkenal teknik penerbangan, lebah (Vespa crabro) tidak dapat terbang karena bentuk dan berat tubuhnya dibandingkan dengan permukaan sayapnya. Tetapi Vespa crabro tidak mengetahui hal ini, dan karena itu terus terbang.
(Igor Ivanovich Sikorsky, perintis penerbangan Rusia)

The Guinness Book of Records berisi banyak keanehan. Di antara berita yang tidak biasa ini ada satu berita yang benar-benar khusus. Ini adalah peringkat yang berkaitan dengan pasangan kembar yang lahir pada waktu yang berbeda. Guinness mencantumkan beberapa pasangan kembar yang lahir dengan interval waktu terlama di antara mereka.

Bertentangan dengan apa yang mungkin dibayangkan, interval ini tidak terdiri dari jam atau hari, tetapi bulan. Misalnya, pada tahun 2000 Sandra Beveridge dari West Lothian, sebuah county di Skotlandia, melahirkan anak kembar dengan jarak 28 hari. Peggy Lynn, seorang wanita dari Pennsylvania, bahkan lebih baik lagi. Pada tahun 1995 Peggy melahirkan anak kembar yang lahir dengan jarak 84 hari. Namun, rekor saat ini menjadi milik Maria Jones-Elliot yang melahirkan Amy di Irlandia pada 2013 dan baru setelah 87 hari melahirkan Katie kembarnya.

Para dokter menentukan bahwa ini adalah kasus yang sangat jarang terjadi. Kasus ini hanya terjadi ketika si kembar tumbuh menjadi dua kantung plasenta yang terpisah.

Kembar terkait dalam mode "kuantum".

Ada aspek menarik yang meyakinkan saya untuk menyebutkan catatan kelahiran kembar tertunda. Ini adalah fakta bahwa buku "The Guinness Book of Recods" lahir dari pena dua penulis. Mereka bernama Ross dan Norris McWhirter, dua saudara kembar. Kedua saudara kembar ini, selain menjadi penulis buku, adalah protagonis dari sebuah peristiwa yang tentu saja "mustahil".

Guinness saat ini merupakan buku terlaris ketiga di dunia, setelah Alkitab dan Alquran. Buku ini merepresentasikan perkembangan praktis dari sebuah ide yang lahir dengan cara yang benar-benar kasual, selama perjalanan berburu yang berlangsung pada 4 Mei 1951. Salah satu peserta perburuan itu adalah Sir Hugh Beaver, direktur pelaksana Guinness Breweries di Dublin.

Sir Beaver gagal memukul beberapa burung dari genus "Pluvialis apricaria". Burung-burung itu lebih cepat dari senapan Sir Beaver dan melarikan diri dengan kecepatan tinggi segera setelah mereka merasakan kehadiran pemburu.

Ketidaknyamanan ini memicu perdebatan antara Sir Beaver dan para pemburu lainnya, untuk menentukan burung mana yang tercepat.

Di hari-hari berikutnya, Sir Berang-berang, yang tampaknya tidak terlalu sibuk dengan peran sebagai administrator, terus memikirkan masalah tersebut. Akhirnya dia sampai pada kesimpulan bahwa banyak orang, seperti dia, akan tertarik untuk mengetahui tidak hanya burung mana yang tercepat, tetapi juga jenis keunggulan lainnya dalam pertunjukan yang berbeda. Karena itu, dia memutuskan untuk membuat buku di mana setiap orang dapat mengakses jenis informasi ini.

Isi buku itu menjadi kumpulan primata dalam berbagai aktivitas. Akibatnya, Sir Beaver meminta bantuan dari dua spesialis di sektor atletik, Ross bersaudara dan Norris McWhirter, dan menugaskan mereka untuk menulis buku tersebut.

Buku tersebut keluar pertama kali pada 27 Agustus 1955 dengan tanda tangan kedua bersaudara. Judulnya adalah "The Guinness Book of Recods". Buku itu segera memiliki kesuksesan gemilang yang berlanjut hingga hari ini. (Gbr. 1).

Gambar 1 - Si kembar Norris (kiri) dan Ross McWhirter (kanan) penulis edisi pertama "The Guinness Book of Recods". Keduanya adalah protagonis dari kasus komunikasi ekstra-sensorik yang luar biasa.

Jelas sekali, penulis menjadi sangat terkenal, sehingga peristiwa-peristiwa dalam hidup mereka didokumentasikan dan disaksikan dengan sangat baik.

i kembar Ross dan Norris McWhirter.

Ross dan Norris lahir pada 12 Agustus 1925 dari pasangan William McWhirter, editor Sunda Pictorial, dan Margaret Williamson. Pada 1950 mereka berdua menjadi jurnalis olahraga. Seorang teman mereka, pelari Christopher Chataway, bekerja di Pabrik Bir Guinness. Ketika Christopher mengetahui bahwa administrator Hugh Beaver sedang mencari orang yang kompeten untuk membuat buku tentang primata, dia merekomendasikan si kembar. Keduanya pun langsung diberi tugas untuk menulis buku tersebut.

Pada 1960-an, Ross menjadi aktivis politik Partai Konservatif. Terlepas dari masa-masa sulit, ia mendukung banyak undang-undang restriktif yang diberlakukan Inggris terhadap penduduk Irlandia. Ross bahkan menyarankan hadiah £ 50.000 kepada siapa saja yang memberikan informasi yang berguna untuk penangkapan sel IRA (Tentara Republik Irlandia). Saat itu IRA banyak melakukan serangan di London. IRA memandang Ross McWhirter sebagai musuh langsung.

Pada 27 November 1975, dua anggota IRA membunuh jurnalis Ross. Keduanya menunggunya ketika dia kembali ke rumah. Ketika dia tiba, para pembunuh melepaskan dua tembakan ke arahnya. Saat itu pukul 6.45 sore.

Pada saat yang sama ketika Ross terbunuh, saudara kembarnya Norris berada sekitar 45 kilometer jauhnya berbicara dengan beberapa orang. Tiba-tiba, Norris bergoyang dan memegangi kepalanya di tangannya, seolah kepalanya pecah. Yang mengherankan mereka yang hadir, dia hampir pingsan. Saat itu pukul 6.45 sore.

Orang-orang yang hadir bersaksi tentang fakta tersebut. Kesaksian tersebut didokumentasikan oleh cendekiawan Guy Lyon Playfair dalam bukunya "Twin Telepathy":

> "Pada sore hari tanggal 27 November 1975, dua pria bersenjata melepaskan dua tembakan ke penulis dan tokoh TV Ross McWhirter. Penyergapan itu terjadi saat korban berdiri di depan pintu rumahnya di London utara. Dia dibawa ke rumah sakit tetapi dinyatakan meninggal tak lama setelah tiba. Seorang saksi mata yang bersama saudara kembarnya Norris McWhirter memberi saya kesaksian ini: "Pada saat yang sama ketika Ross ditembak, Norris memiliki reaksi yang dramatis, hampir seperti dia terkena peluru yang tidak terlihat."

Ini bukan satu-satunya kasus saudara kembar yang, karena berada dalam jarak yang sangat jauh, bereaksi terhadap peristiwa yang melibatkan saudara kembar lainnya.

Viscountess Thelma Furness.

Thelma Morgan, lahir di Swiss pada 23 Agustus 1904, adalah putri dari Harry Hays Morgan, seorang diplomat Amerika yang menjabat sebagai konsul AS di Buenos Aires dan Brussel. Thelma dan saudara kembar Gloria lahir dari Laura Delphine Kilpatrick. (Gbr.2).

Laura Delphine adalah cucu seorang jenderal Union dan, melalui nenek dari pihak ibu, adalah keturunan keluarga kerajaan Spanyol di Navarre.

Oleh karena itu, saudara kembar memiliki semua persyaratan untuk menghadiri masyarakat terbaik saat itu. Thelma menjadi nyonya Pangeran Wales, calon Raja Edward VIII.

Memang, Thelma mendahului Wallis Simpson di hati Edward. Namun, kemudian, demi cinta Wallis, Edward meninggalkan tahta dan menjadi Adipati Windsor.

Selama hubungannya dengan Pangeran Edward pada tahun 1929, Thelma menikah dengan seorang bangsawan, Viscount Marmaduke Furness. Pernikahan itu tidak berlangsung lama tetapi memungkinkannya untuk menyandang gelar Viscountess Furness sepanjang hidupnya. Selama pernikahan singkat itu, Thelma melahirkan William Anthony.

Kembaran Thelma, Gloria, menikah dengan Reginald Claypoole Vanderbilt. Terlepas dari kehidupan mereka yang beragam dan penuh peristiwa, kedua saudara perempuan itu mempertahankan ikatan psikis yang kuat.

Ikatan ini terwujud dengan kuat saat Thelma yang sedang mengandung William Anthony melahirkan anaknya secara prematur. Saat itu dia berada di Melton Mowbray, Inggris.

Saat itu, adiknya Gloria sedang berada di seberang lautan, di New York, jadi dia sama sekali tidak menyadari kelahiran prematur.

Namun, di saat yang sama dengan apa yang menimpa saudara kembarnya, Gloria juga mengalami sakit perut yang parah, seolah dia sendiri harus melahirkan seorang anak.

Gloria segera tertolong tetapi tidak mungkin untuk memastikan penyebab rasa sakitnya.

Baru kemudian mungkin untuk menghubungkan rasa sakit Gloria dengan kelahiran prematur Anthony, yang terjadi pada saat yang bersamaan.

Gloria secara misterius berbagi dalam masalah Thelma seolah-olah dia satu dengan saudara perempuannya. Persatuan itu tidak hanya psikis tetapi juga fisik.

Dua kasus yang saya sebutkan sangat terkenal. Ada banyak bukti yang dapat diandalkan tentang kasus-kasus ini. Kasus-kasus ini menegaskan bahwa beberapa pasang kembar, berdasarkan ikatan misterius yang dibangun oleh kelahiran bersama, dapat berbagi sensasi fisik dengan cara yang bertentangan dengan setiap hukum dasar fisika. Ini lebih jelas ketika kita mempertimbangkan jarak antara si kembar ketika fakta-fakta itu terjadi.

Ketenaran dan kesaksian dari kasus-kasus ini membuat sulit untuk membantah bahwa ini adalah cerita fiksi. Episode-episode ini didokumentasikan dengan sangat baik, sehingga juga disebutkan di situs web CICAP ("Italian Committee for the Control of Claims on Pseudo-sciences").

Asosiasi ini telah menjalankan misinya untuk melawan dan mendiskreditkan klaim apa pun yang berkaitan dengan fenomena ekstrasensori. Namun, CICAP membuat katalog kasus yang dideskripsikan sebagai "kebetulan sensorik" dan mendefinisikannya sebagai "kasus yang jelas sensasional".

Faktanya, cerita dari si kembar ini menunjukkan korespondensi yang bagus dengan beberapa aspek tipikal partikel subatom. Fisika kuantum telah menunjukkan bahwa dua partikel yang berkorelasi, yaitu, yang disatukan oleh kondisi tertentu (biasanya, mereka lahir dari peristiwa yang sama) memperoleh kemampuan untuk tetap terhubung "secara sadar" pada jarak berapa pun, seolah-olah mereka adalah satu partikel. Kami akan membicarakan hal ini di bagian kedua buku ini.

Gambar 2 - Thelma Morgan, Viscountess Furness (kanan) dengan kembarannya Gloria. Sementara Thelma di Inggris berada di ambang kelahiran prematur, saudara perempuannya Gloria, di New York, merasakan sakit yang sama.

Materi, hanya materi, tidak lain adalah materi.

"Materialis dan orang gila tidak pernah ragu."
(Gilbert Keith Chesterton)

Menurut ilmu pengetahuan saat ini, ada hal-hal yang "bisa", dan ada yang "tidak bisa".

Yang pertama adalah semua hal yang dapat ditimbang, diukur, dan direproduksi di laboratorium. Di antara hal-hal ini kami juga memahami efek terkait, seperti magnetisme dan gaya gravitasi.

Semua kejadian lainnya, dimulai dengan fenomena ekstrasensori, adalah hasil dari ilusi atau takhayul. Para pendukung fenomena ini adalah orang yang curang atau, paling banter, menderita gangguan mental dan harus menjalani perawatan medis. Untuk mendukung tesis ini, penjelasan yang absurd dicari yang berbatasan dengan konyol. Bagaimanapun, keberadaan fenomena ini disangkal sebelumnya.

Harus dikatakan bahwa sains saat ini bertumpu pada sikap ini pada fondasi yang tampaknya kokoh, yaitu pada hukum fisika yang diketahui. Hukum ini telah ditetapkan dan dikonsolidasikan selama beberapa abad. Ini adalah hukum yang dapat kita verifikasi sendiri jika kita mengamati dunia di sekitar kita menggunakan indera tipuan kita. Saya akan mencoba merangkum teori-teori materialistik secara singkat.

Monisme dan reduksionisme materialistik.

Konsep monisme sangat kuno, berasal dari abad ke-5 SM, khususnya filsafat Parmenides. Istilah "monisme" digunakan pada tahun 1734 oleh filsuf Jerman Christian Wolff yang, dalam karyanya "Psikologi Rasional", mendefinisikan "monis" sebagai mereka yang "mengakui satu jenis substansi".

Monisme dibedakan dari dualisme atau pluralisme, yang menurutnya keseluruhannya disebabkan oleh dua atau lebih jenis substansi. Beberapa dualisme yang khas adalah:

- jiwa / materi
- pikiran / tubuh.

Ilmu materialistik mereduksi semua realitas menjadi satu jenis "substansi", materi padat. Pada saat yang sama, materialisme meniadakan kehadiran psikis atau spiritual. Hanya semua yang bersifat fisik yang nyata. Pikiran, pikiran, kesadaran hanyalah sisa dari proses kimiawi yang terjadi di otak.

Secara kebetulan, kami menetapkan bahwa tidak hanya ada monisme materialis; Misalnya, ada juga monisme yang disebut "idealis". Ini adalah "mentalisme", dan ini menyatakan sebaliknya: hanya aspek mental yang nyata.

Kedua posisi ini tidak tepat mengingat penemuan fisika kuantum baru-baru ini, seperti yang akan kita lihat nanti di buku ini. Faktanya, keduanya menyangkal bahwa mungkin ada alam semesta di mana materi dan jiwa (atau roh) bekerja sama secara harmonis dalam proyek kreatif yang hebat.

Determinisme dan kausalitas.

Menurut prinsip-prinsip ini, alam semesta adalah mesin yang bekerja seperti jam. Semuanya ditetapkan, semuanya ditentukan. Setiap peristiwa, setiap perubahan suatu objek berfungsi pada posisinya, kecepatan awalnya, dan gaya material yang ada di sekitarnya.

Benih menyerap nutrisi dari tanah dan menghasilkan tunas. Benih mendorong tunas ke atas dengan kekuatan tertentu. Jika kekuatannya mencukupi, tunas benih memecahkan kerak tanah dan muncul, jika tidak maka akan mati di bawah tanah.

Saat tunas benih muncul dari tanah, kekuatan akar mendorongnya ke atas. Dengan begitu ia bisa bersaing dengan tanaman di sekitarnya dalam menyerap sinar matahari dan hujan. Semuanya bekerja seperti jam, tanaman tumbuh dengan serangkaian mekanisme, yang sama sekali tidak disadari oleh tanaman.

Jika saya melempar batu, batu itu akan mengikuti jalur yang ditentukan oleh beratnya dan gaya lemparannya. Jika batu mengenai suatu benda, itu memberi benda yang terkena dorongan sebanding dengan energi yang dimiliki. Tidak pernah terjadi bahwa batu bergerak dengan sendirinya. Tidak ada benda yang bergerak kecuali jika dirangsang oleh benda lain.

Oleh karena itu, setiap tindakan disebabkan oleh tindakan lain. Setiap tindakan mewarisi kekuatan dari tindakan yang menyebabkannya dan mendistribusikan kekuatan ke tindakan selanjutnya.

Ini sangat berguna untuk ilmu pengetahuan saat ini karena memungkinkan Anda untuk menentukan posisi setiap objek di alam semesta kapan saja, dan untuk memprediksi perilaku mesin dan peralatan industri. Mesin, jika menerima energi yang tepat, dapat melakukan fungsi yang tepat hingga seperseribu milimeter untuk mendapatkan hasil yang diinginkan.

René Descartes membagi realitas menjadi dualisme materi-pikiran, sehingga mengantisipasi konsep determinisme, yang mengecualikan kebutuhan akan pikiran. Konsep mengesampingkan pikiran demi keunikan materi kemudian dikembangkan oleh Isaac Newton. Pierre Laplace juga menggunakan konsep ini dalam bukunya tentang mekanika angkasa. (Mécanique céleste, 1805).

Ini adalah buku pertama yang tidak menyebut Tuhan sebagai penyebab penciptaan. Kaisar Napoleon sendiri kagum dan bertanya kepada Laplace: "Mengapa Anda tidak menyebut Tuhan dalam pekerjaan Anda?”.

Laplace menjawab "Ini adalah hipotesis yang tidak saya butuhkan".

Kausalitas secara mutlak menyangkal kemungkinan adanya proyek kreatif di mana manusia berpartisipasi. Kecerdasan manusia adalah produk sampingan yang tidak berguna dari materi. Semuanya bekerja dengan baik tanpa perlu masukan kecerdasan apa pun.

Kontinuitas dan arah waktu.

Pernyataan sains adalah bahwa setiap peristiwa disebabkan oleh peristiwa lain. Pada gilirannya, setiap peristiwa menyebabkan yang lain. Ini menyiratkan konsep bahwa semua perubahan dan semua dinamika alam semesta terjadi terus menerus, tanpa jeda, dalam korsel yang dimulai dengan Big Bang dan tidak akan pernah berakhir. Lagipula, semua evolusi yang terus menerus ini terjadi hanya dalam satu arah, sesuai dengan panah waktu yang hanya berlanjut ke depan.

Kami menyebut "arah waktu" sebagai fenomena sedemikian rupa sehingga sistem fisik dapat berevolusi dari keadaan awal ke keadaan berikutnya, dalam waktu tertentu, tetapi tidak pernah dapat kembali ke keadaan awal.

Realitas sebagaimana yang kita rasakan disebut realitas tingkat makroskopis. Pada tingkat ini kita tunduk pada hukum entropi. Hukum ini mengatakan bahwa kekacauan hanya dapat meningkat seiring waktu. Jadi jika Anda memecahkan gelas, Anda pasti bisa memecahkan setiap bagian lebih jauh. Namun, jangan mengira bahwa potongan-potongan yang berbeda akan menyambung kembali membentuk gelas yang sehat kembali.

Anehnya, kita dapat melihat bahwa ini hanya benar pada tingkat makroskopik. Di sisi lain, pada tingkat mikroskopis, hampir semua proses fisik adalah simetris. Artinya, persamaan yang mendeskripsikannya menunjukkan bahwa persamaan akan bekerja dengan sangat baik baik maju maupun mundur dalam waktu.

Anehnya, menurut prinsip kausalitas, sains mampu memprediksi dengan tepat perilaku alam semesta di sekitar kita. Namun, pada saat yang sama, sains menyangkal bahwa kita dapat mengetahui sebelumnya apa yang akan terjadi selanjutnya dalam kehidupan pribadi kita. Oleh karena itu, sains menolak adanya fenomena pengetahuan tentang masa depan pribadi. Artinya, sains mengklaim bahwa ia dapat memprediksi masa depan alam semesta, tetapi menyangkal kemungkinan memprediksi masa depan untuk satu individu.

Konsep "non-lokalitas "

Semua fenomena dan efeknya "dilokalisasi", yaitu terjadi dalam porsi ruang yang dapat diukur. Selanjutnya, semua fenomena merambat dengan kecepatan dan waktu yang dapat diukur.

Tindakan jarak jauh antara dua objek tidak mungkin dilakukan tanpa mediasi "gaya fisik". "Sesuatu" diperlukan untuk menyatukan dua objek dengan melintasi ruang yang memisahkannya. Gaya ini berkurang saat jarak bertambah.

Benda material memiliki batas kecepatan sekitar 300.000 kilometer per detik. Tidak ada yang bisa melebihi kecepatan ini. Ini menentukan, misalnya, bahwa komunikasi antara satelit ruang angkasa dan permukaan planet bisa tertunda bahkan banyak.

Jika letusan terjadi di permukaan Matahari, kita baru bisa melihatnya setelah delapan menit. Ini adalah waktu yang dibutuhkan cahaya dari ledakan untuk melakukan perjalanan ke Bumi. Jadi, jika Anda kebetulan melihat Matahari, ketahuilah bahwa itu adalah Matahari delapan menit yang lalu. Sementara matahari mungkin telah meledak dan hancur, tetapi kita baru akan tahu setelah delapan menit.

Fitur ini mencegah tindakan tertentu yang dilakukan di satu tempat agar tidak memiliki efek simultan langsung di tempat lain.

Jadi, untuk mengambil contoh spasial, kita dapat berasumsi bahwa jika asteroid gila lolos dari Awan Oort dan langsung menuju ke planet Bumi, kita akan memiliki waktu setidaknya beberapa tahun untuk mengembangkan strategi pertahanan.

Dalam pengertian ini, sains dengan antusias menerima konfirmasi Einstein, yang menurutnya konsep lokalitas tetap valid bahkan dalam konteks teori relativitas.

Untungnya, batas 300.000 km / detik mencegah asteroid segera menimbulkan benturan dengan planet kita.

Pada tingkat makroskopis, yaitu dalam dimensi alam semesta, hukum fisika yang diketahui mencegah hal ini terjadi. Kehidupan sehari-hari kita juga berlangsung pada tingkat makroskopis. "Hukum lokal" menjamin kita bahwa jika dalam konteks perselisihan keluarga, istri melempar pot bunga kepada kita, kita punya waktu untuk bergerak menghindari benda tersebut.

Seperti yang akan kita lihat, pada tingkat sub-atomik, bagaimanapun, "hukum non-lokalitas" berlaku. Pada tingkat ini, pot bunga akan menghantam kita pada saat yang sama ia dilemparkan ke arah kita, berapa pun jarak kita.тренутка када се баци у нашем правцу, без обзира на нашу удаљеност.

Realitas obyektif.

Dunia material benar-benar tidak bergantung pada pemikiran manusia, yaitu kesadaran kita. Kesadaran tidak memiliki berat atau massa dan oleh karena itu tidak dapat membuat suatu benda bergerak dari kejauhan, seperti halnya bola biliar. Tidak ada proses kesadaran yang dapat mengubah materi atau mempengaruhinya.

Namun, ada situasi, pada tingkat sub-atomik, di mana pengamat, dengan kemauannya dan karena itu dengan hati nuraninya, menentukan realitas. Dengan metode pengamatannya, pengamat dapat menetapkan sifat suatu objek subatom, yaitu, ia dapat menetapkan apakah objek tersebut adalah gelombang atau partikel. Tak hanya itu, pengamat pun bisa menentukan tingkah laku objek. Oleh karena itu, pada tataran sub-atomik terdapat realitas objektif yang berbeda. Kami akan memverifikasi aspek ini di bab yang didedikasikan untuk eksperimen celah ganda.

Gejala ilusi.

Lebih jauh lagi, menurut para pendukung materialisme, apapun yang bukan material adalah produk materi fisik yang tidak diinginkan.

Kesadaran, pikiran, perasaan, cinta atau belas kasihan adalah aksesori, manifestasi materi yang "palsu", dan ada atau tidaknya mereka tidak mempengaruhi penjelasan fenomena nyata. Fenomena hanya bisa ada jika secara fisik terkait dengan materi itu sendiri. Spiritualitas dan semua proses mental adalah produk limbah dari proses kimiawi yang terjadi di materi otak.

Ya, bagaimanapun, Teorema Ketidaklengkapan Gödel ...

Keamanan ilmiah ini segera dipertanyakan oleh sains itu sendiri. Kurt Friedrich Gödel adalah seorang matematikawan, ahli logika dan filsuf Amerika yang dinaturalisasi dari Austria, yang terkenal karena karyanya tentang teori matematika yang tidak lengkap.

Teorema yang menyandang namanya pada dasarnya menegaskan prinsip berikut. Setiap sistem algoritmik yang digunakan untuk menguji prinsip matematika ternyata tidak lengkap atau kontradiktif, karena akan mengandung bagian yang tidak dapat dibuktikan.

Ini terjadi ketika algoritme cukup rumit.

Hukum fisika juga matematis. Oleh karena itu, mereka didasarkan pada algoritma matematika yang pasti mengandung bagian yang tidak dapat didemonstrasikan secara logis. Namun, bagian ini berhasil.

Ini berarti bahwa, ketika seorang matematikawan menguraikan algoritme, dia keluar dari sistem logika untuk menangkap kebenaran matematika yang melampaui konteks di mana prosedur logis dan pembuktiannya berlaku.

Kebenaran ini sudah ada, tetapi tidak bisa "terjebak" dalam rumus. Realitas dirasakan dan digunakan secara naluriah tanpa mampu membuatnya "sistematis".

Oleh karena itu, jika hukum fisika memandu perilaku materi, harus diakui bahwa hukum tersebut mengandung unsur-unsur yang ada secara apriori, yang melampaui dunia materi.

Ide ini disebut "Platonisme matematis" karena Platon telah menyimpulkan bahwa perilaku dunia material tunduk pada simbol-simbol matematika yang tidak termasuk dalam prosedur logis tetapi milik dunia pola dasar.

Pikiran dan otak.

Apakah alam semesta tidak lebih dari tumpukan materi, atau apakah ia memiliki kesadarannya sendiri, seperti yang selalu dinyatakan oleh budaya paling kuno?

Apakah kesadaran kita merupakan produk sampingan kimia otak atau berasal dari kesadaran universal?

Teori kebanyakan budaya adalah bahwa "kesadaran universal" adalah sumber dari mana semua ciptaan mengalir. Semuanya hidup dan semuanya adalah satu.

Konsepsi yang bisa kita definisikan mistik ini telah disangkal dan ditolak oleh budaya ilmiah beberapa abad terakhir. Ini adalah budaya yang berkembang secara mulia pada Pencerahan tetapi kemudian rusak dalam materialisme.

Saat ini, mayoritas kalangan ilmiah percaya bahwa pikiran hanyalah ciptaan otak. Manusia hanyalah sebuah mesin yang, sebagai efek sekunder, memiliki kemampuan untuk memproses pikiran dan perasaan. Jika kita memiliki mesin yang mampu menganalisis otak secara mendalam, kita dapat menetapkan dengan pasti reaksi kimia mana yang menghasilkan dalam diri kita sensasi memiliki jiwa, mencintai ibu kita atau percaya akan keberadaan kehidupan kekal.

Harapan dari materialisme adalah bahwa suatu hari nanti akan mungkin untuk mengembangkan "deterjen otak" yang menghambat pembentukan reaksi kimia yang mengganggu ini, membebaskan umat manusia dari semua takhayul.

Oleh karena itu, sains memandang fenomena kehidupan dimulai dari bawah, yaitu materi sebagai landasan primer. Materi berkumpul menjadi molekul dan sel, yang berevolusi dan menaiki tangga evolusi di bawah bimbingan DNA yang lahir secara spontan secara kebetulan.

DNA yang dihasilkan secara kebetulan pada gilirannya menghasilkan otak secara acak. Di otak, rangsangan elektrokimia menghasilkan pengaturan yang membuat mesin tubuh bekerja. Sebagai produk sampingan, otak juga menghasilkan mimpi, perasaan, emosi, kreativitas, dan segala sesuatu yang kita sebut aktivitas pikiran.

Sebaliknya, semua tradisi spiritual besar menganggap fenomena kehidupan dimulai dari atas, bukan dari bawah. Pertama-tama, ada kesadaran universal dari mana segala sesuatu berasal, pertama-tama kehidupan.

Dalam setiap bentuk kehidupan, kesadaran universal terus hadir, dan setiap bentuk kehidupan memiliki kesadaran individualnya sendiri. Kesadaran individu adalah bagian dari kesadaran universal. Dari kesadaran universal memancar semua ciptaan, termasuk materi. Objek material juga diresapi dengan kesadaran universal. Berkat ini, materi fisik dapat mengatur dirinya sendiri secara harmonis, menurut proyek yang tidak terkandung dalam "materi fisik".

Mitos "Gua Plato".

Kita bisa memaafkan seorang anak ketika dia takut pada kegelapan. Tragedi hidup yang sebenarnya adalah ketika seorang pria dewasa takut akan cahaya.
(Plato)

Bagaimana kursi dibuat?

Selalu ada arus budaya yang, dengan melintasi berbagai disiplin ilmu, dari filsafat hingga spiritualitas hingga sains modern, telah mendukung ilusi realitas di mana kita hidup. Teori dari genre yang paling beragam telah diciptakan. Dalam puisi "On Nature" Parmenides berpendapat bahwa multiplisitas dan perubahan dunia fisik adalah ilusi. Seperti yang akan kita lihat, Plato dalam "Republik Plato" mengajukan mitos gua yang terkenal itu. Belakangan George Berkeley akan berpendapat bahwa kita merasa segala sesuatu benar-benar ada, tetapi pada kenyataannya, hal-hal hanyalah abstraksi. Menurut Berkeley, tidak ada objek material, yang ada hanyalah kumpulan ide.

Sampai beberapa dekade yang lalu, ini dianggap sebagai "teori aneh atau isapan jempol dari imajinasi". Saat ini, fisika kuantum telah menunjukkan bahwa ini adalah gagasan dengan martabatnya sendiri.

Faktanya, kami memeriksa "benda" pada tingkat makroskopis kami, dan kami menganggapnya konkret. Namun, jika kita memeriksa "hal-hal" dalam hal yang sangat kecil, "hal-hal" tersebut tampak sangat berbeda.

Bagi kita, kursi tidak diragukan lagi adalah benda padat. Kursi itu sendiri, diperiksa pada tingkat atom dan partikel subatom yang menyusunnya, menjadi sekumpulan getaran yang tersebar di ruang hampa yang sangat besar.

Semua materi, yang diteliti dalam komposisi subatomiknya, memiliki ciri-ciri ini. Segala sesuatu yang tampak nyata, dapat ditimbang dan diukur bagi kita hanyalah sebagai fungsi dari apa yang dirasakan oleh indera kita. Oleh karena itu, indra menunjukkan kepada kita sebuah kosmos ilusi dan imajiner. Indra beroperasi dengan cara ini untuk

Gambar 3 - Plato (Athena, 428/427 SM - Athena, 348/347 SM), adalah seorang filsuf Yunani kuno. Dalam "Timaeus" ia membahas hubungan antara dunia alam dan dunia gagasan.

memungkinkan kita hidup dan berinteraksi dengan lingkungan di sekitar kita. Ini tidak mencegah semua hal menjadi ilusi raksasa yang berukuran tentang fisik kita. Pada dasarnya kita tinggal di rumah boneka dengan semua furniture dan perabotan yang dibangun sesuai dengan kebutuhan dan kebutuhan kita.

Di luar rumah, semuanya sangat berbeda. Seperti yang dikatakan protagonis dari tragedi Shakespeare yang terkenal, "Ada lebih banyak hal di surga dan di bumi, Horace, daripada yang dibayangkan filosofi Anda." (Hamlet, babak I, adegan V).

Menurut beberapa eksperimen yang mengejutkan, segala sesuatu yang kita anggap sebagai "realitas", termasuk tubuh kita sendiri, bisa jadi merupakan hasil interaksi yang terjadi antara kesadaran kita dan rangsangan dalam bentuk apa pun yang dirasakan oleh indra kita.

Dalam praktiknya, penglihatan tentang realitas yang mengelilingi kita sepenuhnya dikerjakan ulang oleh kesadaran kita. Kita hanya tahu sedikit tentang kenyataan ini, tentang bagaimana sebenarnya.

Jadi, apa sebenarnya realitas itu? Jika kita mengacu pada apa yang dapat kita sentuh, cium, rasakan atau lihat, kita berada di jalan yang salah. Semua "sensasi" ini hanyalah sinyal kimiawi, listrik atau sinyal lainnya. Indra kita menangkap sinyal-sinyal ini dan mengirimkannya ke otak. Otak kemudian membangun citra menurut prosedur yang tidak banyak diketahui.

Jika kita melihat sebatang pohon di depan kita, penglihatan itu melihat bentuknya dan mengirimkannya ke otak. Gambar pohon dibangun di otak. Otak menghubungkan warna, aroma, tekstur, dan karakteristik lainnya dengan bentuk pohon. Di luar pemrosesan yang dihasilkan oleh otak, kita tidak tahu bagaimana pohon itu dibuat, atau apa warnanya, juga tidak tahu apakah sebenarnya itu diwarnai.

Plato dan pencarian pengetahuan.

Plato adalah seorang filsuf Yunani kuno. Bersama gurunya Socrates dan muridnya Aristoteles ia meletakkan dasar-dasar pemikiran filosofis Barat. (Gambar 3). Ia lahir di Athena dari orang tua aristokrat: ayahnya Aristone memiliki raja terakhir Athena, Codro, di antara leluhurnya, sementara dikatakan bahwa ibunya, Perictione, adalah keturunan dari legislator Solon.

Ayahnya memberinya nama Aristocles, yang merupakan nama yang sama dengan guru senamnya. Kemudian Aristocles memberinya julukan Plato, baik karena lebar bahunya dan untuk menghindari siswa memiliki nama yang sama dengan guru.

Menurut kesaksian Apollodorus dari Athena, Plato lahir pada permulaan Olimpiade Yunani ke-88, yaitu pada akhir Mei 428 SM.

Plato memiliki dua saudara laki-laki, Adimanto dan Glaucone, yang disebut-sebut dalam karyanya "Republic". Dia juga memiliki seorang kakak perempuan, bernama Potone.

Plato berpartisipasi dalam tiga ekspedisi militer, selama Perang Peloponnesia, ke Tanagra, Corinth dan Delio.

Setelah bertemu Socrates, Plato menghancurkan semua komposisi puitisnya dan mengabdikan dirinya sepenuhnya pada filsafat.

Pertemuan dengan Socrates merupakan hal mendasar bagi kepribadian Plato. Plato menderita karena pemerintahan demokratis Athena menuduh Socrates melakukan penistaan dan korupsi terhadap kaum muda.

Socrates dijatuhi hukuman mati pada 399 SM.

Setelah Socrates menghilang, murid-muridnya, termasuk Plato, meninggalkan Athena untuk berlindung di Megara.

Mulai dari 395 Plato mulai menulis "dialog" pertama. Dalam tulisan-tulisan ini dia membahas masalah budaya yang diwakili oleh sosok Socrates dan kutukannya yang tidak adil. Platon dengan keras mengkritik fungsi kaum Sofis. Kaum Sofis adalah "ahli kebajikan" yang dibayar untuk melimpahkan ajaran mereka, yang karenanya mereka disebut "pelacur budaya".

Pada tahun 387 Plato kembali ke Athena; dan membeli taman yang didedikasikan untuk Academo. Di taman ini ia mendirikan sekolah yang disebutnya "Akademi".

Akademi menerapkan metode pengajaran khusus yang disebut dialektika. Pengajaran berlangsung melalui debat, di mana siswa sendiri berpartisipasi, diarahkan oleh Plato atau oleh siswa yang lebih tua. Terkadang Akademi mengadakan ceramah oleh orang-orang terkenal yang melewati Athena. Plato meninggal pada 347 SM.

Filsafat Platonis.

Menurut Plato, manusia terdiri dari dua bagian. Bagian pertama terdiri dari tubuh, yang tidak dapat dipulihkan terkait dengan dunia benda-benda yang dapat dilihat. Oleh karena itu, tubuh manusia mengikuti takdir yang sama dengan segala sesuatu yang ada di dunia ini, seperti tumbuhan dan hewan.

Bagian kedua dari manusia adalah jiwa, terdiri dari hati nurani dan akal. Bagian ini tidak terbuat dari materi dan karenanya abadi, karena tidak dapat berakhir dengan kerusakan fisik.

Plato menegaskan keberadaan tempat psikis yang disebut "Dunia Ide". Dunia ini ada sama seperti dunia materi ada. Dunia Ide adalah tempat istimewa bagi keberadaan jiwa dan dapat diamati oleh manusia melalui akal.

Jiwa berhenti di Dunia Ide menunggu untuk tinggal di tubuh. Dalam penantian ini jiwa menjadi dewasa dengan pengetahuan yang sempurna tentang Ide. Namun, ketika jiwa turun ke dalam tubuh, mereka melupakan pengetahuan ini, atau lebih tepatnya mereka hanya menyimpan sedikit ingatan tentangnya. Oleh karena itu, segala bentuk pembelajaran yang berkembang dalam kehidupan manusia bukanlah perolehan informasi baru, melainkan proses mengenang kembali hal-hal yang sudah diketahui, bahkan jika dilupakan.

Dasar konseptual filsafat Plato dikembangkan dalam berbagai dialog seperti "Meno", "Phaedo" dan "Teeteto". Dalam karya-karya ini ia menyangkal bahwa pencarian pengetahuan tidak mungkin, seperti yang diklaim oleh para filsuf "Eristi". Tesis para filsuf tersebut dapat diringkas sebagai berikut:

- Anggap saja Anda tidak tahu apa yang Anda cari. Jika Anda menemukannya, Anda tidak akan mengenalinya sebagai target pencarian Anda.
- Jika Anda sudah tahu apa yang Anda cari, pencarian Anda tidak masuk akal.

Platon memecahkan masalah dengan menentang filosofi Ide-idenya dengan asumsi berikut:

- Objek penelitian hanya sebagian tidak diketahui, karena jiwa setiap manusia merenungkan Ide-Ide orisinal sebelum lahir, tetapi kemudian melupakannya. Alhasil, tujuan penelitian manusia adalah ilmu yang sudah ada dalam dirinya, meski dilupakan.

Mitos gua Plato.

Bagi Platon, Ide itu sempurna dan tidak berubah, dan ada secara independen dari tubuh, oleh karena itu mereka tidak dapat berasal dari indera (penglihatan, pendengaran, penciuman, dan sebagainya). Lima indera adalah alat tubuh yang tidak sempurna. Dia menggunakan mitos gua untuk menjelaskan konsep ini. Gua adalah tempat pemenjaraan bagi para pria yang dipaksa untuk melihat realitas yang menipu, yaitu bayangan yang terpantul di dinding belakang. Gambaran nyata ditemukan di luar gua, dalam cahaya matahari, yaitu, dalam terang akal budi dan pengetahuan yang tidak dimediasi oleh indera; Sayangnya, para narapidana tidak tahu.

Platon mengusulkan ini yang merupakan mitos paling terkenal dalam Buku VII dari karyanya "Republik" dan memaparkannya melalui dialog antara Socrates dan murid Glaucon. Dialog berlangsung kurang lebih seperti ini:

> "Sekarang Glaucon, bayangkan kondisi manusia yang menyerupai situasi seperti ini yang saya gambarkan kepada Anda. Bayangkan beberapa pria tinggal di sebuah hunian bawah tanah dalam bentuk gua. Pintu masuk, terbuka untuk cahaya, seluas keseluruhan mulut

seluruh gua. Manusia telah dikurung di sini sejak masa kanak-kanak dengan rantai di sekitar kaki dan leher mereka, sehingga mereka tidak bisa bergerak dan hanya bisa melihat lurus ke depan. Di belakang mereka ada cahaya api yang menyala-nyala. "

Glaucone menjawab: "Betapa anehnya gambar ini dan betapa anehnya narapidana!"

Socrates melanjutkan dengan mengatakan:

"Tentu, para tahanan terlihat aneh. Apa menurutmu mereka pernah melihat sesuatu dalam hidup mereka selain bayang-bayang yang dilemparkan oleh api di dasar gua?" Jika mereka bisa berbicara, mungkin topik diskusi adalah bayangan yang muncul di dasar gua. "

"Tanpa keraguan."

"Jadi, para narapidana akan percaya bahwa bayangan benda-benda itu adalah satu-satunya kenyataan yang ada."

"Benar-benar begitu."

"Nah, jika seseorang membebaskan para tahanan itu dari rantainya, apa yang bisa terjadi? Jika seorang narapidana tiba-tiba bisa bangun dan melihat-lihat, keluar dan melihat ke cahaya, apa yang akan terjadi? Mungkin, dengan cahaya yang menyilaukan, narapidana itu akan dapat melihat dunia di sekitarnya.

Tidakkah menurut Anda tahanan itu akan bingung? Tahanan mungkin menyimpulkan bahwa bayangan, yang sebelumnya terlihat, lebih nyata dan lebih nyaman daripada cahaya yang sekarang membutakannya. Tidakkah menurutmu itu masalahnya? "

Mitos gua mewakili analogi sempurna antara kondisi narapidana dan kondisi kita. Menganalisis simbolisme mitos kita dapat menetapkan beberapa persamaan:

- Narapidana mewakili kita, dalam arti kita hidup dalam situasi yang sama.
- Bagian dalam gua adalah dunia empiris kita, yaitu dunia pengalaman kita sehari-hari.
- Rantai yang memenjarakan kita adalah panca indera. Indra adalah alat yang benar-benar tidak sempurna yang memaksa kita untuk melihat realitas palsu.
- Bayangan yang muncul di dasar gua adalah mimpi, ketakutan, fantasi, dan ilusi. Ini dibangun di atas kepalsuan situasi secara keseluruhan.
- Membebaskan diri dari belenggu untuk melihat realitas dan cahaya matahari, berarti membebaskan diri dari pengkondisian indra.

Pengondisian ini tidak filosofis tetapi fisik. Kita dapat mendengar dan melihat hanya dalam batas sempit frekuensi yang memungkinkan, kita dapat merasakan dalam batas manis dan asin. Oleh karena itu, kami hanya dapat memiliki informasi terbatas tentang objek. Kami dapat mengevaluasi kepadatan dan kehangatan mereka dengan sangat kasar. Pada saat yang sama, kita tidak dapat memahami apa pun tentang komposisi unsur molekul dan atom yang menyusun materi.

Persepsi kita tentang dunia harus dibebaskan dari belenggu. Pembebasan tidak bisa bersifat fisik, karena kita tidak bisa memaksa panca indera berfungsi secara berbeda. Bagaimanapun, kita harus berterima kasih kepada panca indera atas fungsinya, karena mereka memungkinkan kita untuk berinteraksi dengan realitas makroskopis tempat kita hidup.

Oleh karena itu, pembebasan harus bersifat intelektual. Kita harus membangun di dalam diri kita kesadaran bahwa ada realitas "di luar sana". Indra tidak memungkinkan kita untuk melihat kenyataan ini. Namun, kenyataan ini bisa dialami dengan akal.

Pada tingkat kesadaran, kita dapat mengakui bahwa semua kebenaran yang disangkal oleh indera seperti, misalnya, spiritualitas, jiwa, dimensi psikis dari gagasan dan keteraturan. Kecerdasan kosmos ada di luar sana dan dapat dengan paksa memanifestasikan dirinya di hati nurani kita. Hal ini dapat terjadi meskipun dalam pengalaman sehari-hari kita tetap dirantai oleh penjara indra fisik.

Para narapidana tidak pernah melihat apapun selain bayangan mereka, jadi mereka menganggap bayangan adalah kenyataan. Namun, seorang narapidana kabur dan melihat sekeliling. Dia melihat objek dan memahami bahwa mereka lebih nyata daripada bayangan. Dia keluar dari gua dan terpesona oleh matahari. Dia merasa bahwa di luar gua semuanya lebih benar. Dia bertanya-tanya dari mana cahaya itu berasal, dan menyadari bahwa cahaya memberi makna pada keseluruhan. Cahaya mewakili pengetahuan dan gagasan tentang kebaikan dan keindahan.

Namun, Plato tidak memberikan nilai negatif total pada bayangan. Jalan menuju keluar gua dimulai dari bayang-bayang. Bayangan berhubungan dengan objek nyata. Menurut Plarone, di atas segalanya ada "Ide". Dari "Ide", dapatkan objek-objek dunia yang masuk akal. "Ide" adalah "Pola Dasar Psikis", yaitu "model primitif asli".

Gambar 4 - Beberapa tokoh yang menyatakan teori yang menentang materialisme (foto dari web).
Foto atas: Hans Driesch dan Ernst Schumacher.
Foto bawah: Gottfried W. Von Leibniz dan Henri-Louis Bergson.

Objek, yang bagi tahanan tampak sebagai bayangan, dibentuk pada model ini.

Semua filsafat Plato memiliki banyak kesamaan dengan "teori arketipe" dan "teori alam bawah sadar kolektif" yang dikembangkan beberapa abad kemudian oleh Carl Jung.

Dari Plato menjadi "vitalisme".

Vitalisme berkembang antara abad ke-18 dan ke-19, setelah ide-ide Neoplatonik dan filsafat Renaisans. Menurut arus pemikiran ini, Ide-ide Platon diperluas ke semua alam, dan menjadi bagian konstitutif dari setiap organisme dan segala sesuatu yang ada. Oleh karena itu, seluruh kosmos dijiwai oleh prinsip cerdas, Jiwa dunia. (dalam bahasa Latin "Anima Mundi").

Istilah filosofis ini menunjukkan vitalitas alam secara keseluruhan, mengingatnya mirip dengan satu organisme hidup yang besar. Karenanya, ini adalah prinsip pemersatu kosmos. Organisme individu mengambil bentuk darinya: ini, meskipun diartikulasikan dan dibedakan masing-masing sesuai dengan kekhususan individu mereka sendiri, namun dihubungkan bersama oleh Jiwa universal yang sama.

Gottfried von Leibniz menghubungkan kehidupan dan kemampuan berpikir bahkan dengan benda padat yang tidak bergerak. Ini, tentu saja, sangat kontras dengan determinisme materialis, yang tidak pernah menerima kemungkinan persatuan yang mendalam dari seluruh alam.

Pendukung terbesar vitalisme di abad ke-20 adalah Henri-Louis Bergson (1859-1941), filsuf Prancis dan penerima Nobel bidang sastra pada tahun 1927. Dalam tulisannya, yang bertentangan dengan determinisme materialis, ia menegaskan kembali bahwa kehidupan biologis tidak terdiri secara acak. agregasi senyawa kimia yang bereproduksi, tetapi merupakan penciptaan yang abadi dan tiada henti.

Bergson berpendapat bahwa di dasar segala sesuatu ada dorongan vital, yang mendorong materi menuju realisasi yang semakin kompleks. Momentum ini berkembang ke arah yang berbeda dan dengan intensitas yang berbeda. Dengan cara ini dia menjelaskan keberadaan dunia tumbuhan yang terpisah dari dunia hewan. Dalam konsepsi Bergson, tesis materialis tentang mekanisme dan determinisme tidak lagi memiliki makna. Evolusi yang dikandung oleh Bergson dimulai dari asumsi bahwa tidak ada yang tetap atau ditentukan, tetapi segala sesuatu adalah kenyataan yang bergerak. Evolusi adalah subjek dan objek itu sendiri, karena mengikuti proses yang memiliki asal tunggal. Proses ini berlangsung dalam dorongan terus menerus menuju kehidupan, oleh karena itu proses Bergsonian mewakili evolusi kreatif. Dalam konteks ini, materi hanyalah puncak dari perkembangan jalur daya dorong kreatif tertentu. Karena itu, menurut Bergson, materi adalah manifestasi ruh.

Bergson juga mengutuk upaya untuk mengungkap misteri kehidupan dengan menganalisis bagian individu dari makhluk hidup. Dalam pengertian ini, dia membagikan penegasan Mephistopheles di Faust:

> “Untuk memahami dan mendeskripsikan makhluk hidup, banyak yang memulai dengan membunuh dan memotong-motongnya. Maka Anda hanya memiliki fragmen-fragmen inert yang tersisa di tangan Anda yang, sayangnya, tidak memiliki referensi tentang kehidupan ”.

Bongkar mainan menjadi beberapa bagian.

Misteri kehidupan tidak akan pernah bisa dipahami dengan membongkar makhluk hidup. Faktanya, materialis ingin melakukannya, meniru seorang anak yang membongkar mainan untuk memahami cara kerjanya. Dengan mainan itu dapat dilakukan, karena misteri cara kerjanya terletak pada beberapa pegas mekanis atau beberapa peralatan, jadi misterinya terletak di dalam mainan tersebut. Misteri kehidupan, bagaimanapun, tidak internal makhluk biologis: itu datang dari luar, itu adalah bagian dari Jiwa dunia.

Dari Hans Driesch hingga Carl Jung.

Salah satu tokoh yang menarik perhatian di bidang vitalisme adalah Hans Driesch, (1867-1941) filsuf dan ahli biologi Jerman, pelopor penelitian di bidang embriologi. Antara tahun 1891 dan 1900 ia melakukan penelitian bulu babi di Zoological Station of Naples. Awalnya ia mencoba menjelaskan perkembangan embrio berdasarkan teori mekanistik, namun tak lama kemudian ia harus mengakui kekurangan teori tersebut. Dia membuat sendiri hipotesis tentang prinsip kehidupan non-material, melekat pada organisme tetapi berasal dari luar organisme. Prinsip ini sesuai dengan tujuan alam. Prinsip yang dihipotesiskan oleh Driesch adalah penyebab perkembangan evolusioner makhluk hidup, baik sebagai spesies maupun sebagai individu individu dalam spesies, masing-masing dengan kekhasannya sendiri-sendiri.

Mengambil dari studi Aristoteles, Driesch menyebut prinsip ini "entelechy". Istilah ini menunjukkan realitas yang dengan sendirinya mengandung tujuan akhir yang cenderung dikembangkannya. Diterapkan pada suatu spesies atau bahkan pada satu individu, entelechy mengandaikan keberadaan "tempat" di mana informasi ini berada.

Ini adalah "tempat" di luar fisik individu. Namun, individu dapat mengambil informasi dari "tempat" ini.

Teori Driesch sangat menarik bagi Carl Jung. Dalam karyanya yang diterbitkan pada tahun 1952, "Sinkronisasi sebagai prinsip hubungan non-kasual", yang dengannya ia secara resmi mengumumkan teorinya tentang sinkronisitas ke dunia, psikolog Swiss itu mengakui telah dipengaruhi sejak 1925 oleh pembacaan tulisan Driesch.

Refleksi Jung tentang sinkronisitas sudah dimulai pada tahun 1916, tetapi formulasi eksplisit pertama dari teori tersebut berasal dari sekitar tahun 1925, bertepatan dengan perbandingan dengan teori Driesch.

"Derajat keberadaan" Ernst Schumacher.

Dalam bukunya "Musim dingin yang sangat penting. Pertimbangan saat ini" Hanspeter Padrutt mengangkat dan mengomentari peringkat khusus yang dirumuskan pada abad terakhir oleh Ernst Friedrich Schumacher, tentang derajat keberadaan yang berbeda (gbr. 5).

Ernst Schumacher adalah seorang filsuf dan ekonom Jerman yang berpengaruh, lahir di Bonn pada tahun 1911 (gbr. 4).

THE SCALE OF BEING
According to Ernst Schumacher

	**Inanimate matter**	**M**
	**Plant**	**M + x**
	**Animalss**	**M + x + y**
	**Man**	**M + x + y + z**

M = Matter
X= Life
Y = Consciousness, perception
Z = Self-reflection, person

"Tangga keberadaan".
Menurut Ernst Schumacher.

Gambar 5 - Menurut Ernst Schumacher, seorang filsuf dan ekonom Jerman yang berpengaruh, setiap tingkat realitas menyiratkan keberadaan tingkat yang lebih tinggi.

Setiap level yang lebih tinggi mencakup semua level yang lebih rendah. Di saat yang sama, level yang lebih tinggi menambahkan properti yang lebih tinggi ke level yang lebih rendah.

Di bagian bawah skala kita menemukan benda padat mati.

Menaiki tangga, Anda akan menemukan tumbuhan dan hewan.

Schumacher menempatkan manusia pada level tertinggi.

Dia beremigrasi ke Inggris sebelum Perang Dunia Kedua agar tidak hidup di bawah Nazi: meskipun demikian, saat pecahnya perang, dia dianggap sebagai "musuh asing" dan diinternir di sebuah pertanian terpencil di Inggris Raya. Selama periode ini dia bertemu dengan ekonom terkenal John Keynes. Keynes menghargai beberapa karyanya dan memperoleh pembebasannya. Dengan cara ini Schumacher dapat berkontribusi pada pemulihan ekonomi dan keuangan pemerintah Inggris. Hasilnya, Schumacher mendapatkan posisi yang bagus di Universitas Oxford.

Ernst Schumacher menjadi tertarik pada masalah penambangan batu bara, dan menjadi terkenal karena kritiknya terhadap ekonomi Barat dan proposalnya untuk mengadopsi teknologi industri yang lebih manusiawi.

Pada tahun 1977 ia menerbitkan "Panduan bagi yang bingung". Dalam esai ini dia mengkritik materialisme ilmiah dan menyelidiki eksplorasi sifat dan organisasi pengetahuan makhluk. Dalam "panduan untuk hidup di dunia" kecil ini, Schumacher menyangkal paradigma sains klasik.

Schumacher mengundang pembaca untuk merujuk pada dirinya sendiri dan memiliki hidupnya sendiri dan makna keberadaannya.

Selain ekonomi dan filsafat, hasratnya yang besar adalah berkebun, yang dia dedikasikan dengan penuh semangat. Dia meninggal pada tahun 1977 saat bepergian di Swiss.

Dia memindahkan sebagian dari penelitian filosofisnya ke dalam tabel penjelasan. Dalam hal ini kami mencatat pelatihannya sebagai seorang ekonom. Memang, Schumacher mengungkapkan idenya tentang berbagai tingkat kesadaran dan pengetahuan dengan cara yang tidak biasa yang lebih mengingatkan pada rumus matematika daripada konsep filosofis. Tidak diragukan lagi, metode ini memberikan kejelasan yang luar biasa pada konsep-konsepnya.

Psikolog dan filsuf William James (presiden Society for Psychical Research dari 1894 hingga 1895) dikenal karena pernyataannya:

> "Yang kami tahu hanyalah setetes kecil di lautan kebodohan".

Pengamatan ini sudah berumur dua abad, tetapi masih tetap benar dan terkini, terutama saat ini. Pada tahun 1835, Auguste Comte, seorang filsuf Prancis yang dianggap sebagai bapak Positivisme, dengan tegas menyatakan bahwa kita tidak akan pernah dapat mempelajari komposisi kimiawi bintang-bintang dengan cara apa pun. Sekarang ini dilakukan secara normal.

Dalam bidang ilmiah, hari ini lebih dari kemarin, cukup jelas bahwa kita tahu sangat sedikit. Hanya beberapa dekade yang lalu diyakini bahwa atom adalah bagian terkecil dari materi dan tidak lagi dapat dibagi; sebaliknya, hari ini, partikel baru terus ditemukan di akselerator dan fisika kuantum menimbulkan keraguan serius tentang apa itu partikel, sampai pada hipotesis bahwa mereka tidak ada sama sekali tetapi hanya terdiri dari energi getar.

Cakrawala pengetahuan manusia melangkah lebih jauh dan lebih jauh: teori relativitas baru saja mengecewakan kepastian kita tentang ketetapan waktu dan ruang, dan kita sudah memastikan bagaimana alam semesta itu, yang kita pikir kita kenal dengan baik, tidak kita ketahui. setidaknya 90%. Materi gelap bisa bernilai hingga 90% dari alam semesta. Sejauh menyangkut materi gelap, ia menyerupai "phoenix Arab" yang dibicarakan oleh penyair Metastasio: "che ci sia ciascun lo dice, dove sia nessun lo sa". ("Semua orang bilang itu ada di sana, tapi tidak ada yang tahu di mana itu")

Setiap hari kita menaklukkan ruang kecil pengetahuan, hanya untuk menyadari bahwa ruang itu adalah jendela terbuka di wilayah baru yang sangat besar dan tidak dikenal. Saat ini sains memiliki ratusan bahkan ribuan jendela yang terbuka ke panorama yang hanya keberadaannya yang pasti, sementara isinya tetap sama sekali tidak diketahui.

Kami tahu kami terbuat dari materi. Kami adalah agregasi molekul, yang pada gilirannya terdiri dari agregat atom, yang pada gilirannya terdiri dari agregat partikel elementer. Namun, di mana tempat percikan kehidupan, di manakah itu berada? Di manakah letak kumpulan materi ini? Tubuh kita adalah kendaraan, mesin yang sangat efisien; tapi sopirnya, dimana dia?

Apakah semuanya datang dari kebetulan? Sebuah keajaiban telah mengumpulkan materi di tubuh kita. Selanjutnya, apakah terjadi keajaiban lain yang memberikan kesadaran diri pada kumpulan materi lembam ini?

Pada tahun 1981, dua astronom terkenal, Fred Hoyle dan Chandra Wickramasinghe, ingin menghitung seberapa besar kemungkinan kehidupan lahir begitu saja, secara kebetulan. Mereka menyimpulkan bahwa akan ada kemungkinan yang sama dengan badai yang, dengan menurunkan kekuatannya di tempat pembuangan logam dan memindahkannya dalam pusaran angin, dapat membentuk Jet Jumbo yang siap terbang. Sempurna. Tetapi bahkan jika ini terjadi secara ajaib, dari mana asal pilot yang mampu lepas landas?

Terlepas dari upaya terbaik para materialis, terbukti bahwa materi saja tidak dapat melampaui batas tertentu. Di balik kesempurnaan alam semesta pasti ada kecerdasan, kesadaran yang lebih tinggi yang membimbing segalanya.

Umat manusia sedang menunggu sains untuk akhirnya menetapkan tujuan meninggalkan materialisme dan mencari level non-material, sebuah "Kesadaran Universal" yang tidak bergantung pada ruang dan waktu, sebuah "Medan energi dan informasi".

Tugas sains adalah mengidentifikasi "Proyek", "Buku Petunjuk". Kami berbicara tentang semua kebijaksanaan alam semesta. Hati nurani kita mengambil dari kebijaksanaan universal, secara tidak sadar. Ini terjadi sekarang. Kesadaran individu kita adalah bagian dari kesadaran yang lebih besar, dari mana ia menarik informasi dan kebijaksanaan.

Hati saya mungkin tidak tahu bahwa ini adalah bagian dari keseluruhan yang lebih besar, yaitu, bagian dari tubuh saya. Demikian juga, saya juga adalah bagian dari keseluruhan yang lebih besar, tanpa menyadarinya. Namun, keseluruhan yang lebih besar di mana saya menjadi bagiannya mengenal saya, dan merawat saya.

Dalam pengertian ini Schumacher mengusulkan dalam tabelnya tahapan-tahapan yang berbeda di mana bagian dari alam semesta adalah bagian dari keseluruhan yang lebih besar, bahkan tanpa menyadarinya; keseluruhan yang lebih besar, pada gilirannya, mencakup bagian-bagian yang lebih rendah dalam skala dan menambahkan sesuatu yang lebih (gbr. 5).

Level terendah (M) adalah level inert matter yang dapat ditimbang dan diukur. Ini adalah bagian dari tingkat yang lebih tinggi, yaitu dunia tumbuhan. Level ini termasuk M tetapi menambahkan x, yang berarti kehidupan.

Oleh karena itu, jika level mineralnya hanya M (materi) level berikutnya, level nabati, adalah M + x, materi + kehidupan. Tetapi tingkat ini, pada gilirannya, merupakan bagian dari tingkat yang lebih tinggi, yang ketiga.

Tingkat ketiga, berkaitan dengan kerajaan hewan, termasuk yang lebih rendah (M + x) tetapi menambahkan y, yaitu, kesadaran dan kemampuan untuk melihat. Jadi, tingkat ketiga menjadi M + x + y.

Tingkat ketiga secara keseluruhan adalah bagian dari tingkat keempat, yang berhubungan dengan manusia. Tingkat keempat menambahkan z, yaitu kesadaran diri akan "Diri" seseorang. Oleh karena itu, dalam "derajat keberadaan" manusia adalah M + x + y + z.

Schumacher menghentikan tangga di sini. Tetapi jika setiap langkah secara alami merupakan bagian dari langkah yang lebih tinggi, apakah tingkat tertinggi bagi manusia?

Mengapa tidak ada juga level yang lebih tinggi, yang mencakup M, x, y, z tetapi juga "sesuatu yang lebih"?

Jawaban paling alami adalah ya. Ada tingkat kelima, yaitu "Kesadaran Universal", yang menambah nilai lain.

Tidak tahu bagaimana memanggil dan mendefinisikan nilai ini, kami menyebutnya "tak terbatas". Simbolnya adalah ∞.

Tingkat kelima dari skala tersebut akan menjadi M + x + y + z + ∞.

Skala derajat keberadaan, yang diselesaikan dengan demikian, menjadikan manusia bagian dari Kesadaran universal yang mencakup seluruh alam semesta: Materi, kehidupan, kesadaran, kesadaran diri, energi, dan informasi tak terbatas.

Dengan cara ini, bagian tidak penting dari diri kita sendiri, pilot pribadi kita, akan disatukan dengan pilot universal yang hebat dari mana dia akan menerima paten. Kesadaran pribadi kita akan terus berdialog dengan Kesadaran universal dan akhirnya kita akan tahu dari mana intuisi kita yang dalam, pengetahuan apriori kita, perasaan paling mulia kita berasal.

Oleh karena itu, kita akan tahu dari mana asal bagian diri kita yang sama sekali asing dengan hewani itu. Kita akan keluar dari kondisi hewani murni, di mana materialisme ingin memaksa kita.

Memang benar, sepanjang sejarah umat manusia, secara naluriah manusia selalu meyakini sesuatu yang lebih tinggi. Manusia menyebut realitas yang lebih tinggi ini dengan menggunakan nama-nama dewa yang tak terbatas.

Pasti ada Kecerdasan Kosmis, yang berada di luar pemahaman kita. Kami terus menerus dipengaruhi oleh Kecerdasan ini.

Tampaknya manusia memiliki kebutuhan bawaan untuk percaya pada sesuatu yang lebih besar. Bagaimanapun, bahkan keyakinan bahwa tidak ada yang lebih besar tetaplah sebuah keyakinan, sebuah tindakan iman.

Mimpi yang menunjukkan penemuan dan kesuksesan.

Penegasan bahwa pesan yang berguna untuk perkembangan individu atau bahkan kemanusiaan yang bersumber dari Kesadaran Universal ditegaskan oleh banyak tokoh seni dan sains terkenal yang mengaku telah menerima inspirasi atas kreasi mereka dalam mimpi. Sejarah penuh dengan masalah yang diselesaikan saat fajar. Misalnya, Friedrich Kekulé, seorang ahli kimia Jerman yang namanya dikaitkan dengan definisi struktur benzena dan senyawa aromatik, memimpikan seekor ular yang menggigit ekornya dan setelah bangun ia menyadari bahwa molekul benzena berbentuk heksagonal.

Tabel Periodik Mendeleev.

Di lingkungan ilmiah Rusia, Dmitry Ivanovich Mendeleev datang untuk menentukan komposisi Tabel Elemen berkat mimpi. Ahli kimia terkenal (1834-1907) ingin mengatur secara rasional 65 unsur kimia yang dikenal pada masanya. Dia telah menebak bahwa model organisasi harus dikaitkan dengan berat atom, tetapi dia tidak dapat menentukan hubungan yang tepat. Menurut ahli kimia Rusia B.M. Kedrov, Mendeleev menyatakan:

> "Dalam mimpi saya melihat permukaan datar, di mana semua elemen diatur dalam urutan yang diperlukan. Setelah bangun, saya segera menggambar pengaturan itu di selembar kertas".

Maka lahirlah tabel periodik yang masih kita kenal hingga saat ini. Mendeleev mencatat bahwa pengaturan yang terlihat dalam mimpi sangat akurat sehingga mengungkapkan bahwa beberapa elemen sebelumnya telah diukur secara tidak akurat.

Mesin pencari Google.

Larry Page, salah satu pendiri Google, mengatakan bahwa ide mesin pencari dengan karakteristik Google datang kepadanya dalam mimpi yang "hidup". Setelah membicarakannya dengan temannya Sergey Brin, mereka melahirkan bersama dengan Backrub, pendahulu Google saat ini.

Paul McCartney dan "Yesterday".

Paul McCartney memberi tahu penulis biografinya Barry Miles bahwa pada suatu pagi di tahun 1965 dia bangun dengan musik di kepalanya. Dia bangkit dan memainkan melodi yang akan menjadi "Kemarin" di piano. Hari ini lagu kelahiran impian ini ada di Guinness Book sebagai lagu yang paling banyak direkam.

Transmisi sinyal di otak.

Pada awal 1900-an, para ilmuwan secara keliru percaya bahwa transmisi sinyal di otak terjadi secara elektrik. Sebaliknya, mimpi Otto Loewi menyarankan teori yang tepat. Loewi adalah dosen di Universitas Graz di Austria tetapi pindah ke Amerika Serikat selama rezim Nazi. Di sini dia mengajar di University of New York, kota tempat dia meninggal pada tahun 1961. Penelitiannya berfokus pada farmakologi zat yang bekerja pada sistem saraf otonom, baik pada saraf simpatis maupun parasimpatis, menemukan bahwa mediator aktif dalam sistem saraf fungsi saraf dan otot termasuk dalam jenis kimiawi, dan bukan jenis listrik.

Loewi menemukan ini setelah bermimpi. Dia bangun dan menuliskan beberapa catatan di selembar kertas. Setelah terbangun, dia menyadari bahwa dia telah menulis dasar-dasar teori yang akan mengubah sejarah kedokteran: yaitu, informasi ditransmisikan secara kimiawi, melalui mediator kimia aktif. Berkat penemuannya ini, pada tahun 1936 Otto Loewi memenangkan Hadiah Nobel bidang fisiologi.

Niels Bohr dan atom

Dalam sebuah artikel yang ditulis di Massachusetts Institute of Technology (MIT) oleh Edwina Portocarrero dengan beberapa kolaboratornya, kami membaca sebagai berikut:

«Niels Bohr (1885–1962) mengembangkan model atom berdasarkan mimpinya. Dalam mimpinya, Bohr duduk di matahari sementara semua planet, berputar-putar, mengeluarkan suara mendesis dan bergerak seperti tali».

Memang, model atom saat ini terdiri dari inti pusat dan serangkaian elektron yang berputar mengelilinginya. Artikel Portocarrero didedikasikan khusus untuk mimpi dan diberi judul "Pelajaran di atas bantal: antarmuka terputus-putus untuk mengingat dan mereproduksi mimpi".

Mary Shelley dan Frankenstein

Pada Mei 1816, sekelompok penulis menginap di sebuah hotel di Jenewa. Di antara para penulis ini adalah Lord Byron, gundiknya Claire Clairmont dengan saudara perempuannya Mary Shelley, dan pecinta sastra lainnya. Hari itu hujan, dan mereka memutuskan untuk mengatasi kebosanan dengan membaca cerita hantu. Byron kemudian menyarankan agar mereka membuat cerita hantu sendiri: semua orang menerimanya. Mary Shelley tidak tahu harus mulai dari mana, tetapi pada malam hari dia melihat dalam mimpi saat ilmuwan gila itu menciptakan Frankenstein. Keesokan paginya dia mulai menulis sekuel yang mengerikan, dan buku itu sukses seperti yang kita tahu. Apa jadinya literatur horor hari ini tanpa Frankenstein?

"Misery" tidak harus mati

Ini adalah salah satu buku paling populer Stephen King, yang juga telah dibuat menjadi film. Penulis sendiri mengatakan bahwa ide plot, berdasarkan pada seorang penggemar yang menahan penulis favoritnya untuk menulis ulang akhir cerita, datang kepadanya saat bermimpi di pesawat terbang.

Mesin jahit Elias Howe

Penemuan mesin jahit dikaitkan dengan Elias Howe (1819–1867), yang memiliki manfaat untuk memperbaiki beberapa desain yang ada dan mematenkan versi perbaikannya. Untuk waktu yang lama Howe terjebak dengan proyeknya: sebenarnya, Howe tidak tahu di mana harus meletakkan lubang jarumnya.

Karena masalah ini pekerjaannya terhenti dan dia hampir jatuh miskin. Ide awalnya adalah mengikuti tradisi dan menempatkan mata jarum di ujung atas jarum. Namun, saat melakukannya, utasnya selalu kusut. Dia tidak pernah berpikir untuk menempatkan mata jarum di dekat ujung jarum.

Pada tahun 1845 Howe mengalami mimpi yang aneh. Beberapa kanibal telah menangkapnya dan menusuknya dengan tombak mereka. Matanya yang terlatih memperhatikan bahwa tombak memiliki lubang di dekat ujungnya. Karena itu, dia menerapkan ide ini pada penemuannya dan lahirlah mesin jahit.

Impian Wolfgang Pauli

Fisikawan pemenang hadiah Nobel Wolfgang Pauli berulang kali mengklaim telah menerima inspirasi dalam mimpi, berguna untuk perumusan teori ilmiahnya.

Salah satu mimpi yang diingat Pauli selama sisa hidupnya adalah apa yang disebutnya "Jam Dunia". Dalam mimpinya Pauli melihat dua roda konsentris yang berputar ke arah yang tidak harmonis. Sayangnya, roda-roda itu dihubungkan oleh poros tengah yang mustahil. Selama Pauli bermimpi, dia sedang menjalani analisis psikologis di studio Jung, dan dia mengerti bahwa gambar tersebut berisi pesan untuk dialihkan ke dalam penelitian ilmiahnya. Bagi Pauli, dua roda melambangkan jiwa dan materi, yang perlu disatukan dalam teori ilmiah. Sayangnya, meski mengejar tujuan ini sebagai misi seumur hidup, Pauli gagal menemukan cara untuk mendamaikan materialisme ilmiah dengan spiritualitas. Memang, sains modern menolak rujukan apa pun tentang jiwa atau roh seolah-olah itu adalah penyakit kusta.

Dari Plato ke Berkeley.

Dalam mitos gua, Plato menyatakan bahwa segala sesuatu, seperti yang kita lihat, tidak lebih dari ilusi raksasa, tetapi tidak sampai menyatakan secara eksplisit bahwa segala sesuatu tidak ada. Konsep ini, bagaimanapun, dinyatakan beberapa kali dalam pemikiran manusia, dan menjadi tulang punggung filosofi George Berkeley (gbr. 6). Berkeley adalah seorang teolog Irlandia dan uskup Anglikan. Bersama John Locke dan David Hume, Berkeley adalah salah satu dari tiga ahli empiris Inggris yang hebat. Menurut Berkeley, satu-satunya objek pengetahuan manusia adalah ide.

Apa yang kita definisikan sebagai sesuatu tidak lain adalah sekumpulan ide. Sebagai contoh, sebuah apel tidak lain adalah kombinasi dari warna tertentu, rasa tertentu, bau tertentu, bentuk tertentu, konsistensi tertentu.

Semua objek yang kita yakini ada (karena indera membuat kita percaya bahwa mereka ada) sebenarnya tidak ada sama sekali: mereka tidak memiliki konsistensi, mereka tidak memiliki tubuh, mereka hanyalah gagasan yang disampaikan oleh indera ke otak, kita konfigurasikan dengan mengaitkannya dengan kesan materialitas yang salah.

Kita tidak mengetahui objek sama sekali: kita hanya mengetahui ide objek yang ditransmisikan oleh indera ke otak kita. Kita hidup seolah-olah dalam mimpi, seperti para tahanan gua Platonis yang mengamati bayang-bayang, mempercayainya sebagai nyata. Kami memiliki persepsi ruang-waktu yang terkait dengan objek yang dianggap tidak ada.

Berkeley dan pohon tumbang.

Berguna untuk mengajukan kembali pertanyaan kuno: jika sebatang pohon tumbang di hutan dan tidak ada orang di sekitarnya, apakah itu mengeluarkan suara? Pertanyaan ini ditanyakan oleh George Berkeley.

Berkeley lahir di Kilkenny, Irlandia, pada 12 Maret 1685 dan meninggal di Oxford pada 14 Januari 1753. Ia lulus pada 1707, setelah menyelesaikan studi universitasnya di bidang matematika, logika, sastra klasik, teologi dan filsafat di Trinity College,

Gambar 6 - George Berkeley adalah seorang filsuf Irlandia, teolog dan uskup Anglikan. Dia mengklaim bahwa satu-satunya objek pengetahuan manusia adalah ide; hal-hal dengan sendirinya tidak ada, mereka hanya sekumpulan ide.

Dublin. Ia segera memperdalam pengetahuannya tentang para pemikir besar pada masanya dengan membaca karya-karya Locke, Gassendi, Newton, Descartes, Hobbes dan lain-lain, sehingga memberikan bentuk dan arah bagi evolusi pemikirannya, seperti mampu mengucapkan kardinal prinsip filosofinya: immaterialisme.

Pada 1709 ia menerbitkan buku "Essay on a new theory of vision" dan tahun berikutnya buku "Risalah tentang prinsip-prinsip pengetahuan manusia". Pada 1713 dia juga menulis "Dialog Antara Hylas dan Philonous".

Pada 1728 ia menikah dengan Anne Forster, putri sulung John Forster, Ketua House of Commons Irlandia. Setelah mendapat manfaat dari warisan yang besar, semangat religiusnya yang kuat mendorongnya untuk pergi, bersama istrinya, ke tanah baru Amerika di mana dia bermaksud melakukan kegiatan misionaris dengan mendirikan perguruan tinggi agama di Kepulauan Bermuda.

Sambil menunggu untuk menerima dana yang dijanjikan, Berkeley pindah ke Amerika dan menetap di Rhode Island, tempat lahir Henry, anak pertamanya. Sayangnya, sang filsuf terpaksa meninggalkan inisiatifnya. Sayangnya, sang Ratu tidak menepati janji awalnya tentang pendanaan. Kembali ke Irlandia, dia diangkat menjadi Uskup Cloyne (untuk Gereja Irlandia).

Pemikiran filosofis Berkley semuanya berpusat pada idealisme yang sangat ia lawan dengan "Pencerahan" yang muncul antara akhir tahun 1600-an dan awal tahun 1800-an. Berkeley menolak materialisme yang merosot menjadi skeptisisme dan ateisme. Tentang topik ini ia menggubah "Alcifrone", sebuah dialog polemik melawan para pemikir bebas saat itu.

Berkeley berpendapat bahwa objek hanya ada saat mereka dirasakan. Oleh karena itu, jika sebatang pohon tumbang di hutan yang tidak ada yang menyaksikan kejatuhannya, pohon itu tidak menimbulkan suara.

Dari sudut pandang akal sehat kita dapat berkeberatan bahwa jelas pohon tumbang pasti menimbulkan bunyi, karena patahnya serat kayu dan tumbukan dengan dahan pohon lain menimbulkan gerakan udara khas gelombang bunyi.

Namun, tampaknya, sains sendiri mengintervensi dengan mengungkapkan pendapat yang disukai Berkeley. Nyatanya, salah satu majalah sains populer tertua dan paling bergengsi, "Scientific American", yang didirikan oleh Rufus Porter pada tahun 1845, membahas subjek ini pada tahun 1884. Dengan artikel yang terdokumentasi dengan baik, dia secara rasional menunjukkan bahwa pohon tumbang tidak akan menghasilkan apa-apa. kebisingan jika tidak ada orang yang dapat mendengar suara jatuh.

Dalam praktiknya, klaim majalah itu, memang benar bahwa tumbangnya pohon menghasilkan getaran di udara, tetapi ini hanya dapat dideteksi dengan sistem pendengaran yang, melalui bagian dalam telinga, dapat menerjemahkannya menjadi suara. Oleh karena itu, dengan tidak adanya sistem pendengaran yang mampu mendeteksi kebisingan, hal ini tidak ada. Penjelasan yang sempurna.

Dengan cara ini kami memecahkan pertanyaan yang terkadang secara keliru dikaitkan dengan filosofi Zen: jika pohon tumbang saat tidak ada orang yang mendengarnya, pohon itu tidak menimbulkan suara.

Sekembalinya ke Berkeley, untuk memperkuat tesisnya ia mencetuskan pepatah “Esse est percipi” (Berarti untuk dirasakan). Seluruh keberadaan suatu objek terdiri dari keberadaannya, dan tidak ada yang lain. Ini adalah ringkasan dari teori immaterialnya, yang menurutnya hal-hal tidak lebih dari serangkaian ide, dan hanya muncul ketika dirasakan.

Ini bukanlah wahyu yang sangat mengejutkan bagi fisikawan kuantum. Seperti yang akan kita lihat, pada tingkat partikel elementer, ini mengubah perilakunya apakah ada seseorang yang mengamatinya, atau tidak: selain itu, tergantung pada bagaimana mereka diamati, mereka dapat mengubah bentuk kemunculannya.

Setelah cekikikan ironis selama berabad-abad, teori Berkeley mulai memiliki konsistensi yang kuat dengan kenyataan.

Jenis yang sama dengan pohon tumbang adalah dilema yang lebih teknologi: jika kita menyalakan bola lampu di ruangan kosong, di mana tidak ada yang bisa mengamatinya, apakah itu memancarkan cahaya? Biasanya orang akan menjawab ya; kecuali itu, cahaya tidak lebih dari persepsi sistem saraf, oleh karena itu jika tidak ada sistem di dalam ruangan yang mampu memahami cahaya, yaitu mata, maka tidak ada cahaya. Cahaya mulai ada ketika seseorang dapat melihatnya: ia tidak memiliki keberadaannya sendiri, ia hanyalah penjabaran dari sistem visual. Akibatnya, dengan menutup sakelar, suatu bentuk energi mengalir dan berubah menjadi bentuk energi lain, yang bagaimanapun tidak kita ketahui. Munculnya cahaya hanya ketika seseorang mengamatinya.

Demikian pula kami akan mengatakan: bagaimana hidangan menggoda yang disajikan untuk Anda rasakan? Bukan siapa-siapa. Makanan akan mulai terasa saat Anda mengirimkannya ke langit-langit mulut Anda. Dengan sendirinya, rasa adalah kualitas yang sama sekali tidak berhubungan dengan makanan yang Anda makan.

Pada titik ini tampaknya masuk akal untuk bertanya pada diri sendiri apakah kita yang menyesuaikan diri dengan realitas, atau apakah justru realitas yang menyesuaikan diri dengan kita.

Alam semesta ada karena kita melihatnya.

Mari kembali ke tema cahaya. Jika benar bola lampu di ruangan tertutup tidak memancarkan cahaya karena tidak ada yang bisa melihatnya, dengan cara yang sama kita dapat mengatakan bahwa jika kita tidak ada di sana untuk melihat alam semesta, alam semesta akan menjadi gelap. Bintang-bintang tidak akan bersinar, matahari sendiri tidak akan memancarkan cahaya, jika tidak ada yang melihatnya.

Agar alam semesta menjadi seperti yang terlihat, seseorang harus ada di sana untuk melihatnya. Tanpa mata yang mampu mengubah foton yang dipancarkan bintang menjadi cahaya, alam semesta akan menjadi gelap.

Dalam ayat kedua dari Alkitab (Kejadian 1, 2) penulis memulai kisah penciptaan dengan kata-kata ini:

> "Dan Tuhan berkata, "Jadilah terang," dan jadilah terang. Dan Tuhan melihat bahwa terang itu baik, dan Dia memisahkan terang dari kegelapan...."

Allah melihat bahwa terang itu baik. Setelah membuatnya, melihatnya dia mengakui bahwa itu adalah hal yang baik. Cahaya menjadi hal yang baik ketika Tuhan melihatnya.

Tidak hanya itu, ketika Tuhan menciptakan manusia, Dia menciptakannya "menurut gambar dan rupa Tuhan". Dengan cara ini, manusia juga dapat melihat cahaya sehingga ciptaan tetap menjadi "hal yang baik" karena merupakan sesuatu yang dikagumi pada hakikatnya.

Keberatan utama terhadap hal ini seharusnya datang dari teori evolusi, yang menurutnya semua makhluk hidup berasal dari satu organisme leluhur yang darinya semua keanekaragaman hayati saat ini berkembang. Untuk setiap makhluk hidup, organ yang paling sesuai akan dikembangkan untuk menjamin kelangsungan hidupnya. Semua organ (tangan, kaki, ekor, bulu, telinga, kulit, dan sebagainya) akan menjadi hasil dari peningkatan progresif dari organ yang sudah ada sebelumnya, atau dalam hal apapun dikembangkan oleh nenek moyang leluhur.

Oleh karena itu, sirip dapat berubah menjadi kaki untuk mengiringi perjalanan ikan ke hewan darat: yaitu, organ yang dikembangkan dalam kondisi tertentu yang berguna untuk bertahan hidup dalam kondisi tersebut dapat berkembang menjadi organ lain yang berguna dalam kondisi berbeda . Teori ini dapat dipercaya untuk hampir semua organ, tetapi tidak untuk mata.

Kontradiksi evolusi mata.

Jika ada satu masalah yang menghantui para Darwinis, itu adalah masalah evolusi mata. Darwin sendiri, dalam karyanya "The Origin of Species" sebenarnya menyatakan:

> "Menganggap bahwa mata, dengan semua mekanismenya yang tak ada bandingannya [...], dapat

dibentuk melalui seleksi alam, tampaknya, saya akui dengan bebas, jelas tidak masuk akal."

Upaya pertama yang tampaknya efektif untuk menjelaskan perkembangan bertahap mata dimulai pada tahun 1994: ini adalah karya terkenal Nilsson dan Pelger "Perkiraan pesimis tentang waktu yang dibutuhkan mata untuk berevolusi". Menurut para ilmuwan ini, mata akan berevolusi dari lapisan awal sel peka cahaya, berkat organisme purba yang dapat mengarahkan dirinya sendiri ke arah sumber cahaya. Bagaimanapun, ini menegaskan bahwa kebutuhan untuk melihat sudah melekat pada organisme pertama.

Selanjutnya, proses evolusioner akan menyebabkan terbungkusnya sel-sel fotosensitif ini dalam semacam sumur setengah bola; ketika kokpit menjadi cukup dalam, diafragma yang mampu menyusut muncul di tepinya. Akhirnya, area yang lebih padat yang mampu berfungsi sebagai lensa akan terbentuk di lubang yang sudah diisi dengan bahan transparan.

Sayangnya, rantai evolusi yang dijelaskan dalam bagian-bagian ini sama sekali bukan evolusi bertahap dan berkelanjutan, dan tidak sesuai dengan apa yang seharusnya menjadi modifikasi minimal berturut-turut dari karakteristik yang sama, karena ia mencakup penambahan struktur organik lain yang sepenuhnya independen. Diperlukan "pupil proto-primitif" dan "lensa proto mata primitif".

Nyatanya, mata tidak mewakili evolusi satu organisme primordial tetapi membutuhkan penambahan bagian yang berbeda dan canggih, seperti lensa, otot pengatur, sel sensorik, dan persarafan. Lensa tanpa retina, serta retina tanpa lensa, tidak berfungsi. Namun, retina dan lensa bukanlah bagian dari proses evolusi yang sama karena keduanya memiliki kualitas jaringan yang berbeda yang menyiratkan asal muasal yang berbeda baik dalam perkembangan embriogenik maupun dalam evolusi.

Ini tidak diragukan lagi menegaskan bahwa mata adalah produk dari konvergensi evolusioner dari berbagai bagian dalam satu fungsi terintegrasi: oleh karena itu, jika kita ingin berbicara tentang keacakan, itu adalah keacakan yang dipangkatkan ke-n.

Sebagai kesimpulan, tidak terbayangkan bahwa perangkat sekhusus mata dapat muncul dari perkembangan acak, semuanya pada awalnya tanpa keuntungan evolusioner khusus, yang kemudian secara ajaib terintegrasi ke dalam fungsi visual.

Kita dapat membayangkan perkembangan mata purba, tanpa retina dan kristal, hanya jika kita memahaminya sebagai langkah wajib menuju fungsi masa depan: yaitu, sebagai bagian dari proyek yang telah meramalkan apa kegunaannya di era selanjutnya. Tentu bukan evolusi buta, tetapi proyek yang dipandu dan dibantu oleh kecerdasan universal.

Ketika hal-hal tidak seperti yang terlihat.

Manusia adalah bagian dari keseluruhan yang kita sebut "alam semesta", bagian yang terbatas dalam ruang dan waktu. Dia mengalami dirinya sendiri, pikiran dan sensasi sebagai sesuatu yang terpisah dari yang lain, dalam semacam ilusi optik kesadaran.
Ilusi ini adalah semacam penjara yang membatasi kita pada keinginan dan kasih sayang pribadi kita kepada beberapa orang terdekat kita. Tugas kita adalah membebaskan diri kita dari penjara ini dengan memperbesar welas asih kita di pusat-pusat konsentris untuk merangkul semua makhluk hidup dan seluruh alam dalam keindahannya.
(Albert Einstein, fisikawan, Hadiah Nobel)

Kasus aneh kedua presiden.

Belakangan ini, sangat modis, di pers gosip, untuk mencari kebetulan aneh yang menyatukan selebritas. Secara khusus, pencarian fakta, peristiwa, dan keadaan yang melibatkan Kate Middleton dan Charlene dari Monako menjadi gila.

Ada banyak kebetulan, tetapi tampaknya tidak terlalu signifikan. Misalnya, banyak disorot bahwa Kate dan Charlene tidak memiliki darah biru. Keduanya sama-sama lahir di bulan Januari, Kate di tanggal 9 dan Charlene di tanggal 25. Masih soal tanggal, Kate dan Charlene sama-sama menikah di tahun 2011.

Dari sudut pandang yang lebih pribadi, kedua wanita bangsawan itu sama-sama olahragawan dan suka mengikuti semua jenis kompetisi, menjajal berbagai disiplin ilmu. Selanjutnya, mereka berdua harus berurusan dengan dua ibu mertua yang agak "membosankan", Lady Diana untuk Kate dan Grace Kelly untuk Charlene.

Tentu saja, narasi tentang kebetulan yang menghubungkan dua presiden paling terkenal di Amerika Serikat ini lebih membuat penasaran. Mari kita bicara tentang John Fitgerald Kennedy (gbr. 7) dan Abraham Lincoln (gbr. 8). Kebetulan yang paling relevan terkait dengan modalitas kematian mereka. Faktanya, kedua presiden terbunuh dalam keadaan yang sangat mirip, Lincoln pada 14 April 1865 dan Kennedy pada 22 November 1963. Berikut adalah beberapa kebetulan yang lebih terkenal seputar pembunuhan mereka:

- Keduanya dibunuh pada hari Jumat, dengan tembakan di kepala.

- Keduanya memiliki istri di sebelah mereka, yang tidak dipukul.
- Kennedy terbunuh saat berada di limusin Ford Lincoln Continental; Lincoln menghadiri "Our American Cousins" di Ford Theatre di Washington.
- Pada saat penyerangan, baik Lincoln maupun Kennedy didampingi oleh pasangan: dalam kedua kasus tersebut, pria yang berada di sebelah presiden terluka.
- Kedua pembunuh (John Wilkes Booth untuk Lincoln, dan Lee Harvey Oswald untuk Kennedy) memiliki tiga nama dengan total lima belas huruf.
- Kedua pembunuh meninggal dalam keadaan tidak jelas sebelum diadili. Kematian mereka terjadi kira-kira pada "waktu yang sama" dengan kematian korban mereka. Keduanya tewas akibat luka tembak.

Lalu ada kebetulan mengenai kehidupan pribadi atau karier politik.

- Keduanya memiliki marga yang terdiri dari tujuh huruf, dan telah dibaptis dengan nama yang sama dengan kakek dan neneknya masing-masing. Selanjutnya, keduanya adalah anak kedua di keluarga mereka sendiri.
- Keduanya telah berperang dalam perang; Lincoln dalam Perang Black Hawk, dan Kennedy dalam Perang Dunia II.
- Keduanya kehilangan seorang putra selama masa jabatan presiden mereka. Lincoln kehilangan William Wallace, dan Kennedy kehilangan Patrick Buovier.

Gambar 7 - Serangkaian kebetulan yang luar biasa menghubungkan dua presiden Amerika Serikat yang paling terkenal, Abraham Lincoln dan John Fitgerald Kennedy, keduanya korban serangan.

- Keduanya memiliki empat anak pada saat kematian mereka.
- Keduanya terpilih menjadi anggota Kongres untuk pertama kalinya pada tahun 1946; demikian pula pada tahun 1956 mereka menjadi calon wakil presiden, tetapi tidak terpilih karena partainya kalah dalam pemilihan.
- Keduanya terlibat dalam membela hak-hak penduduk kulit hitam, Lincoln dalam kaitannya dengan penghapusan perbudakan dan Kennedy dalam mempromosikan hak-hak sipil.
- Keduanya digantikan oleh wakil presiden bernama Johnson: Andrew Johnson untuk Lincoln dan Lyndon Johnson untuk Kennedy.

Jika itu belum cukup, siapa pun yang mau akan dapat menemukan ratusan kebetulan lain yang menghubungkan kehidupan kedua presiden, dengan mengunjungi situs (dalam bahasa Inggris): https://www.near-death.com/.

Penjelasan dari para skeptis.

Sementara separuh dunia berusaha untuk mempelajari kasus-kasus seperti ini untuk menambahkan lebih banyak kebetulan ke dalam daftar, separuh lainnya berusaha untuk menunjukkan bahwa beberapa kebetulan yang disajikan akan salah dan akan mencoba menggunakan beberapa ketidakakuratan untuk menyangkal segalanya.

Kemudian ada beberapa keberatan umum yang baik untuk setiap kesempatan, seperti yang tidak terlalu sulit untuk menemukan kebetulan antara dua fakta yang dipilih secara acak, jika seseorang memeriksa semua detailnya.

Gambar 8 - Abraham Lincoln, korban percobaan pembunuhan pada 14 April 1865. Banyak keadaan hidup dan matinya sangat bertepatan dengan kejadian serupa yang melibatkan Presiden John Kennedy.связанными с президентом Джоном Кеннеди.

Menurut hukum bilangan besar, jika kehidupan dan karya dua orang terkenal dievaluasi secara mendetail, tidak sulit untuk membuat daftar kebetulan.

Jika, misalnya, kita merujuk pada Masaniello dan Jenderal Lamarmora, kemungkinan besar keduanya menyukai pizza Neapolitan dan keduanya mengenakan ukuran 44 kaki, tetapi saya tidak tahu kebetulan penting apa lagi yang dapat ditemukan.

Ketika panca indera menipu.

Tetapi mengapa sains menawarkan begitu banyak perlawanan terhadap paranormal? Faktanya, sains Barat telah menghabiskan beberapa abad hidupnya untuk tidak mempercayainya, dan sekarang retakan mulai muncul dalam kepastian granit ini, ia membiarkan dirinya terbawa oleh oportunisme. Memang sulit untuk melepaskan kenyamanan, posisi yang terkonsolidasi, karier yang dibangun di atas penegasan materialisme.

Selain itu, kita sendiri, yang merupakan air tempat kapal sains meluncur, begitu kecanduan dengan posisi-posisi ini sehingga kita menerimanya begitu saja, terlepas dari kenyataan bahwa setiap hari kita harus berurusan dengan paranormal atau persepsi ekstrasensor. Kita sekarang terbiasa percaya hanya pada apa yang bisa disentuh, ditimbang dan diukur, sehingga bukti pun tidak bisa menghilangkan dogma materialisme dari mentalitas kita.

Kecemasan mendorong kita untuk memberi arti penting hanya pada hal-hal nyata yang kita lupakan bahwa, dalam banyak kasus, hal terpenting tidak dapat dipegang untuk mengubahnya menjadi uang.

Sumber utama kesejahteraan kita adalah pikiran, suasana hati yang positif, perasaan, dan semua aktivitas yang berkaitan dengan jiwa atau jiwa yang berhasil memberi makna dan motivasi yang mendalam pada keberadaan kita atau, sebaliknya, berhasil membuatnya tampak tidak berguna dan tidak berguna. masa depan.

Fakta-fakta yang terjadi di sekitar kita dibentuk oleh cara kita menafsirkannya, oleh optimisme atau pesimisme kita, oleh gradien kepercayaan dan harapan kita atau keputusasaan. Tidak ada realitas objektif di sekitar kita, benda tidak bergerak, tetapi berubah sesuai dengan kunci interpretasi kita, yaitu melalui filter hati nurani dan akal kita.

Dalam pengertian ini, apa yang kita rasakan dengan panca indera, yaitu realitas indrawi, selalu merupakan hasil pemrosesan ekstrasensor.

Sebaliknya, kita terus-menerus mengalami kemampuan ekstrasensor yang tidak dapat diukur dan ditimbang tetapi pasti ada, seperti keberanian, visi masa depan yang optimis, kesadaran bahwa hidup terdiri dari pasang surut. Setelah setiap rendah selalu ada tinggi secara alami. Keyakinan pada diri sendiri dan sesama, belas kasihan dan kebaikan, kemampuan untuk membantu dan dibantu, semua ini membuat keyakinan kita kokoh. Angin apapun bisa berhembus sekencang-kencangnya, tanpa pernah mampu mencabut keyakinan tersebut.

Apa yang kita rasakan dengan panca indera kita, dalam periode badai dan tenang, selalu merupakan kebenaran yang dimediasi. Ini berlaku tidak hanya pada tingkat psikologis, tetapi juga pada tingkat praktis. Indra kita, yang bagi kita tampak begitu sempurna, dirancang untuk penghematan maksimum. Mereka hanya melayani untuk memberi kita bantuan yang diperlukan untuk bergerak dan beroperasi di lingkungan tanpa mengalami kerusakan.

Misalnya, pendengaran kita mampu menangkap suara yang sangat rendah (frekuensi sekitar 30 Hertz) hingga yang bernada sangat tinggi, sekitar 10-15.000 Hertz dalam frekuensi. Namun, ada variasi suara yang tak terbatas di luar jangkauan ini. Sayangnya, telinga kita tidak dapat menangkap suara-suara ini. Misalnya ultrasound, yang biasa didengar oleh banyak hewan peliharaan kita. Mengapa kita hanya mendengar frekuensi dari 30 hingga 15.000 Hertz, dan bukan yang lebih tinggi atau lebih rendah? Sederhana, karena mereka tidak akan berguna untuk kelangsungan hidup kita.

Frekuensi suara yang lebih rendah dapat menandakan gemuruh longsoran salju yang mendekat, dan frekuensi suara yang lebih tinggi dapat menandakan desisan ular. Kami tidak membutuhkan apa-apa lagi untuk bertahan hidup.

Dipaksa oleh batas pendengaran, kami menempatkan semua keilahian suatu seni seperti musik dalam rentang frekuensi ini, dan kami bahkan tidak membayangkan simfoni mana yang dapat kami buat (tetapi yang terpenting dengar) jika rentangnya lebih luas. Bagi kami, semua musik terbatas pada kesempitan yang menyedihkan dari apa yang didengar telinga kami, dari 30 hingga 15.000 hertz. Kami bahkan tidak membayangkan adanya harmoni yang jauh lebih rumit dan menarik. Bagi kami, tidak ada musik lain selain yang bisa didengar telinga kami.

Kami tidak percaya ada konser kayu yang tumbuh, minuet dari bunga yang mekar, atau simfoni gelap dari batu yang mengerang selama bertahun-tahun saat akan melepaskan diri dari lereng gunung.

Kami menebus kekurangan ini dengan memasukkan soundtrack palsu dalam film dokumenter, yang cocok untuk jangkauan pendengaran kami; jelas, itu bukan suara sebenarnya.

Kemudian ketika mereka memberi tahu kami tentang dukun yang berhasil melakukan perjalanan di dunia ini dan mendengarkan suara-suara ini, suara-suara alam yang tersembunyi ini, kami tidak mempercayai mereka yang memberi tahu kami dan kami menilai mereka gila.

Indera kita tidak dibuat untuk membawa kita lebih dekat ke alam semesta tetapi, lebih biasa lagi, untuk mencegah kita membenturkan jari kaki ke sudut saat kita berjalan atau memasukkan makanan yang terlalu panas ke dalam mulut saat kita makan. Mereka juga membantu kita menghindari racun dari beberapa makhluk kecil yang terlalu berwarna atau terlalu berduri.

Indra kita masih milik Manusia Neanderthal, sementara kita sekarang telah berkembang jauh melampaui tahap "Sapiens sapiens", kita sekarang adalah "Homo ciberneticus". Kita perlu mengembangkan indera baru, disesuaikan dengan tahap evolusi baru kita.

Objektivitas dan subjektivitas.

Apa yang kita yakini menentukan kualitas hidup kita.

Kita dapat memilih antara objektivitas dan subjektivitas.

Objektivitas tentu menyiratkan ketidakmungkinan kita untuk campur tangan pada hal-hal yang mengelilingi kita. Hal-hal seperti ini, suka atau tidak. Dari sudut pandang objektif, segala sesuatu terbentuk dan terjadi secara eksternal pada diri kita sendiri dan melibatkan kita tanpa kemungkinan untuk melarikan diri. Kami adalah mainan mekanis yang terus mengulangi tugas yang telah diprogram dengan berbaris dan menabuh rebana baik di bawah sinar matahari maupun di tengah hujan, sementara matahari memudarkan warna kami dan hujan merusak gigi kami.

Sebaliknya, subjektivitas membuat kita mampu memahami dan menerima sesuatu dengan memediasinya, itu adalah jaring yang kita jalin dan melaluinya kita menyaring realitas. Subjektivitas menyediakan alat yang ampuh dan efektif untuk melawan atau mendukung apa yang ditawarkan kehidupan kepada kita.

Menghadapi kehidupan dari sudut pandang subyektif berarti membebaskan diri dari pemaksaan takdir yang memadat dan membangun takdir pribadi yang dimediasi, diwarnai oleh peluang yang berbeda untuk masing-masing.

Kehidupan yang dijalani secara subyektif tidak lagi dapat diukur dan ditimbang di laboratorium, karena ukuran standar tidak berlaku lagi; masing-masing menetapkan nilainya sendiri yang karenanya lolos dari verifikasi pengamat eksternal. Mereka tidak lagi dapat diverifikasi di laboratorium, tetapi nyata bagi semua orang di hati mereka, di dalam darah mereka, di perut mereka, di kulit mereka dan terutama di dalam jiwa mereka.

Cinta, kesetiaan, kemurahan hati, persahabatan, kepercayaan pada diri sendiri dan orang lain adalah realitas non-objektif yang menjadi model hidup kita.

Oleh karena itu, ada realitas yang jauh melampaui panca indera, dan memungkinkan kita meninggalkan dimensi mesin untuk menjadi manusia, yaitu kita.

Kemenangan subjektivitas mewakili kekalahan materialisme dan pengecilan panca indera yang tidak lagi menjadi indikator kebenaran absolut, tetapi alat bantu sederhana yang berguna untuk menempatkan keberadaan kita di alam semesta yang masuk akal. Di alam semesta ini, fisika Newton, berdasarkan tiga dimensi klasik plus waktu, panca indera membantu kita dengan cara yang benar-benar patut dicontoh. Namun, ketika kita mempertimbangkan keberadaan alam semesta psikis, bebas dari materi, di mana berbagai persepsi terkait dengan pikiran dan jiwa berlaku, maka kita menyadari bahwa panca indera tidak lagi membantu kita, sebaliknya, sering menipu kita.

Pada abad-abad belakangan ini, materialisme telah mempercayakan panca indera dengan tugas untuk mewakili secara mutlak semua pengalaman manusia yang mungkin. Sebenarnya, ilmu materialistis sendiri telah menemui kesulitan dalam menghadapi apa yang sekarang kita sebut fenomena yang berkaitan dengan materi, seperti magnetisme dan listrik.

Salah satu indera yang paling menipu, ketika kita ingin menggunakannya untuk tujuan selain yang dikembangkannya, yaitu kelangsungan hidup, adalah penglihatan. Penglihatan memproses objek dan makhluk hidup sebagai bentuk, yang dihafal untuk memungkinkan kita mengenalinya selama pertemuan berikutnya. Ini bukan hafalan yang tepat, karena kita bisa mengenali wajah seseorang meski wajahnya sudah banyak berubah, setelah puluhan tahun. Sebaliknya, kami mengingat dengan susah payah pemandangan apa yang ada di latar belakang atau mobil dan orang apa yang lewat di jalan di belakangnya. Namun, mata kita juga telah melihat detail itu..

"Psikologi Bentuk".

Antara abad ke-19 dan ke-20, psikologi eksperimental mencurahkan banyak energi untuk menyelidiki mekanisme yang menghubungkan kita dengan realitas eksternal.

Dasar penelitian biasanya berangkat dari pertimbangan bahwa segala sesuatu yang kita rasakan dengan indra tidak dianggap sama pentingnya dalam elaborasi yang kita lakukan. Mendengarkan percakapan biasanya kita menyaring semua kebisingan latar belakang. Mengamati pemandangan kita berkonsentrasi pada fakta esensial sementara kita mengabaikan konturnya.

Dengan kata lain, kami dapat menetapkan hierarki pada peristiwa yang diamati, yaitu, untuk menetapkan apa yang menarik bagi kami dan apa yang tidak, untuk memperkuat pemahaman hanya satu bagian dari gambar yang diamati sambil mengabaikan sisanya. Persepsi kita tentang apa yang terjadi di sekitar kita tidak pernah merupakan reproduksi realitas yang tepat. Artinya pengetahuan kita tentang dunia tidak pernah menjadi integral, karena kita tidak dengan setia mencatat semua yang terjadi di pikiran kita, tetapi hanya yang menarik minat kita. Semua rangsangan yang dirasakan segera dibagi menjadi "menarik" atau tidak, sehingga sebagian besar dibuang dan hilang selamanya.

Gambar Rubin, yang diusulkan pada gambar 9, dapat diartikan dengan dua cara. Bisa dilihat, di tengah, bentuk cangkir, atau, di samping, dua profil manusia. Melalui pengamatan cepat, indra kita mencatat salah satu dari dua makna tersebut, tetapi apakah itu akan sesuai dengan kenyataan? Berapa banyak bingkai "samar" lainnya yang kita rasakan dengan melihat dari realitas yang mengelilingi kita?

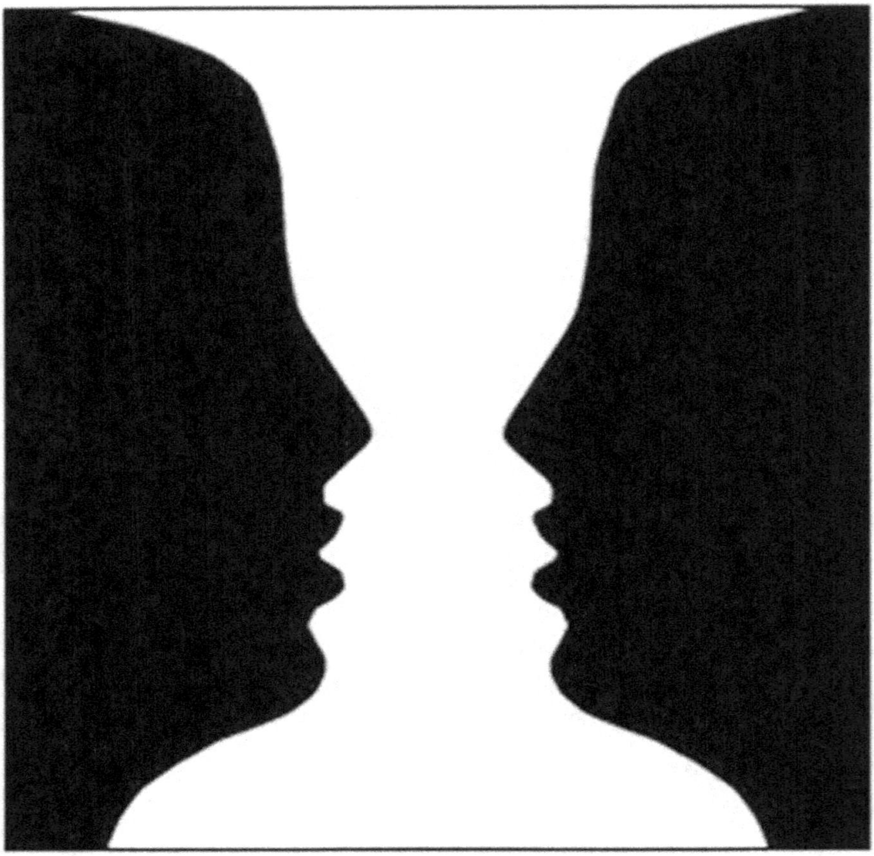

Gambar 9 - Sosok Rubin yang direproduksi di atas dapat memiliki dua arti berbeda, menurut interpretasi subjektif dari pengamat.

Pertanyaannya adalah: siapa yang memutuskan apa yang menarik bagi kita, dan siapa yang memutuskan apa yang akan dibuang dan apa, sebaliknya, yang akan disimpan?

Dengan mengacu pada aspek-aspek persepsi manusia ini, beberapa peneliti seperti psikolog Ceko Max Wertheimer dan Wolfgang Köhler dan Kurt Koffka dari Jerman memulai serangkaian studi yang mereka beri nama Psikologi Bentuk (Gestaltpsychologie).

Studi-studi ini ditujukan untuk memahami prinsip-prinsip yang dengannya beberapa elemen yang dirasakan agregat akan membentuk "bentuk" yang muncul di latar belakang, mengabaikan elemen lainnya. Elemen-elemen ini, meskipun hadir dalam persepsi, dianggap berlebihan, seolah-olah mereka juga bukan bagian dari total yang dirasakan. Kemudian kita menyadari bahwa panca indera tidak lagi membantu kita, sebaliknya sering menipu kita.

Koffka berpendapat bahwa ada benda dan "bukan benda": benda ditempatkan dalam skenario "bukan benda". Citra Mona Lisa muncul dengan latar belakang lanskap yang sebagian besar hanya menarik minat kritikus seni. Sebaliknya, jutaan orang yang telah mengamati lukisan itu, setelah periode tertentu, samar-samar mengingat paling banyak keberadaan jembatan (atau apakah itu menara?). Biasanya tidak ada yang ingat persis berapa pohon cemara yang terlihat di latar belakang.

Gambar 10 - Pada gambar Kanizsa yang ditunjukkan di atas, sebuah segitiga putih terlihat sempurna di tengahnya. Namun, ini tidak digambar dengan cara apa pun, dan hanya dapat dibayangkan dengan mempertimbangkan kerumitan gambarnya.

Kenyataannya, kebiasaan berhubungan dengan dunia luar melalui panca indera membawa kita untuk mengubah semua realitas menjadi benda: bukan tanpa alasan kita biasa mengatakan dengan cara yang sama ketika berhadapan dengan suatu objek atau fakta yang kita lakukan. tidak mengerti: Apa ini?

Agar dapat diterima oleh indera kita, benda harus memiliki ukuran dan berat, dan harus ditempatkan dengan tepat dalam hubungannya dengan benda lain di sekitarnya. Kursi yang diletakkan di samping meja adalah sesuatu yang tidak membuat kita khawatir, karena bisa terjadi jika kursi itu muncul dan menghilang atau melayang di udara.

Ini benar selama kita mengamati adegan yang menganalisisnya dengan cermat secara mendetail, yaitu memaksakan analisis situasi yang lengkap pada diri kita sendiri.

Ini tidak biasanya terjadi. Indera kita jauh lebih cepat, dan pasti karena pemandangan seperti sungai yang mengalir, mereka dapat berubah dalam urutan sepersekian detik.

Oleh karena itu, indera tidak pernah sepenuhnya menganalisis seluruh situasi tetapi hanya mengekstrak elemen-elemen esensial dan ini, dalam banyak kasus, menipu dan sewenang-wenang.

Contoh yang banyak dikutip adalah pembagian tiga belas kartu dalam permainan "Scalaforty". Jika seorang pemain menerima semua tiga belas hati, dari Ace hingga King, itu akan menjadi keajaiban. Faktanya, hanya ada satu peluang dari 635 miliar pemain akan diberikan tiga belas kartu dengan jenis yang sama. Tetapi jika kita memikirkannya, kombinasi dari tiga belas kartu hanya dapat terjadi sekali dari 635 miliar kali, jadi setiap pembagian kartu mewakili keajaiban kecil.

Fakta bahwa seorang pemain dibagikan tiga belas kartu dengan jenis yang sama adalah penting dan mencengangkan bagi kami, tetapi pada kenyataannya ini adalah kejadian yang sepenuhnya normal. Hanya kita yang mengaitkan makna luar biasa dengan fakta yang, dengan sendirinya, benar-benar biasa.

Untuk psikologi Gestalt, peristiwa jenis ini tidak signifikan karena jarang secara statistik, tetapi karena sangat menonjol dengan latar belakang ribuan distribusi kartu yang kurang linier lainnya.

Contoh terkenal diwakili oleh sosok Kanizsa.

Gaetano Kanizsa, lahir di Trieste pada tahun 1913 dan meninggal di kota yang sama pada tahun 1993 adalah seorang psikolog dan pelukis Italia. Ayahnya adalah seorang Yahudi Hongaria, ibunya seorang Katolik Slovenia. Setelah sekolah menengah ia mendaftar di fakultas filsafat Universitas Padua, di mana Cesare Musatti memperkenalkannya pada psikologi. Karena undang-undang rasial, kewarganegaraan Italia dicabut. Setelah gencatan senjata Cassibile dia melarikan diri ke Roma, di mana dia diberi posisi sebagai peneliti di Institut Psikologi CNR. Gambar 10 jelas menunjukkan segitiga putih. Namun, ini tidak digambar dengan cara apa pun, dan hanya dapat dibayangkan dengan mempertimbangkan kerumitan gambarnya. Meskipun tidak ada, ia lebih menarik perhatian daripada figur geometris lainnya. Tidak hanya itu, interiornya tampak "lebih putih" bagi kami daripada putih yang berisi gambar lainnya. Gambar tersebut menegaskan bagaimana indera kita mampu membuat kita melihat hal-hal yang tidak ada.

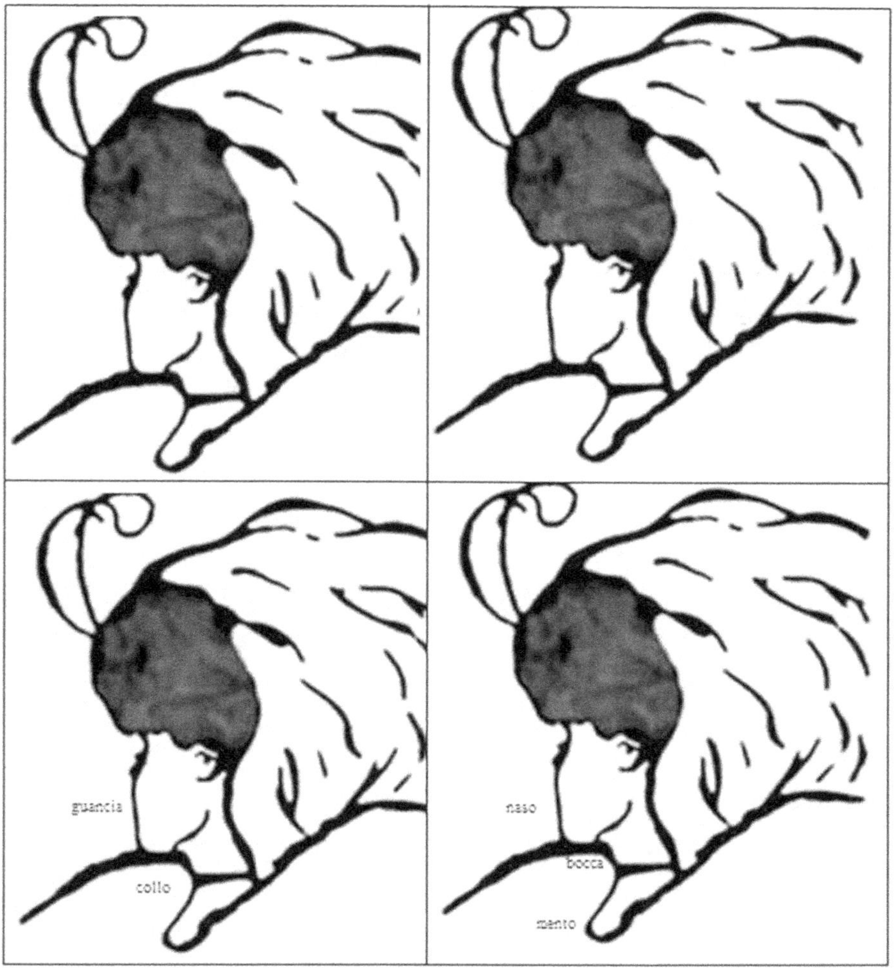

Gambar 11 - Gambar ini dapat diuraikan dengan lebih sulit, dan menunjukkan wajah seorang wanita muda atau, alternatifnya, profil seorang wanita tua.

Gambar 11 dapat diuraikan dengan lebih sulit, dan menunjukkan wajah seorang wanita muda atau, alternatifnya, profil seorang wanita tua. Sangat sulit untuk memahami kedua makna tanpa mengetahui keberadaannya. Tapi indera kita tidak terhubung untuk secara akurat menganalisis serangan terus-menerus dari rangsangan yang mereka terima.

Oleh karena itu, indera akan mencatat salah satu dari dua arti dari gambar tersebut, mengabaikan keberadaan yang lain. Tapi apakah kami yakin mereka akan merekam yang paling sesuai dengan kenyataan? Dalam 50% kasus, dihadapkan pada representasi jenis ini, indera kita akan menipu kita. Mereka mungkin akan mendaftarkan makna yang paling dekat dengan apa yang kita harapkan, yaitu, mereka akan "sesuai" dengan bagasi budaya yang kita peroleh. Ini berarti bahwa, biasanya, rangsangan intelektual apa pun akan dikesampingkan demi pelestarian dan penguatan yang ada.

Asumsi psikologi Gestalt adalah bahwa indera kita memahami dan mengatur persepsi di sepanjang garis operasi yang istimewa, misterius, tetapi solid.

Studi Koffka telah mengidentifikasi prinsip-prinsip persepsi organisasi.

Di antaranya yang utama adalah kesamaan, simetri, kedekatan atau jarak, dan lain-lain.

Misalnya, serangkaian bunyi bip cepat diartikan sebagai sinyal bahaya; dua anjing gembala dalam kawanan domba dipilih sebagai pasangan yang berbeda dari gambar lainnya; rangkaian tiga titik hitam yang berjarak dekat, ditambah tiga titik lainnya saling berdekatan tetapi agak jauh dari yang pertama, tidak diartikan sebagai satu set enam titik tetapi sebagai dua set tiga titik.

Prinsip yang sangat menarik adalah prinsip kedekatan temporal. Kita cenderung mengatur persepsi dan sinyal yang kita terima dari luar juga menurut hubungan temporal yang menyatukannya. Kriteria penting lainnya adalah akal. Ada persepsi yang muncul di mata kita seperti suar di malam hari, tentang bagaimana persepsi itu didistribusikan dari waktu ke waktu dan untuk arti, makna yang menginspirasi kita.

Tapi di sini kita memasuki bidang lain, yaitu kebetulan yang signifikan.

Kebetulan, alam bawah sadar kolektif,
sinkronisitas.

"Apa yang kita ketahui tentang diri kita hanyalah sebagian,
dan mungkin bagian yang sangat kecil, dari diri kita tanpa sepengetahuan kita."
(Luigi Pirandello, dramawan, penulis, dan penyair Italia)

Lebih kuat dari komputer paling kuat.

Pada bab sebelumnya kita melihat bagaimana indra kita memindai sejumlah besar data, yang tidak sampai ke kesadaran kita saat terdeteksi. Data mengalami pemrosesan sesuai dengan prosedur yang mampu mengekstraksi dari massa yang paling menarik bagi kami. Selanjutnya, data yang menarik disimpan sesuai skema dengan konten simbolik yang tinggi. Ini memungkinkan kita untuk mengenali wajah bertahun-tahun setelah terakhir kali kita melihatnya. Dalam praktiknya, kami tidak menghafal wajah apa adanya, melainkan bentuk wajah, beberapa referensi yang bertahun-tahun kemudian dapat ditelusuri kembali ke aslinya.

Seolah-olah perangkat lunak tertentu, yang berada dalam kesadaran kita, memanipulasi realitas telanjang seperti yang terlihat oleh indra, mengubahnya menjadi bentuk atau konsep yang benar-benar fleksibel, yang dapat diadaptasi dan digunakan kembali sesuai kebutuhan. Hal ini memungkinkan untuk mengkategorikan sebagai "kursi" benda apa pun yang dilengkapi dengan satu atau lebih kaki dan permukaan horizontal yang cocok untuk menopang punggung bagian bawah.

Pengenalan bau adalah fungsi yang sangat kuat. Setelah beberapa dekade kami dapat mengenali satu dan segera merekonstruksi adegan di mana kami melihatnya untuk pertama kali. Misalnya, aroma rumput laut yang terdampar langsung membawa kita kembali ke perjalanan sekolah yang dilakukan oleh anak laki-laki ke kota tepi pantai.

Pengenalan wajah adalah salah satu fungsi istimewa dari perangkat lunak pribadi kita. Panorama seaneh apa pun yang kita hadapi, kita segera dapat mengidentifikasi kemungkinan bentuk wajah dalam susunan objek dan elemen. Kami dengan mudah mengenali wajah dalam formasi awan, atau di taji berbatu atau bahkan di titik lembab di dinding kuno.

Dalam praktiknya, setiap rangsangan yang datang langsung dari indera diproses oleh perangkat lunak yang berada di kesadaran kita dan diubah sehingga membuatnya dapat digunakan dalam situasi selanjutnya; Oleh karena itu, ini adalah perangkat lunak pembelajaran dan penghafalan, yang fitur utamanya adalah dilengkapi dengan algoritme pemulihan yang kuat.

Pada masa awal ilmu komputer, setiap siswa yang ingin menulis program kecil menghadapi masalah dalam menyimpan dan mengambil data. Misalnya, ingin menulis program kecil yang dapat menunjukkan ibu kota suatu negara, siswa membuat file dua kolom yang berisi pasangan negara-ibu kota (Italia - Roma, Prancis - Paris, Spanyol - Madrid, dan seterusnya).

Memberikan nama negara (Spanyol) sebagai input ke komputer, mesin menggulir seluruh file hingga menemukan pasangan yang berisi Spanyol dan mencetak hasilnya di layar: Madrid.

Ini disebut akses sekuensial, dan dapat berfungsi hingga pasangan data melebihi beberapa ribu, setelah itu sistem menjadi terlalu lambat untuk benar-benar berguna.

Hari ini kita hidup di era mesin pencari yang mampu memeriksa miliaran data. Tentu pencariannya tidak lagi berurutan. Mesin pencari memiliki algoritme yang sangat canggih yang mampu mengekstraksi informasi dalam rentang waktu dalam urutan milidetik.

Anda dapat mengetik "keterikatan kuantum" ke dalam baris pencarian Google, dan Anda akan melihat bahwa dalam

0,36 detik ini akan menunjukkan bahwa ada sekitar 9.700.000 hasil (dicari pada Mei 2018).

Nah, jauh sebelum manusia mengembangkan algoritme ini, sesuatu yang mirip jika tidak lebih canggih sudah ada dalam pikiran manusia. Algoritme mental kita mampu mengekstraksi informasi yang berguna untuk kehidupan sehari-hari kita dalam milidetik dengan menggambar dari miliaran megabita yang diperoleh selama bertahun-tahun oleh indra kita. Tetapi mereka tidak hanya menunjukkan berapa banyak referensi yang ada: mereka akan segera memilih yang paling berguna bagi kita saat itu.

Ini adalah organisasi yang luar biasa dan luar biasa efektif. Mungkinkah ini tidak lebih dari buah dari berbagai percobaan, kegagalan dan percobaan ulang evolusi, seperti yang ingin diperdebatkan oleh tesis materialistis? Keraguan itu sah.

Apakah itu hanya bekerja dengan rangsangan sederhana?

Pada titik ini kita harus bertanya pada diri kita sendiri apakah perangkat lunak kita hanya berfungsi seperti yang kita lihat selama ini, memproses tanpa sepengetahuan kita rangsangan yang diterima dari indra, membuang atau memilih menurut kriteria misterius bentuk-bentuk menarik untuk menjaga dan mengelola massa ini. data tanpa intervensi dari pihak kami. Atau jika kita tidak dapat berhipotesis tentang kemungkinan keterlibatan aktif kita.

Kita harus mulai dari asumsi. Jika perangkat lunak kita mampu membedakan apa yang berguna dan apa yang tidak, itu harus diberkahi tidak hanya dengan kecerdasan, tetapi juga dengan kemampuan untuk membedakan. Artinya, dia harus mengetahui apa yang akan berguna bagi kita di masa depan, oleh karena itu dia harus memiliki visi tentang keberadaan kita yang melampaui pengalaman masa lalu dan masa kini, tetapi juga meluas ke masa depan, ke dalam keadaan dan kesempatan itu. akan timbul di masa mendatang. Oleh karena itu, perangkat lunak kita harus mengetahui masa depan kita untuk memproses informasi terkini dengan cara yang bermanfaat.

Jika ini benar, dan memang demikian, maka kita dapat meninggalkan konsep perangkat lunak, karena perangkat lunak tidak lebih dari program yang dibuat untuk melakukan tindakan tertentu. Betapapun cerdasnya sebuah perangkat lunak, ia tidak akan pernah lebih cerdas dari pemrogram yang membuatnya.

Perangkat lunak yang mampu mengetahui masa lalu dan masa depan melampaui kemampuan manusia. Apa yang beroperasi dalam hati nurani kita bukanlah perangkat lunak yang cerdas, atau perangkat lunak yang dikembangkan secara kebetulan selama perubahan evolusi spesies. Itu adalah Kecerdasan, atau lebih tepatnya Kebijaksanaan yang sudah ada sebelumnya, yang dapat kita definisikan sebagai Kecerdasan Universal.

Kecerdasan Universal mengetahui masa lalu, sekarang, dan masa depan kita karena ia ada di dimensi yang berbeda dari dimensi yang biasa kita tinggali, terdiri dari materi yang tunduk pada aturan fisika Newton (gravitasi, waktu, dan sebagainya).

Tingkat Kecerdasan Universal harus murni psikis; itu adalah tingkat yang terbuat dari energi dan informasi, di mana materi tidak ada.

Mungkinkah level seperti itu ada? Tentu saja ya, seperti yang akan kita lihat di bab-bab berikut. Fisika kuantum telah mengungkap dan secara eksperimental mengonfirmasi keberadaan level ini.

Fisika kuantum tentu saja tidak mengkonfirmasi keberadaan Kecerdasan Universal dengan cara apa pun, tetapi kami suka membayangkan bahwa ada, jika tidak, seluruh rangkaian fenomena tidak dapat dijelaskan dengan cara apa pun, termasuk hal-hal yang telah dikatakan tentang penyimpanan bentuk yang cerdas. dikerjakan ulang dari persepsi mentah indera kita.

Keunikan dari Kecerdasan ini adalah kemampuannya untuk membangun semacam interaktivitas dengan hati nurani kita. Selain peran yang secara otomatis membangun dan menghafal bentuk-bentuk yang berguna untuk kelangsungan hidup kita, Kecerdasan menyusun instruksi dan arah kehidupan. Selain itu, Kecerdasan Universal membangun proposal yang ditujukan untuk perubahan, koreksi, seringkali hanya untuk meningkatkan hubungan kita dengan kenyataan. Proposal ini adalah bentuk komunikasi yang telah dipelajari selama beberapa dekade oleh psikolog Swiss Carl Jung. Dia menyebut mereka kebetulan yang signifikan, atau sinkronisitas.

Prinsip-prinsip pengorganisasian persepsi kita, yang dikelola oleh apa yang kita sebut Kecerdasan Universal, tidak hanya berlaku untuk realitas yang dirasakan secara instan, dipahami sebagai rangkaian fenomena yang berbeda, tetapi juga untuk persepsi fakta, fenomena, dan kebetulan yang biasanya tampak. terlepas dari hubungan atau koneksi di antara mereka. Terkadang persepsi ini. muncul sepenuhnya secara spontan, dalam kesadaran kita Kita melihat koneksi logis dan intuisi muncul yang memberi makna pada kebetulan ini dan menjadikannya penting untuk pemahaman kita.

Kita dapat mengatakan bahwa Kecerdasan membangun sinkronisitas untuk kita dan membuat kita mampu memahami pesan yang tersembunyi di sana. Ini dimungkinkan ketika kita menghargai kemungkinan dan adanya sinkronisitas, menghindari mempertimbangkan peristiwa kebetulan belaka.

Jam yang berhenti pada saat kematian pemiliknya merupakan kebetulan yang signifikan, untuk keserentakan kedua peristiwa tersebut; ini tidak akan terjadi jika jam berhenti dua hari kemudian atau lebih awal.

Demikian pula, bertemu dengan seorang kenalan dari masa lalu, setelah memimpikannya pada malam sebelumnya, dianggap sebagai kebetulan yang signifikan.

Carl Gustav Jung

Carl Gustav Jung adalah salah satu tokoh intelektual utama pemikiran psikologis dan psikoanalitik, psikiater, psikoanalis, antropolog, dan filsuf Swiss (gbr. 12).

Ia lahir pada 26 Juli 1875 di Kesswil, Swiss, dari pasangan Paul Achilles Jung, seorang pendeta dan teolog Protestan, dan Emilie Preiswerk. Dia lulus kedokteran dan pada tahun 1900 bekerja di rumah sakit jiwa di Zurich.

Awalnya dia dekat dengan pemikiran Sigmund Freud, setuju dengan interpretasinya tentang fenomena psikis. Keduanya bertemu di Wina pada tahun 1907, dan pada kesempatan itu mereka berbicara selama tiga belas jam.

Sebagai hasil dari kolaborasi ini, Jung mulai disebut "lumba-lumba" psikoanalisis, dan diharapkan dia akan menggantikan Freud di pucuk pimpinan gerakan psikoanalitik.

Perselisihan dan putus dengan Sigmund Freud.

Sebaliknya, hanya setelah beberapa tahun ada tanda-tanda pertama ketidaksepakatan mereka, dari mana dua orientasi sejarah utama psikoanalisis lahir, dipahami oleh Freud sebagai terapi dan oleh Jung sebagai cara memahami jiwa.

Visi ganda ini dengan cepat memantapkan dirinya, sedemikian rupa sehingga, pada tahun 1909, Universitas Clark, setelah merencanakan siklus konferensi di Amerika Serikat, mengundang keduanya.

Selama perjalanan dengan kapal, kedua ilmuwan tersebut memutuskan untuk berlatih menganalisis mimpi masing-masing. Namun, Jung tidak puas dengan kolaborasi Freud karena, menurutnya, Freid berusaha menyembunyikan beberapa aspek kehidupan pribadinya yang sangat diperlukan untuk analisis yang lebih baik.

Ketika Jung mengungkapkan kebingungan ini, Freud tidak menyangkal tetapi menegaskan alasan keengganannya terletak pada fakta bahwa dia tidak dapat membocorkan aspek kepribadiannya sendiri yang membahayakan otoritasnya. Dari episode ini penghargaan Jung terhadap Freud mulai memudar dan begitu pula penghargaannya terhadap teori-teorinya.

Untuk ini ditambahkan pendalaman rencana perjalanan diferensiasi konseptual yang agak tersiksa. Jalan ini mencapai puncaknya ketika, pada tahun 1912, Jung memutuskan untuk menerbitkan karyanya (Libido. Simbol dan transformasi) di mana dia mengungkap semua ketidaksepakatan teoretisnya.

Dalam buku ini Jung memanifestasikan orientasinya, yang bertujuan untuk memperluas penelitian analitis dari kisah individu ke globalitas kemanusiaan: sebenarnya, menurut Jung, selain alam bawah sadar individu, ada alam bawah sadar kolektif, yang memanifestasikan kehadiran dan tindakannya. melalui arketipe.

Dalam visi ini, kehidupan individu menjadi jalan yang melaluinya realisasi Diri pribadi terjadi. Jung menyebut proses ini sebagai "proses penemuan".

Setelah penerbitan buku ini, hubungannya dengan Freud putus. Mengomentari pemikiran Freud, Jung berkata: "Otak dipandang sebagai pelengkap alat kelamin."

Mengenai isi dari dua interpretasi, dan perbedaannya, kita harus mengakui bahwa Jung pada awalnya berbagi penilaian dengan Freud tentang penyakit mental. Menurut hipotesis ini, pemahaman tentang penyakit membutuhkan pengetahuan tentang riwayat individu pasien dan tentang "proses represi" yang berkaitan dengan konten yang bersifat eksklusif seksual.

Belakangan, bagaimanapun, Jung merumuskan hipotesis fenomena jiwa bukanlah yang dijelaskan oleh Freud. Menurut teori baru Jung, fenomena tersebut merupakan manifestasi dari energi yang ada di alam, yaitu libido.

Libido dan simbol.

Libido adalah semacam dorongan vital, dorongan yang secara dinamis mengarah pada kehidupan dan pelestarian spesies.

Gambar 12 - Carl Gustav Jung. Pemikirannya mendalilkan bahwa, selain "alam bawah sadar individu", ada "alam bawah sadar kolektif" yang mengekspresikan dirinya melalui arketipe. Kehidupan individu dilihat sebagai jalan, yang disebut "proses individuasi".

Oleh karena itu, dalam terapi psikologis tidak perlu hanya memperhatikan komponen biologisnya. Ini akan menjadi pendekatan pesimistis. Sebaliknya, komponen spiritual juga harus diperhatikan. Komponen ini memberi individu ketegangan yang sehat yang ditujukan untuk realisasi perbaikan.

Menurut Jung, dorongan libido juga dapat dialihkan ke konsep dan ambisi non-materi dan karenanya dapat menghasilkan evolusi spiritual. Penyakit mental terjadi ketika proses evolusi ini terhalang; dalam kondisi ini muncul neurosis. Libido bekerja dengan menghasilkan simbol. Berkat ini, manusia primitif dapat mentransfer impuls langsungnya dengan mengarahkannya ke arah kreativitas, sehingga memulai transisi dari tingkat hewan naluriah ke tingkat budaya.

Simbol libido memiliki isi yang melampaui kesadaran individu, dan dapat membantu mengubah sifat manusia.

Beberapa dari simbol ini bersifat universal, umum, dan dimiliki oleh semua individu. Jung menyebut mereka arketipe, sebuah istilah yang berasal dari bahasa Yunani. Arti dari "pola dasar" dapat dibuat lebih dimengerti jika kita mendefinisikannya sebagai "gambar asli", "model", "gambar virtual", "representasi yang mungkin".

Arketipe sesuai dengan pengalaman yang diperoleh umat manusia sepanjang sejarah evolusinya, sambil mengembangkan kesadaran. Mereka adalah ingatan umat manusia, dan tertutup dalam ruang yang disebut Jung sebagai "alam bawah sadar kolektif". Alam bawah sadar ini bersifat kolektif karena tidak bersifat individual tetapi dimiliki bersama, dapat diakses oleh semua umat manusia dan oleh setiap manusia.

Arketipe yang berada di alam bawah sadar kolektif memiliki kekuatan untuk campur tangan dalam kehidupan individu lajang dengan menghasilkan episode yang disebut Jung sinkronisitas.

Dalam membangun teori ini, Carl Jung mendapat dukungan budaya dan dukungan moral dari fisikawan Hadiah Nobel terkenal Wolfgang Pauli, (Gbr. 13) yang mendorongnya untuk membuat kesimpulannya eksplisit meskipun Jung telah ragu selama bertahun-tahun untuk melakukannya. Pauli membujuk Jung untuk menerbitkan bersama, pada tahun 1952, sebuah buku yang berisi teori sinkronisitas dalam bentuk esai berjudul "Sinkronisitas sebagai Prinsip Koneksi Acasual".

Simbol.

Karakter simbolik dari arketipe menghasilkan konsekuensi bahwa sinkronisitas yang dihasilkannya pun memiliki aspek simbolik.

Ini didukung oleh pengalaman, dan beberapa analis Jung tidak ragu mendefinisikan sinkronisitas sebagai "lamunan".

Nyatanya, mimpi benar-benar tidak bergantung pada keinginan kita dan kita hampir tidak dapat campur tangan untuk mengendalikannya dalam kehidupan sehari-hari kita. Demikian pula, sinkronisitas adalah satu-satunya peristiwa yang muncul dalam hidup kita untuk membangkitkan kebingungan dan keheranan. Sinkronisitas selalu diselimuti aura misteri karena bentuknya yang simbolis.

Gambar 13 - Wolfgang Pauli, siswa yang sangat muda di Gimnasium Döblinger di Wina. Sebagai orang dewasa dia bertemu Jung untuk perawatan terapeutik yang segera menghasilkan persahabatan yang solid dan pertukaran surat yang berlangsung selama seperempat abad.

Nyatanya, mimpi benar-benar tidak bergantung pada keinginan kita dan kita hampir tidak dapat campur tangan untuk mengendalikannya dalam kehidupan sehari-hari kita. Demikian pula, sinkronisitas adalah satu-satunya peristiwa yang muncul dalam hidup kita untuk membangkitkan kebingungan dan keheranan. Sinkronisitas selalu diselimuti aura misteri karena bentuknya yang simbolis.

Kebetulan-kebetulan aneh di mana kita terkadang menjadi protagonis juga memiliki nilai simbolis, tetapi pengulangannya dapat membimbing kita untuk menguraikan simbol dan memahami pesannya. Ini, ketika itu terjadi, mengikuti prosedur misterius. Kadang-kadang itu terjadi: hanya kesadaran kita mengungkapkan di depan mata kita arti dari simbol tersebut, meskipun kita tidak dapat merekonstruksi prosedur yang dengannya hal ini dapat terjadi.

Menurut pengertian umum, simbol adalah sesuatu yang menggantikan sesuatu yang lain. Sering kali makna tersembunyi dari simbol itu luput dari perhatian kita. Meskipun kita tampaknya memilikinya "di ujung lidah", ia berdengung di sekitar kita tanpa dapat kita pegang.

Dalam pengertian ini, simbol menimbulkan ketegangan antara apa yang tampak dan apa yang luput dari pemahaman, mengandung bagian yang diketahui dan bagian yang tidak diketahui. Itu merupakan tantangan bagi hati nurani, sementara hati nurani menderita kegelisahan dari masalah yang tidak terpecahkan, pertanyaan yang tidak terjawab, bidak yang tidak memiliki tempat.

Bukan tidak mungkin untuk memenangkan tantangan. Memang, sinkronisitas memiliki fungsi mengkomunikasikan pesan dari alam bawah sadar kolektif, menggunakan alam bawah sadar individu kita.

Sebuah pesan misterius mengalir dari alam bawah sadar kolektif, ditulis dalam bahasa dan dengan simbol yang dibangun di atas evolusi yang dialami oleh semua umat manusia dan karenanya tidak dapat dipahami hingga tingkat maksimum untuk penglihatan yang dimungkinkan oleh pengalaman kita yang sangat terbatas. Katakanlah hati nurani kita tidak memiliki mata yang cukup besar untuk dapat memvisualisasikan dan memahami makna pesan secara keseluruhan.

Ketika melewati alam bawah sadar individu kita, pesan tersebut mencoba membuat dirinya dapat dipahami oleh hati nurani kita.

Ditengahi oleh alam bawah sadar individu, simbol tersebut dibalut dengan hal-hal yang telah terjadi yang tidak lagi kita ingat, atau yang ingin kita lupakan; menggeledah gudang reruntuhan dan pecahan bangunan yang hancur yang, bagaimanapun, pada waktu tertentu, akrab bagi kita, dan menggunakannya untuk mengekspresikan dirinya lebih dekat dengan pengalaman kita. Sambil mempertahankan sifatnya yang samar, itu menjadi lebih dapat diuraikan.

Jika tidak terhubung ke alam bawah sadar kolektif, alam bawah sadar individu kita hanya akan menjadi hal yang menyedihkan dan tidak berguna, kuburan pengalaman yang terkubur.

Berkat alam bawah sadar kolektif, alam bawah sadar individu kita menjadi alat yang berharga, dan diubah menjadi media momen kehidupan yang menggembirakan, lamunan yang dapat membimbing kita menuju evolusi spiritual dan kehidupan yang lebih baik.

Arketipe, ide, konsep.

Kata arketipe berasal dari bahasa Yunani kuno dan dapat memiliki arti asli, model, merek. Menurut beberapa orang itu juga bisa berarti p "permulaan". Ini pertama kali digunakan oleh Philo dari Alexandria, seorang filsuf Yunani kuno yang juga dikenal sebagai Philo the Jew, yang tinggal di Alexandria di Mesir dan sezaman dengan Yesus.Kemudian istilah ini digunakan oleh filsuf Yunani lainnya seperti Dionysius dari Halicarnassus dan Lucian di Samosata.

Namun perkembangan tema arketipe dapat disisipkan dalam tradisi Platonis, di mana mereka tampil sebagai ide, yaitu model asli dari realitas yang masuk akal. Beberapa Neoplatonis seperti Plotinus menganggap mereka sebagai gagasan yang sudah ada sebelumnya dalam pikiran ilahi dan model benda-benda ciptaan.

Dalam tradisi ini, Jung menganggap arketipe sebagai gambaran primordial yang membentuk alam bawah sadar kolektif, atau bahkan bentuk primitif yang menjadi dasar mitos dan agama.

Dalam psikologi analitik, arketipe memperoleh nilai etis dan afektif untuk subjek, dan mengkondisikannya kurang lebih secara sadar sepanjang keberadaannya.

Memang, arketipe, seperti yang dikandung oleh Jung, telah dibandingkan oleh banyak penulis dengan struktur mitos dan dongeng populer. Nyatanya, mereka akan mengungkapkan banyak kesamaan makna dengan dongeng dan mitos. Secara timbal balik, ada topik mendasar dalam mitos dan agama yang dapat dianggap sebagai arketipe. Dalam bukunya "Jenis Psikologis" Jung menyatakan: "Motif mitologis utama sepanjang masa dan semua ras mungkin dari jenis ini (mirip dengan arketipe)."

Elemen keempat dikecualikan.

Jung adalah seorang dosen yang terampil, mengelola dalam hal apa pun untuk menarik minat penonton bahkan ketika itu bukan terdiri dari orang-orang yang diperkenalkan ke lingkungan ilmiah. Berlawanan dengan prosa Freudian, tanpa hiasan dan terukur, Jung tahu bagaimana mengekspresikan kepribadiannya yang kaya dan berbudaya bahkan dalam karya yang paling teknis atau sistematis. Dalam bab ini saya merujuk terutama pada tiga esainya, yang disajikan dalam bentuk ceramah. Yang pertama, "Arketipe ketidaksadaran kolektif", ditulis pada tahun 1934 dan direvisi pada tahun 1954. Yang kedua, "Konsep ketidaksadaran kolektif", ditulis pada tahun 1936.

Karya ketiga, "Sinkronisitas sebagai prinsip koneksi non-kasual", diterbitkan pada tahun 1952, hampir merupakan ringkasan dari yang pertama dan merupakan karya di mana ia sepenuhnya mengungkapkan teorinya tentang sinkronisitas.

Jung sangat enggan untuk menerbitkan esai ini, dan baru pada tahun 1952 temannya dan koresponden Wolfgang Pauli membujuknya untuk melakukannya.

Keduanya telah berkolaborasi selama lebih dari dua puluh tahun melalui pertukaran ide yang intens, tepatnya pada isu-isu tersebut.

Faktanya, meskipun menjadi salah satu bapak pendiri fisika kuantum, yang mampu memenangkan hadiah Nobel pada tahun 1945, Pauli sangat berbagi gagasan Jung dan akan menyukai lingkungan ilmiah untuk dapat mengatasi ketidakpercayaan, skeptisisme, dan cemoohan dengan mempertimbangkan kemungkinan jalur paralel dan bahasa yang sama antara sains dan jiwa, yang memungkinkan pemahaman yang lebih besar.

Konfrontasi intelektual antara Jung dan Pauli menghasilkan penelitian yang dikenal sebagai "elemen keempat yang dikecualikan". Faktanya, objek studi mereka cenderung menyelesaikan banyak keraguan yang ditimbulkan oleh fisika kuantum mengenai kelengkapan model tiga serangkai fisika klasik: waktu, ruang, kausalitas; Jung dan Pauli membayangkan "elemen keempat yang dikecualikan" yang diberi nama sinkronisitas.

Pauli terpesona dengan kemungkinan menambahkan elemen keempat ke triad.

Jung, pada bagiannya, terpesona oleh studi pertama tentang partikel subatomik yang mulai mengungkap sifat luar biasa. Misalnya, partikel-partikel ini dapat berubah menjadi getaran, atau dapat menghilang dan muncul kembali di titik-titik terpencil di alam semesta. Partikel dasar dapat berkomunikasi dalam jarak yang sangat jauh melalui koneksi non-fisik yang misterius. Jung i melihat fisika kuantum yang baru lahir, dan juga teori relativitas Einstein, sebagai konfirmasi ilmiah yang mungkin dari konsep psikologisnya tentang sinkronisitas dan paranormal.

Pauli memiliki intuisi yang mendalam (yang katanya banyak berasal dari mimpinya) dan kemampuan berpikir yang luar biasa.

Pada usia yang sangat muda ia menerbitkan sebuah artikel tentang teori relativitas yang diterbitkan oleh '"Enzyklopadie der mathematischen Wissenschaften". Ketika Einstein, bapak teori, membacanya, dia berkomentar sebagai berikut:

> "Siapa pun yang mempelajari karya ini tidak akan percaya bahwa itu ditulis oleh seorang pemuda yang baru berusia dua puluh satu tahun. Saya tidak tahu apa yang lebih saya kagumi: pemahaman psikologis tentang evolusi ide, keakuratan deduksi matematika, intuisi yang mendalam, kemampuan menyajikan karya dengan kejernihan sistematis, kelengkapan faktual, atau kesempurnaan kritis."

Sayangnya, Jung, seperti semua orang jenius, selalu menghadapi sikap dingin dan ketidakpahaman rekan-rekannya dan lingkungan kerjanya terhadap ide-idenya yang paling orisinal. Penyesalannya, dan mungkin penderitaannya karena tidak pernah bisa melibatkan orang terdekat sekalipun dalam intuisinya, terbukti dari halaman "Kenangan, mimpi, refleksi". Buku ini adalah semacam buku harian-pengakuan, dipercayakan pada pena Aniela Jaffè. Oleh karena itu, seiring bertambahnya usia, Jung secara naluriah mengambil sikap enggan untuk mempublikasikan teorinya yang paling maju.

Pauli sendiri yang mengatasi keengganannya dengan meyakinkannya untuk menerbitkan buku bersama, di mana dua esai muncul; satu oleh Pauli sendiri berjudul "Pengaruh arketipe pada teori ilmiah Kepler" dan yang kedua, ditandatangani oleh Jung, "Sinkronisitas sebagai prinsip hubungan non-kasual".

Arketipe sebagai gambar primitif.

Buku yang diterbitkan bersama Pauli mewakili sintesis dari kerja puluhan tahun. Pertama kali Jung menggunakan istilah pola dasar pada tahun 1919, pada kesempatan simposium yang diadakan di London.

> "Dalam ketidaksadaran kita juga menemukan ciri-ciri yang belum diperoleh secara individual, tetapi diwariskan, yaitu naluri yang dipahami sebagai dorongan untuk aktivitas yang datang, tanpa motivasi sadar, dari paksaan batin. Untuk ini ditambahkan bentuk-bentuk yang ada apriori, yaitu bawaan, intuisi, yaitu arketipe persepsi dan pemahaman, (...) Naluri menuntun manusia ke perilaku manusia yang spesifik. Demikian pula, arketipe menyesuaikan persepsi dan intuisi terhadap aspek khusus manusia. Naluri dan arketipe intuisi membentuk ketidaksadaran kolektif."

Jung segera mengembangkan keyakinan bahwa arketipe adalah ide di luar kesadaran individu, selalu ada dan terkait erat dengan mitos primordial. Peristiwa yang membuatnya secara meyakinkan merangkul tesis hubungan dengan mitos diceritakan sendiri dalam esai "Konsep ketidaksadaran kolektif" yang ditulis pada tahun 1936.

> "Sekitar tahun 1906 saya menemukan khayalan aneh, hadir dalam penderita skizofrenia paranoid yang telah dirawat di rumah sakit selama bertahun-tahun. Pasien menderita sejak usia muda dan tidak dapat disembuhkan. Dia pernah belajar di sekolah negeri dan pernah bekerja sebagai juru tulis di sebuah kantor. Dia tidak memiliki kecenderungan tertentu dan saya sendiri tidak tahu apa-apa tentang mitologi atau arkeologi pada

waktu itu. Suatu hari saya menemukan pasien di dekat jendela, menggelengkan kepalanya dan berkedip di bawah sinar matahari. Dia mengatakan kepada saya untuk melakukan hal yang sama untuk melihat sesuatu yang sangat menarik. Ketika saya bertanya apa yang dia lihat, dia heran karena saya tidak bisa melihat apa-apa: "Anda pasti melihat penis matahari… ketika saya menggerakkan kepala saya maju mundur, penis juga ikut bergerak. Dari gerakan ini muncullah angin." Tentu saja saya tidak mengerti ide aneh ini, tapi saya mengingatnya.

Kemudian sekitar empat tahun kemudian, dalam perjalanan studi mitologi saya, saya menemukan sebuah buku karya almarhum Albrecht Dieterich, seorang filolog terkenal. Buku itu menjelaskan fantasi ini. Karya tersebut, diterbitkan pada tahun 1910, berkaitan dengan papirus Yunani dari Perpustakaan Nasional di Paris. Dieterich mengira dia telah menemukan ritual Mithraic di salah satu bagian teks. Teks tersebut tidak diragukan lagi merupakan resep religius tentang cara kerja mantra tertentu yang dinamai Mithra. (…) Indikasi berikut dapat dibaca dalam teks:

"Tarik napas dari sinar, tarik napas tiga kali sebanyak yang Anda bisa dan Anda akan merasakan diri Anda terangkat dan berjalan ke atas dan Anda akan tampak berada di tengah wilayah udara… Anda akan melihat jalan para dewa terlihat melalui cakram matahari, yang adalah Tuhan ayahku. Begitu juga Anda akan melihat apa yang disebut pipa, yang merupakan asal dari angin iba. Karena Anda akan melihat sesuatu seperti tabung yang tergantung di piringan matahari. Anda akan melihat ini ke arah wilayah Barat, tak terbatas seperti angin yang bertiup dari timur.

Dan jika angin lain bertiup ke arah timur, Anda akan melihat pembalikan visi "

(...) Sekarang, sama sekali tidak mungkin pasien memiliki pengetahuan tentang papirus Yunani yang diterbitkan empat tahun kemudian".

Jung menganggap episode ini sebagai bukti pertama hubungan erat antara arketipe yang terwujud dalam pikiran manusia dan simbol mitologi kuno.

Alam bawah sadar kolektif.

Alam bawah sadar kolektif adalah sebuah konsep dari psikologi analitik Jung. Berbeda dengan alam bawah sadar personal yang bersifat individual, alam bawah sadar kolektif dimiliki oleh semua manusia dan berasal dari nenek moyang bersama seluruh umat manusia. Dalam pengertian ini ia mewakili wadah psikis universal, yaitu bagian dari alam bawah sadar bersama yang dimiliki oleh seluruh umat manusia. Ini berisi arketipe, yaitu bentuk dan simbol yang khas dari semua orang dari semua budaya (gbr. 14).

Penting untuk dicatat bahwa arketipe tidak berasal dari pengalaman individu, mereka ada secara apriori, karena merupakan warisan dari pengalaman seluruh umat manusia. Beberapa sarjana membagi bawah sadar kolektif menurut stratifikasi yang berbeda: yang terdalam berasal dari akar kuno masa lalu; stratifikasi tengah berisi nilai-nilai dan kebiasaan sosial saat kita hidup, dan stratifikasi ketiga berisi potensi dan kemungkinan evolusi umat manusia di masa depan.

Jung mempresentasikan dan mempertahankan teorinya dalam esai "Konsep ketidaksadaran kolektif", yang diterbitkan pada tahun 1936.

Dia memperkenalkan konsep tersebut dengan menyatakan bahwa alam bawah sadar pribadi berutang keberadaannya pada pengalaman pribadi dan pada dasarnya terdiri dari konten yang telah disadari, meskipun mungkin telah dilupakan atau dihapus setelahnya.

Sebaliknya, isi alam bawah sadar kolektif tidak pernah ada dalam kesadaran individu dan karena itu tidak pernah diperoleh secara individual, tetapi keberadaannya semata-mata karena faktor keturunan.

Akibatnya, ia membedakan dua jenis alam bawah sadar dengan mengacu pada isinya: alam bawah sadar individu mengandung di atas semua kompleks, alam bawah sadar kolektif, di sisi lain, pada dasarnya dibentuk oleh arketipe.

Jung mempertahankan idenya tentang arketipe sebagai bentuk yang sudah ada sebelumnya, mengutip peneliti lain seperti Lévy-Bruhl yang dalam studinya tentang psikologi primitif mendefinisikan arketipe sebagai "representasi kolektif". Jung juga mengutip Hubert dan Mauss, yang dalam studi mereka tentang perbandingan agama mendefinisikan arketipe sebagai "kategori imajinasi". Ia juga mengutip Adolf Bastian yang dalam kajian etnologisnya mendefinisikan arketipe sebagai "pemikiran elementer" atau "pemikiran primordial".

Diperkuat oleh konvergensi ilmiah ini, Jung mempresentasikan tesisnya, yang menyatakan:

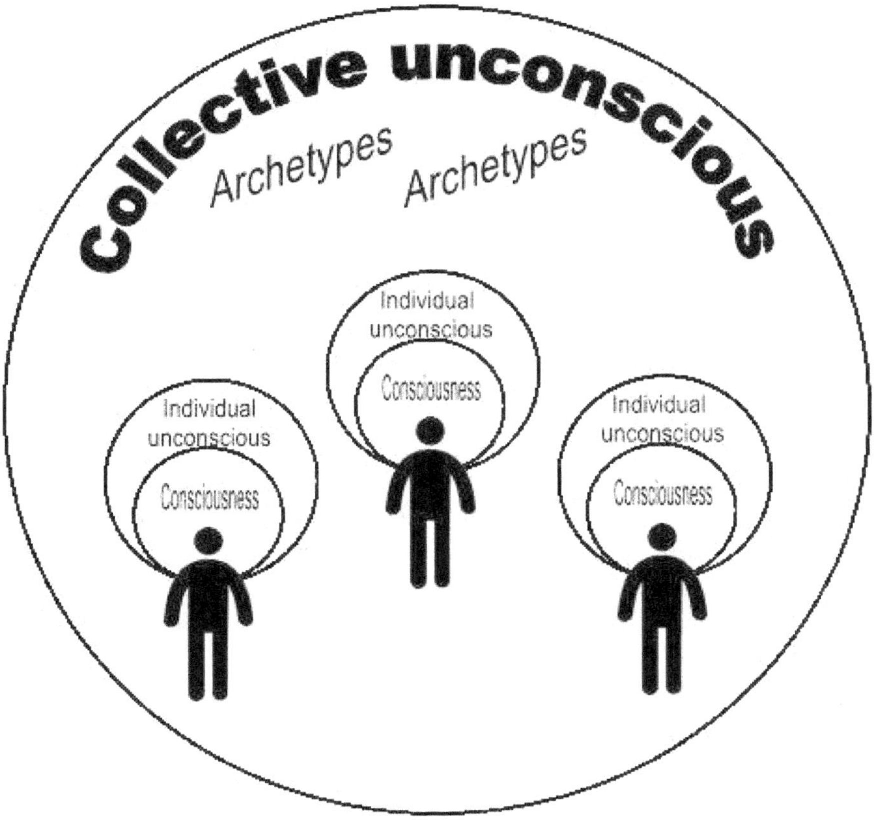

Gambar 14 - Tingkat kesadaran menurut Carl Jung.

1. Alam bawah sadar kolektif adalah hal yang umum bagi seluruh umat manusia

2 Arketipe berasal dari alam bawah sadar kolektif.

3 -4 Setiap individu memiliki alam bawah sadar dan kesadaran individu.

> “Selain kesadaran langsung kita, yang sepenuhnya bersifat pribadi dan yang kita anggap sebagai satu-satunya jiwa empiris (bahkan jika kita menambahkan alam bawah sadar pribadi sebagai pelengkap) ada sistem psikis kedua. Sistem ini bersifat kolektif, universal dan impersonal, dan identik pada semua individu. Bawah sadar kolektif ini tidak berkembang secara individual, tetapi diwariskan. Itu terdiri dari bentuk-bentuk yang sudah ada sebelumnya, arketipe, yang hanya bisa menjadi sadar di kemudian hari dan memberikan bentuk khusus pada konten psikis tertentu".

Jung kemudian melanjutkan untuk mengilustrasikan makna alam bawah sadar kolektif dan mulai dengan mengacu pada psikologi terapeutik dalam visi Sigmund Freud dan Alfred Adler, yang secara eksklusif bersifat personalis dan menyangkal kontribusi atau hubungan eksternal dengan individu.

Jung menyoroti kontradiksi karena, betapapun individualnya, visi Sigmund Freud dan Alfred Adler juga mengacu pada faktor-faktor yang tidak semata-mata bersifat individual, seperti, misalnya, naluri seksual atau dorongan untuk penegasan diri.

Bahkan Freud atau Adler tidak dapat menyangkal keberadaan naluri yang ada secara apriori dan hadir baik pada manusia maupun pada hewan. Naluri tentu bukan komponen jiwa yang bersifat pribadi tetapi universal dan diwariskan, dan sering bekerja di atas kesadaran. Dalam pengertian ini, naluri menunjukkan analogi yang sangat dekat dengan arketipe.

Akibatnya, menurut Jung, hipotesis tentang keberadaan alam bawah sadar kolektif tidak lebih berani daripada yang mengusulkan keberadaan naluri. Berdasarkan penalaran ini, ia membela diri dari tuduhan mistisisme yang dilontarkan terhadap teorinya tentang alam bawah sadar kolektif. Sama seperti naluri yang mampu memengaruhi pikiran, kesadaran, dan tindakan individu dengan cara yang sepenuhnya mistis, pola dasar alam bawah sadar kolektif dapat melakukan hal yang sama.

Proses individuasi Jung.

Dalam bab pertama karyanya "Aspects of the contemporary drama", Jung menulis sebagai berikut:

> “Arketipe seperti dasar sungai yang ditinggalkan oleh air, yang bagaimanapun dapat menyambut air lagi setelah waktu tertentu. Sebuah arketipe mirip dengan ngarai gunung yang telah lama dituangkan air (arus kehidupan). Semakin banyak air menggali lapisan ini, semakin ia mempertahankan arah ini, semakin besar kemungkinannya, cepat atau lambat, ia akan kembali ke sana”.

Jiwa pada dasarnya terdiri dari bagian sadar (kesadaran) dan bagian tidak sadar, di mana kita dapat membedakan alam bawah sadar individu dan alam bawah sadar kolektif.

Dinamika antara dua bagian (sadar - bawah sadar) dianggap oleh Jung sebagai mesin yang memungkinkan individu menghadapi perjalanan panjang yang ditujukan untuk mewujudkan kepribadiannya sendiri.

Interaksi antara alam sadar dan alam bawah sadar menghasilkan suatu proses yang disebut Jung sebagai "individuasi". Di jalan ini individu bertemu dan menghadapi aspek-aspek tak sadar (arketipe) dari kepribadiannya sendiri: dengan menghadapinya ia dapat memperluas kesadarannya sendiri.

Proses individuasi mewakili jalan integrasi dan penyatuan kompleks yang membentuk kepribadian, yaitu pendekatan progresif antara "Ego" dengan "Diri", melalui jalan yang mengarah pada kesadaran Diri dan pembebasan diri. Ego dari konflik batinnya.

Jung percaya bahwa tugas psikoanalisis adalah membangun hubungan hierarkis antara "Diri" dan "Ego", mengingat yang pertama adalah totalitas sedangkan yang kedua hanyalah sebagian. Hubungan ini harus memungkinkan dimulainya kembali pemulihan hubungan yang harmonis antara keduanya, ketika hal ini telah ditangkap oleh neurosis yang dihasilkan dari tuntutan "Ego" yang kaku sehubungan dengan kebutuhan individuasi dari "Diri" (maka nama : proses individuasi).

Pendekatan tersebut terjadi melalui penguraian makna simbol-simbol yang ditemui individu selama hidupnya. Simbol dapat ditemukan baik di dunia internal, melalui gerakan libido yang regresif dan progresif, dan di dunia luar, berkat episode sinkronisitas. Oleh karena itu, sinkronisitas adalah bantuan yang valid dalam pengembangan proses individuasi.

Di bawah cahaya ini, individuasi adalah buah dari kolaborasi berkelanjutan antara Kesadaran, Bawah Sadar, Ego, dan Diri. Proses individuasi merupakan perjalanan spiritual menuju kesadaran diri yang lebih besar. Kemajuan dalam perjalanan dapat dikenali dari tonggak sejarahnya.

Tahap pertama: arketipe Bayangan.

Tahap pertama dicirikan oleh pola dasar Bayangan, yaitu semua aspek yang tidak diketahui atau ingin disembunyikan individu tentang dirinya sendiri, serta semua yang telah dihilangkan setelah kompromi karena pendidikan dan pengaruh lingkungan.

Bayangan mewakili bagian jiwa yang paling tidak menyenangkan dan negatif; itu bertepatan dengan bahkan impuls naluriah terendah, yang biasanya cenderung kita tekan. Ini juga mewakili sifat buruk dan kecenderungan yang cenderung disangkal oleh individu sebagai miliknya, tetapi yang, meskipun demikian, memengaruhi perilakunya dan memanifestasikan dirinya dengan sisi karakter yang menjijikkan atau dengan "godaan" yang coba diabaikan oleh bagian sadar.

Pola dasar ini dapat memanifestasikan dirinya dalam mimpi dan simbol dengan sosok setan, monster dan pengejaran, mimpi buruk yang hidup dalam kegelapan.

Arketipe yang sering disebutkan bersama dengan Shadow adalah Person.

Orang (dari bahasa Latin, "topeng aktor") adalah arketipe yang menunjukkan peran yang dimainkan subjek dalam konteks sosial di mana dia bertindak. Orang justru adalah topeng, identitas sampul di mana kita bertindak, dan berkat itu kita adalah apa yang orang lain inginkan dan apa yang kita yakini tentang kita.

Tahap kedua: arketipe Anima atau Animus.

Tahap kedua ditandai dengan perjumpaan dengan arketipe Anima (untuk laki-laki) dan Animus (untuk perempuan). Terlepas dari namanya yang mengingatkan pada jiwa, itu tidak merujuk pada konsep agama atau dogmatis apa pun.

Citra anima diproyeksikan oleh laki-laki kepada perempuan, sedangkan pada perempuan arketipe yang sesuai, animus, yang diproyeksikan kepada laki-laki.

Jiwa mewakili kontak dengan aspek psikis dan mental, yaitu pendekatan pertama seseorang dengan psikologinya, hampir merupakan ritus inisiasi. Itu adalah pintu yang memungkinkan akses ke dunia transenden.

Ini adalah pola dasar komunikasi yang hebat karena menghadirkan banyak gambaran yang tidak disadari, menciptakan kesalahpahaman, membangun ilusi dan akibatnya juga menimbulkan krisis.

Dalam pengertian ini, konfrontasi dengan jiwa jauh lebih menuntut daripada dengan Bayangan; itu melibatkan memasuki wilayah di mana ada risiko dihancurkan. Segala sesuatu yang disentuh Jiwa menjadi numinus, yaitu absolut, berbahaya, tunduk pada tabu, magis.

Animus (komponen laki-laki dari perempuan) mewakili aspek praktis dan konkret, rasional dan nyata. Itu diwakili dalam mimpi dengan perang, pandai besi dan simbol serupa. Ini memiliki isi refleksivitas, kontrol, analisis, pembobotan, rasionalitas, perhitungan, keputusan, perencanaan, pembedaan.

Kedua arketipe ini memberi kita pandangan luas tentang betapa ganda jiwa itu.

Menurut Jung, setiap arketipe mengandung aspek kehidupan dan kebalikannya, dipahami bahwa keduanya memiliki nilai dan tempat masing-masing. Sebaliknya, pemikiran Freud berpusat pada konflik dan perjuangan untuk menghilangkan salah satu dari keduanya.

Menurut Jung, dualitas jiwa memberikan ketundukan yang mengatasi pelecehan dan cinta yang mengatasi kebencian. Juga harus ada kolaborasi yang harmonis antara kesadaran dan ketidaksadaran.

Dualitas Jung juga tetap berlaku sehubungan dengan keragaman jenis kelamin, karena jiwa memiliki energi maskulin dan feminin di dalamnya, dan setiap pria memiliki sisi feminin, sama seperti setiap wanita memiliki sisi maskulin. Jelaslah bahwa masing-masing memiliki energi yang dominan, namun tetap menampung, meskipun di latar belakang, juga yang berlawanan.

Dalam relief candi India, maskulin dan feminin direpresentasikan sebagai pria dan wanita yang berpelukan; secara kiasan mereka adalah dua tokoh universal. Kesatuan awal dari kedua genre ini juga muncul dari narasi religius atau mitos, di mana kita membaca bahwa Hawa lahir dari tulang rusuk Adam dan Athena keluar dari kepala (atau betis) Zeus.

Tahap ketiga: pola dasar dari "orang tua yang bijak".

Tahap ketiga berhubungan dengan perjumpaan dengan arketipe "orang tua bijak", yang dapat dipahami sebagai sosok ayah laki-laki, yang mencerminkan arketipe Grance Madre. Seluruh pengalaman individu terlampir dalam Sage

Tua, dan dengan itu semua kemampuannya untuk bernalar dan memprediksi. Ini mewakili tujuan transformatif yang dicapai seseorang setelah berhadapan dengan arketipe fase sebelumnya. Dalam kondisi ini seseorang menjadi mampu mengevaluasi masa lalu, sekarang dan masa depan. Orang tua bijak digambarkan sebagai seorang filsuf yang mampu melakukan konseling.

The "Great Mother" mewakili tujuan akhir psikologi wanita. Dalam psikologi Jung itu adalah arketipe kekuatan besar dan ambivalen, pada saat yang sama perusak dan penyelamat, yang memberi makan dan melahap. Itu dibungkus dalam kesucian, seperti menjadi salah satu kekuatan numinous dari alam bawah sadar.

Tahap keempat: arketipe Diri.

Pola dasar Diri adalah alasan terakhir untuk proses individuasi, yaitu alasan keberadaan individu, yang mengungkapkan dirinya kepadanya dan terbuka di hadapannya seperti bunga yang mekar.

Itu digambarkan sebagai pusat benda yang ringan, kuaterner. Simbolnya bisa berupa mandala, sosok yang dalam tradisi agama Budha dan Hindu melambangkan kosmos dan dilukis di atas kain atau lukisan dinding di dinding candi.

Diri mewakili individu itu sendiri, dengan semua pengalaman dan pengetahuan yang telah dia kumpulkan di jalur individuasinya. Ketika individu bertemu dengan Diri, itu berarti neurosis dikalahkan dan keharmonisan batin telah tercapai.

Oleh karena itu, Diri adalah tujuan, puncak dari perwujudan kepribadian, puncak di mana semua aspek sadar dan tidak sadar dari individu bertemu dan menyatu.

Arketipe klasik lainnya mewakili gambaran universal yang secara bersamaan mengekspresikan kepositifan atau kenegatifan: Air, Angka, Pahlawan, Pesulap, Pemberontak, Penguasa, Innocent, Apollo, banyak tokoh agama, dll.

Ketika arketipe merujuk pada tokoh mitos, agama atau legenda, mereka disebut oleh Jung "kekuatan gaib", mengambil istilah yang sudah diciptakan oleh Rudolf Otto, teolog Jerman dan sejarawan agama.

Jung dan alkimia: individuasi dan "Opus alchemicum".

Buku terakhir yang ditulis oleh Jung pada tahun 1956 berjudul "Mysterium Coniunctionis" dan membahas arketipe homonim, yang mengacu pada perkawinan suci atau "alkimia" antara Matahari dan Bulan. Jung berfokus pada alkimia dalam banyak karyanya, mencoba menyoroti makna "Opus alchemicum" (Pekerjaan Alkimia) sebagai pencarian spiritual.

Penelitiannya bertujuan untuk menemukan analogi yang ada antara proses alkimia dan yang terkait dengan bidang psikis. Secara khusus, dia menganalisis fase-fase yang akan dilalui oleh pekerjaan alkimia, yaitu prosedur untuk mendapatkan batu filsuf. Prosedur ini melibatkan beberapa tahapan, yang awalnya empat:

- "Nigredo" atau menghitam, berhubungan dengan unsur tanah.
- "Albedo" atau pemutihan, terkait dengan elemen air.
- "Citrinitas" atau menguning, berhubungan dengan unsur udara.

- "Rubedo" atau kemerahan, terkait dengan elemen api.

Keempat tahap ini akan sesuai dengan proses psikis individuasi.

Secara khusus, tahap pertama identifikasi, yaitu perbandingan dengan arketipe Bayangan, akan menemukan korespondensi dalam fase proses alkimia yang disebut "nigredo".

"Nigredo" adalah istilah Latin yang berarti "warna hitam" atau "kegelapan". Ini menandai "Fase ke Hitam" dari Opus, awal dari proses pembuatan batu bertuah. Dan tahap pembusukan dan pembusukan. Ini adalah momen paling halus, dilambangkan dengan burung gagak hitam. Pada fase ini perlu membiarkan semua bahan mati, maserasi dan masak dalam waktu lama hingga terbentuk massa yang gelap.

Tahap kedua, yaitu pertemuan dengan Anima atau Animus, akan menemukan korespondensi dalam fase Opus "albedo", istilah Latin yang berarti "keputihan". Fase ini dilambangkan dengan angsa putih dan disebut "Opera al Bianco". Ini terdiri dari pemurnian massa tak berbentuk yang dihasilkan dari "nigredo", untuk membersihkan kotoran dan mempersiapkannya untuk fase berikutnya. Dalam bahasa kimia itu sesuai dengan distilasi. Secara metaforis, dengan perikop ini jiwa dibebaskan dari ikatan kedagingan.

Tahap ketiga, yaitu pertemuan dengan orang tua bijak, akan sesuai dengan fase proses alkimia yang disebut "Citrinitas".

“Citrinitas” adalah fase menguning atau terbakarnya material Opus. Warnanya kuning citrine, simbol kemauan dan hati nurani yang dinamis. Dari pembusukan awal senyawa suling diperoleh, dimaksudkan untuk sublimasi.

Tahap keempat, individuasi, yaitu perjumpaan dengan arketipe Diri, akan menemukan korespondensi dalam tahap Opus yang dikenal sebagai "Rubedo".

Istilah Latin rubedo dapat diterjemahkan sebagai "kemerahan". Ini mewakili "Fase Merah" dan merupakan penyelesaian transmutasi kimiawi, yang seharusnya bertepatan dengan realisasi batu filsuf yang mampu mengubah logam dasar menjadi emas. "Rubedo" terjadi karena pengaruh api, yaitu Roh. Simbolnya adalah burung phoenix, mawar merah, telur, raja bermahkota.

Rubedo juga memiliki nilai simbolis lainnya, terkait dengan fakta bahwa merah dalam tradisi alkimia mewakili warna perantara antara hitam dan putih. Oleh karena itu, ini mewakili konjungsi yang berlawanan dan penyatuan antara roh dan materi atau antara maskulin dan feminin.

Akhirnya, sama seperti "nigredo" yang berhubungan dengan tubuh fisik sang alkemis, dan "albedo" dengan jiwanya, "rubedo" berhubungan dengan rohnya, yaitu bagian tertinggi dari tiga unsur penyusun manusia.

Sinkronisitas.

Di wilayah hatilah pengenalan spontan akan koneksi terjadi yang seringkali hanya dipahami kemudian oleh pikiran. Koneksi ini pada awalnya hampir tidak dapat dijelaskan tetapi dirasakan dengan kepastian mutlak didefinisikan sebagai sinkronisitas, atau kebetulan, atau hanya keajaiban.
(Ruediger Schache, Saran dari Hati)

Jung menjelaskan sepenuhnya teori sinkronisitasnya dalam esai "Sinkronisitas sebagai Prinsip Koneksi Acausal" Dia memulai alasannya dengan mendefinisikan konsep kausal - kausal.

Jung memulai eksposisinya dengan menekankan bagaimana konsep yang mendasari hukum alam adalah bahwa setiap peristiwa disebabkan oleh suatu sebab. Namun, ini tidak selalu benar; ada peristiwa di alam yang tidak terkait satu sama lain oleh hubungan sebab-akibat dan karenanya harus ditafsirkan secara berbeda.

Akan sia-sia untuk mencari peristiwa ini di dunia makrofisika, jika hanya karena tidak mungkin untuk menjelaskannya. Bayangkan sebuah bola bilyar bergerak tanpa ada dorongan. Bola belum menerima tumbukan bola lain, dorongan angin, bukan pada bidang miring. Fakta seperti itu tidak kredibel. bahkan jika banyak saksi menceritakannya.

Ini adalah konfirmasi dari konsep determinisme, yang menurutnya setiap fenomena atau peristiwa fisik pasti ditentukan oleh fenomena atau peristiwa lain yang terjadi sebelumnya.

Agar suatu fenomena dapat dipertimbangkan, satu kesaksian saja tidak cukup, banyak yang dibutuhkan. Meskipun demikian, meskipun banyak kesaksian, fenomena tersebut akan terus disangkal tanpa adanya pengulangan, yaitu kemungkinan mereproduksinya secara normal. Pengulangan harus dimungkinkan dalam kondisi analog apa pun. Kadang-kadang, bagaimanapun, bahkan fenomena langka dapat dipertimbangkan, seperti yang terjadi dalam biologi, di mana satu spesimen dari spesies yang tidak diketahui membuat keberadaan seluruh spesies dapat dipercaya.

Pertanyaan yang diajukan Jung pada dirinya sendiri adalah: adakah, secara umum, kemungkinan memperoleh konfirmasi peristiwa tanpa sebab? Apakah ada peristiwa tanpa penyebab yang menentukan?

Jawabannya positif. Jung mengacu pada dunia "kebetulan", di mana peristiwa tampaknya tidak dihubungkan oleh hubungan sebab akibat dengan peristiwa lain.

Ketika kita berbicara tentang kebetulan, biasanya dikatakan bahwa bahkan peristiwa yang didefinisikan sebagai "keacakan" atau "kebetulan" dapat dijelaskan.Ketika peristiwa ini tidak dapat dikaitkan dengan suatu sebab, itu hanya bergantung pada fakta bahwa kita tidak mengetahuinya. .

Namun, lanjut Jung, prinsip yang menurutnya setiap peristiwa pasti memiliki sebab adalah relatif, yaitu hanya berlaku dalam konteks realitas makrofisik, di mana kita hidup. Konsekuensinya, meskipun mengakui bahwa sebagian besar peristiwa pasti memiliki sebab, ini tidak mengecualikan beberapa peristiwa mungkin tidak memiliki sebab.

Di antara sebagian besar peristiwa yang berhubungan dengan penyebab, kasus langka di mana tidak ada penyebab dapat ditemukan di mana, jika diamati dengan cermat, hubungan sebab akibat tampaknya tidak terpikirkan. Di sini Jung memberi contoh:

> “Saya terpaksa memastikan bahwa tiket trem saya memiliki nomor yang sama dengan tiket teater yang saya beli segera sesudahnya. Pada malam yang sama saya menerima panggilan telepon yang menyebutkan

> nomor yang sama. Pada kesempatan ini, hubungan kausal bagi saya sangat tidak mungkin, dan bahkan imajinasi terliar pun tidak akan memungkinkan saya untuk berpikir bahwa suatu hubungan bisa ada, meskipun setiap kasus yang diambil dengan sendirinya sama-sama terbukti memiliki penyebabnya.

Jelas bahwa semua kebetulan bisa seperti target yang terkena secara kebetulan, tetapi teori ini bisa valid selama tidak melebihi tingkat probabilitas yang masuk akal. Ketika ambang batas ini terlampaui, jelas bahwa kompleks kebetulan menjadi tidak dapat dijelaskan dan tidak dapat dirujuk ke penyebab apa pun.

Jung mengakui kemungkinan bahwa, bagaimanapun, pengelompokan kebetulan bisa terjadi semata-mata karena kebetulan.

Namun, mungkin ada kelompok "kebetulan aneh" yang memiliki nilai berbeda dan sangat signifikan bagi protagonis. Ini adalah kasus di mana orang yang terlibat berhasil menghubungkan kebetulan, memberinya makna.

Terjadinya kelompok-kelompok kebetulan ini mengandung komponen numinous, yaitu misterius, sakral, yang menjadikannya penting, dan ketika ini terjadi, Jung memberi nama sinkronisitas pada kelompok itu.

Dalam mengilustrasikan kebetulan-kebetulan yang signifikan, Jung mengelompokkannya ke dalam tiga kategori.

Yang pertama menyatakan bahwa ada hubungan antara keadaan psikis subjek dan peristiwa kontemporer dan objektif, yang sesuai dengan keadaan psikis. Contohnya adalah episode yang diriwayatkan oleh Jung sendiri: ketika seorang pasien mengatakan kepadanya bahwa dia telah memimpikan seekor kumbang yang mirip dengan kumbang, seekor serangga dari jenis itu menabrak jendela ruang belajar.

Kategori kedua dari kebetulan yang signifikan menyatakan bahwa ada hubungan antara keadaan psikis subjek dan peristiwa eksternal, yang terjadi di tempat lain tetapi dapat diverifikasi kemudian. Kesaksian mimpi yang tak terhitung banyaknya yang mengumumkan kematian seseorang, yang kemudian ditemukan terjadi bersamaan dengan mimpi itu, dapat digunakan sebagai contoh.

Kategori ketiga menyatakan bahwa ada hubungan antara keadaan psikis subjek dan suatu peristiwa yang belum terjadi, tetapi akan terjadi di masa depan. Misalnya, mungkin Anda tiba-tiba memikirkan seseorang yang kehilangan kontak dengan Anda dan bertemu dengannya keesokan harinya.

Dalam ketiga kasus tersebut, kebutuhan akan adanya keadaan psikis terbukti yang memungkinkan subjek untuk mencegat sinyal yang menandai peristiwa tersebut, menghubungkan maknanya dengan mereka dan memotivasi dalam dirinya sendiri muatan harapan yang akan bertepatan dengan terjadinya peristiwa tersebut. diri.

Sayangnya, sinyal yang dapat kita definisikan sebagai firasat sering diabaikan, betapapun jumlahnya, karena kita secara alami terbiasa melihat dunia menurut parameter fisika deterministik dan secara linglung mempertimbangkan peristiwa yang tidak biasa dan kebetulan yang aneh, yang kita turunkan menjadi kasus yang tidak penting.

Lahirnya sinkronisitas.

Dalam tulisannya "Synchronicity as a Principle of Acausal Connections" yang diterbitkan pada tahun 1952, Jung mengutip contoh sinkronisitas:

> “Untuk mengutip satu contoh di antara banyak contoh, saya telah mencatat kasus berikut tertanggal 1 April 1949. Hari ini adalah hari Jumat. Kami punya ikan untuk makan siang. Semua orang ingat secara sepintas penggunaan "ikan April". Pada pagi hari saya telah mencatat sebuah tulisan: "Est homo totus medius piscis ab imo". Pada sore hari, seorang mantan pasien yang sudah berbulan-bulan tidak saya temui menunjukkan kepada saya beberapa gambar ikan yang sangat sugestif, yang telah dia lukis untuk sementara waktu. Di malam hari mereka menunjukkan kepada saya sulaman yang melambangkan monster laut dalam bentuk ikan. Pagi-pagi sekali tanggal 2 April, seorang mantan pasien yang sudah beberapa tahun tidak saya temui menceritakan sebuah mimpi di mana, saat berada di tepi danau, dia melihat seekor ikan besar berenang dengan cepat ke arahnya hingga "terbang" di kakinya. Pada periode ini saya disibukkan dengan penelitian yang bertema simbol sejarah ikan. Hanya satu dari orang yang disebutkan di atas yang mengetahui hal ini. Kecurigaan jelas bahwa dalam kasus ini bisa jadi kebetulan yang signifikan, hubungan yang tidak disengaja. Saya harus mengakui bahwa konsentrasi ini membuat saya terkesan. Bagi saya itu memiliki karakter numinous tertentu.

Gambar 15 - Mari kita bayangkan kotak bertitik melingkupi periode kehidupan seseorang, yang kita tunjukkan sebagai Philip. Sehari, seminggu atau lebih. Setiap titik mewakili salah satu peristiwa yang tak terhitung jumlahnya yang terjadi selama periode ini.

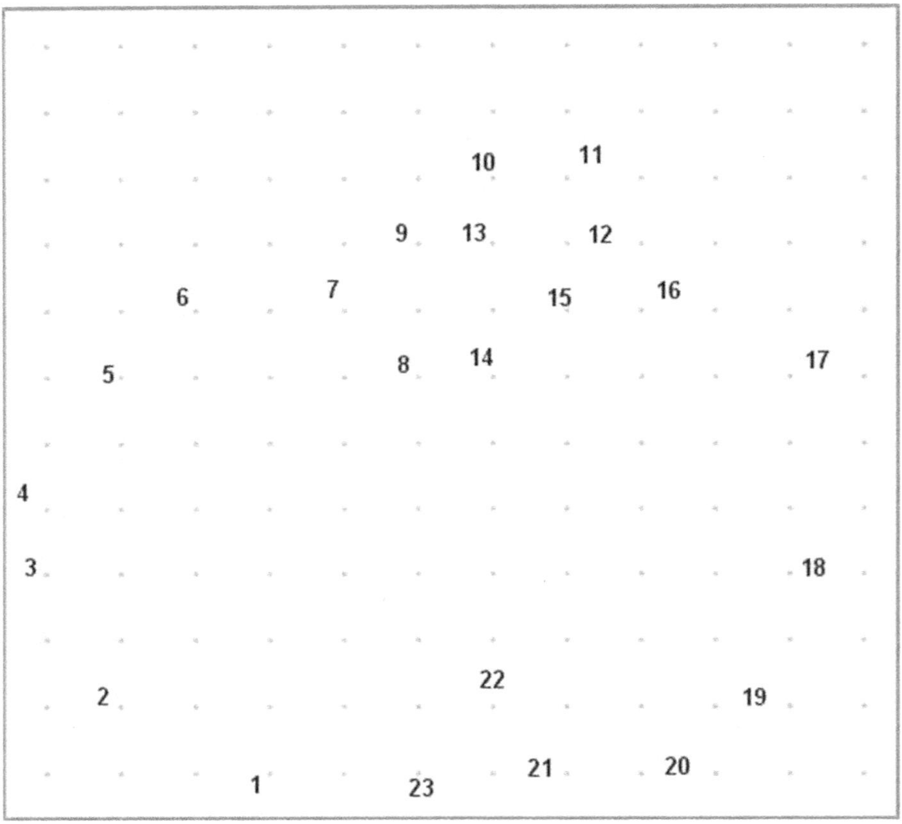

Gambar 16 - Secara alami, beberapa episode lebih relevan daripada yang lain. Lalu ada beberapa (yang disorot dengan huruf tebal) yang memiliki nilai yang sangat signifikan bagi Philip, bahkan jika dia sendiri tidak dapat menjelaskan alasannya.

> Dalam kasus seperti itu terkenal dikatakan: "Ini tidak mungkin murni kebetulan!". Ikan sering kali muncul sebagai simbol konten yang tidak disadari."

Dalam bahasa psikologi bentuk, signifikansi adalah kualitas yang membedakan 'benda' dari 'bukan benda', pemandangan sentral dari latar belakang, tindakan relevan yang menyusun bentuk dan kontur yang tidak relevan.

Kita dapat membagi persepsi menjadi foto dan video, untuk menyatakan bahwa tidak hanya ada persepsi seketika, yang dapat dibandingkan dengan foto.

Kami sering melihat beberapa situasi yang lebih terstruktur, dengan waktu pengembangannya sendiri, peristiwa kompleks yang menonjol dengan latar belakang peristiwa lain, seperti yang terjadi dalam film di mana aksi sentral menangkap semua perhatian dengan mengorbankan garis besarnya.

Dalam hal ini kita berbicara tentang peristiwa, keadaan, kebetulan yang signifikan, masing-masing dengan signifikansinya sendiri. Semua bersama-sama mereka berkontribusi untuk membangun bentuk yang lebih kompleks, terdiri dari klip film, masing-masing independen satu sama lain, tetapi secara keseluruhan diberkahi dengan simbolisme yang berkaitan dengan peristiwa dan kebutuhan hidup kita. Dalam hal ini kita berbicara tentang sinkronisitas.

Mungkin metode paling sederhana untuk menjelaskan apa itu sinkronisitas adalah dengan mensimulasikan proses pembentukannya, yaitu, ia terbentuk dalam kesadaran individu.

Oleh karena itu, kami akan membayangkan merekonstruksi bagian-bagian yang melaluinya sinkronisitas dapat muncul dan menjadi efektif dalam hati nurani seorang teman, yang kami beri nama konvensional Philip.

Philip dan pernikahannya.

Gambar 15 secara simbolis melingkupi area yang dibatasi (bujur sangkar) periode waktu dalam kehidupan Philip, kira-kira seminggu. Setiap titik yang tertutup di area tersebut mewakili salah satu dari banyak peristiwa yang melibatkannya selama periode ini, mulai dari mengikat sepatunya di pagi hari hingga mematikan lampu saat dia pergi tidur di malam hari. Setiap titik memiliki kepentingannya sendiri, tetapi tentu saja beberapa peristiwa lebih relevan daripada yang lain, seperti misalnya pujian yang diterima di tempat kerja dibandingkan dengan membuang penolakan ke tempat sampah.

Namun, ada beberapa situasi yang tetap membekas di benak Philip, meski dia tidak tahu kenapa. Ini adalah peristiwa-peristiwa yang tidak berhubungan satu sama lain dan tidak ada hubungannya dengan hari-harinya yang biasa. Sederhananya, itu adalah kilatan cahaya yang menyilaukan pikiran seperti kilat yang menyilaukan mata. Seperti yang kita ketahui, efek kilatan membutuhkan waktu untuk membebaskan mata dari ketidaknyamanan, dan demikian pula sensasi aneh yang ditimbulkan oleh beberapa peristiwa terus berkelebat dalam pikiran, tanpa alasan tertentu.

Pada angka 16 dan 17 saya ingin merepresentasikan semuanya seolah-olah itu adalah game terkenal "Hubungkan titik-titik".

Faktanya, Philip harus berusaha untuk menghubungkan fakta-fakta aneh, mimpi, dan kebetulan untuk memahaminya, yaitu, untuk membangun suatu bentuk yang memberikan makna yang sama pada peristiwa-peristiwa yang tampaknya tidak memiliki kesamaan.

Di malam hari antara Senin dan Selasa Filippo mengalami mimpi yang aneh. Itu terletak di sebuah pulau di Samudra Pasifik, dan terlibat dalam pesta yang diselenggarakan oleh penduduk sebuah desa. Banyak tarian, yang lain memainkan alat musik yang menjadi ciri khas tempat itu dan yang lain lagi menawarkan karangan bunga, semuanya dalam suasana kegembiraan yang tenang. Seorang wanita muda mendekati Philip dan meletakkan mahkota bunga berwarna-warni dan harum di kepalanya, yang bertumpu di pundaknya dan turun ke dadanya. Tiba-tiba, saat berpartisipasi dalam suasana pesta, Filippo menurunkan pandangannya dan melihat seekor serangga kecil yang keluar dari kelopak bunga dan mulai menggerogoti kelopaknya. Segera setelah serangga lain muncul dan menyerang semua bunga. Ini layu dan membusuk dengan cepat. Mimpi itu berubah menjadi mimpi buruk; Filippo bangun dengan kaget dan menyadari bahwa dia hanya mengalami pengalaman mimpi yang tidak menyenangkan, tetapi bayangan bunga-bunga indah yang membusuk di depan matanya tetap jelas dalam kesadarannya.

Keesokan harinya dia menemukan bahwa sebuah film dokumenter tentang organisasi militer Kekaisaran Romawi disiarkan di saluran TV yang biasanya tidak dia tonton. Dia selalu tertarik dengan sejarah Roma kuno, jadi dia memutuskan untuk mengikuti pertunjukan itu. Video tersebut menampilkan organisasi sebuah "castrum". "Castrum" adalah perkemahan yang harus dibangun oleh setiap legiun dalam beberapa jam pada akhir perjalanan sehari. Awalnya, militer menggali parit dan memasang pagar kayu di dalamnya. Di dalam kamp, tanah dibagi oleh "Via Principalis" dan "Via Praetoria". Di berbagai sektor terdapat tenda-tenda komando, perwira dan prajurit. Di akhir pembangunan kamp, \u200b\u200bkomandan mempersembahkan korban kepada para dewa untuk memohon perlindungan kamp yang baru didirikan.

"Aneh sekali, - pikir Philip, orang-orang ini mempersembahkan korban kepada para dewa di setiap kesempatan. Oleh karena itu, mengapa di lapangan yang tertata rapi seperti itu mereka tidak juga membangun kuil kecil untuk para dewa?".

Pemikiran ini mengejutkannya: dia tidak akan pernah membayangkan khawatir tentang membangun sebuah kuil agama. Filippo ingin mengesampingkan pemikiran itu tetapi terus berputar di kepalanya.

Kebetulan aneh ketiga terjadi setelah beberapa hari, saat dia bekerja di kantor, dan dia mendapati dirinya berurusan dengan spidol nilon yang dibiarkan terbuka terlalu lama sehingga tinta di ujungnya mengering. Tidak sabar, dia membuangnya ke tempat sampah. Guido, seorang kolega, mengintervensi dan memberitahunya:

"Jangan dibuang, berikan padaku. Dengan sedikit kesabaran, saya akan membuatnya kembali dan menggunakannya untuk pengumuman untuk dipasang di papan buletin klub".

Guido adalah sekretaris dan petugas di klub bowling yang mereka hadiri dan di mana, karena sumber daya yang langka, orang cenderung menghemat segalanya.

Filippo bingung memikirkan papan buletin dan kebutuhan untuk menulis dengan spidol daur ulang.

Dalam beberapa hari, entah kenapa, Filippo tertarik dengan serangkaian fakta yang aneh dan sama sekali tidak berhubungan. Dia mulai bertanya-tanya apakah itu semua masuk akal.

Dia memimpikan bunga segar dirusak oleh hama. Kurangnya kuil pagan mengejutkannya. Pikirkan papan buletin yang ditulis dengan spidol dari tempat sampah.

Tiba-tiba, seperti dalam sekejap, koneksi yang sama benar-benar meledak di benak Philip.

Penyebut yang umum adalah gereja, tentu saja. Bukan sembarang gereja, tapi gereja kecil tempat dia menikah. Bunga-bunga itu untuk upacara, pura adalah gereja itu sendiri, papan pengumuman adalah yang berisi pemberitahuan pernikahan.

Dalam metafora kami tentang permainan "Hubungkan titik-titik", seperti yang dapat dilihat pada gambar 17, Philip menghubungkan titik-titik tersebut dan mendapatkan bentuk gereja, yang segera dia identifikasi sebagai tempat dia menikah.

Masih belum cukup, gereja hanyalah sebuah simbol, gabungan dari banyak simbol.

Philip harus memahami pesan yang tersembunyi di balik simbol. Bunga-bunga yang diserang serangga dan busuk, pelipis nazar yang tidak ada, spidol nilon habis. Semua ini terkait dengan gereja di mana petualangan pernikahannya dimulai, membuatnya mengerti bahwa hidupnya sebagai pasangan telah mengalami pengabaian dan pernikahannya sedang mengalami saat yang sulit. Memburuknya situasi perkawinan terjadi sementara dia, yang sibuk dengan pekerjaan dan pekerjaan sehari-hari, tidak menyadarinya.

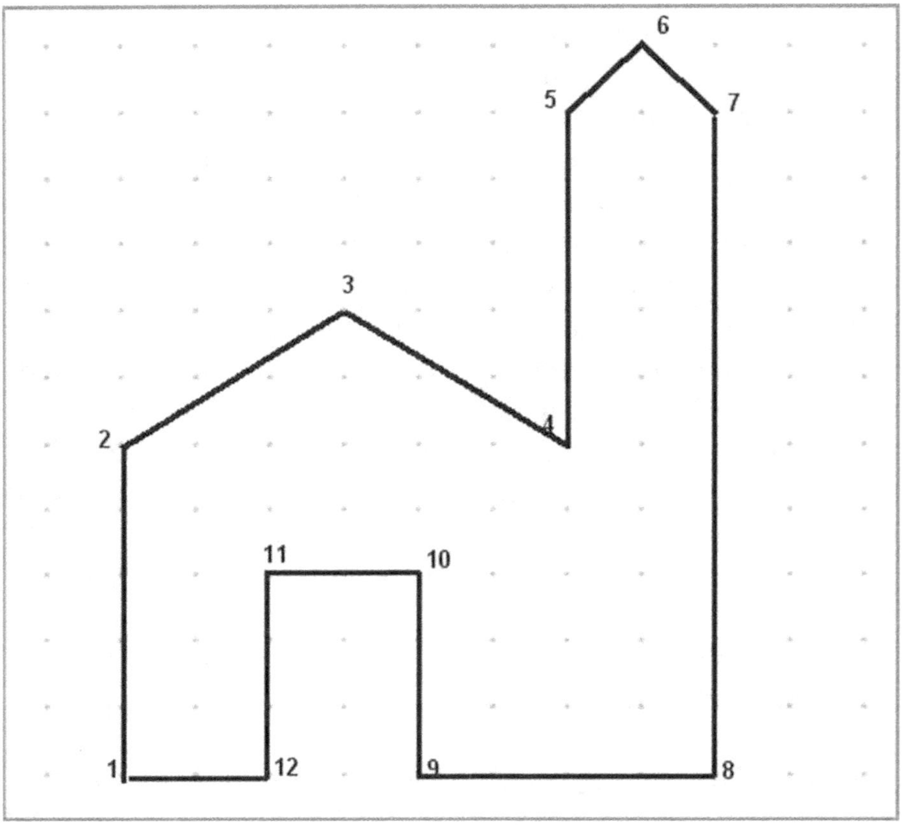

Gambar 17 - Kebetulan yang signifikan memungkinkan "bentuk" terwujud dalam hati nurani Philip, seperti yang bisa terjadi dalam game "Hubungkan titik-titik".

Jika Philip dapat menguraikan sinkronisitas di mana dia menjadi protagonis, dia mungkin bisa menyelamatkan pernikahannya.

Matius dan frekuensi angka 31

Contoh kedua yang saya sajikan didasarkan pada frekuensi yang tidak biasa dimana sebuah angka dapat menarik perhatian kita. Kami akan berbicara tentang Matteo dan pertemuannya yang berulang kali dengan nomor 31.

Pada suatu pagi musim gugur yang pucat, Matteo, manajer penjualan perusahaannya, sedang menjadwalkan pertemuan dengan beberapa klien. Matteo telah meninggalkan pertemuan terpenting untuk yang terakhir, pertemuan dengan Dr. Corradini, manajer pembelian sebuah perusahaan dengan anggaran yang sangat menarik. Sayangnya, Corradini memiliki karakter yang tidak bersahabat dan terkadang tidak menyenangkan. Matteo selalu merasa tidak nyaman dengan berbagai kontak kerja yang harus dia pertahankan. Sambil mendesah, dia mengangkat gagang telepon dan memanggilnya. Dr. Corradini sangat ramah hari itu, jadi percakapan segera berakhir dengan membuat janji temu.

- Jadi dokter, bisakah kita bertemu tanggal 31? - Usulan Matius.

- Mengapa janji yang begitu jauh? – Keberatan Corradini.

- Nah, ini akhir bulan, tinggal satu minggu lagi.

- Tapi dengar, Tn. Matteo, kamu salah. Kami berada di bulan November, yang memiliki 30 hari. Tapi kalender apa yang dia gunakan? Kalender Aztek?

Matteo tetap bingung sesaat, lalu dia merasa dirinya tenggelam. Apa kesalahan! Sial, hanya dengan Corradini!

Dia menggumamkan beberapa alasan dan membuat janji untuk tanggal 30.

Namun, episode itu mengejutkannya. Bagaimana dia bisa salah menghitung tanggal janji penting? Jelas bahwa November memiliki 30 hari. Sajak anak-anak yang terkenal juga mengatakannya: "Tiga puluh hari adalah November, dengan April, Juni dan September...". Dan kemudian, dia membuka agenda di atas meja. Bagaimana dia bisa menemukan angka terkutuk 31 itu, memperlihatkan dirinya pada ironi kliennya?

Selama sisa hari itu Matteo tidak dapat menyelesaikan banyak hal, dengan nomor 31 itu menyiksanya.

Akhirnya jam kerja berakhir tiba dan Matteo turun ke jalan menuju halte bus, dimana dia akan menunggu bus nomor 218 yang akan membawanya pulang. Tetapi di halte Matteo dia menemukan tanda: “Karena pekerjaan yang sedang berjalan, bus nomor 218 dihentikan sementara. Sebagai alternatif, tuan-tuan wisatawan dapat naik bus nomor 31 yang berjalan di sepanjang Via Panoramica".

Jika dia yakin telah menyingkirkan nomor 31, Matteo salah. Dia mengambil kendaraan baru ini yang membawanya dekat dengan rumahnya. Sebelum naik ke rumah, dia pergi ke toko laundry untuk mengambil beberapa pakaian.

Signora Pina, pemilik laundry, menyerahkan pakaian itu beserta kuitansinya.

- Dia berutang 33 euro.

Matteo tidak pelit, tapi dia suka menawar harga jika memungkinkan.

- Sekali? 33 euro? Ayo Bu Pina, aku mengalami hari yang buruk! Biarkan saya membayar 30 euro.

- Apakah Anda bercanda, Tuan Matteo? Anda belum melihat tagihan listrik yang saya terima hari ini! Dan kemudian pemerintah menciptakan pajak baru setiap hari. Lihat Pak Matteo, saya benar-benar tidak bisa memberikan diskon harga. Lagi pula, sekali ini saja, beri aku 31 euro. Saya tidak bisa memberi Anda harga yang lebih rendah, percayalah!

Matteo membayar dan keluar. Baru ketika kembali ke jalanan, Matteo menyadari bahwa nomor 31 sekali lagi telah menjadi bagian dari hidupnya.

Sepanjang malam dia terus memikirkan desakan yang sangat aneh dari nomor 31. Ketika dia naik ke tempat tidur dia menyadari dia tidak bisa tidur.

Kesan buruk dengan Corradini membara dengan cara tertentu. Matteo merasakan ironi dari jawabannya:

"Tapi kalender apa yang dia gunakan? Yang Aztec?".

Yap, November memiliki 30 hari. Mungkin dia bingung dengan bulan sebelumnya, Oktober, yang menghasilkan 31.

- 31 Oktober. Tanggal ini mengingatkan saya pada apa? Matteo berkata pada dirinya sendiri.

Tentu saja, Halloween! (Gbr.18)

Kesan buruk dengan Corradini membara dengan cara tertentu. Matteo merasakan ironi dari jawabannya:

"Tapi kalender apa yang dia gunakan? Yang Aztec?".

Yap, November memiliki 30 hari. Mungkin dia bingung dengan bulan sebelumnya, Oktober, yang menghasilkan 31.

- 31 Oktober. Tanggal ini mengingatkan saya pada apa? Matteo berkata pada dirinya sendiri.

Tentu saja, Halloween! (Gbr.18)

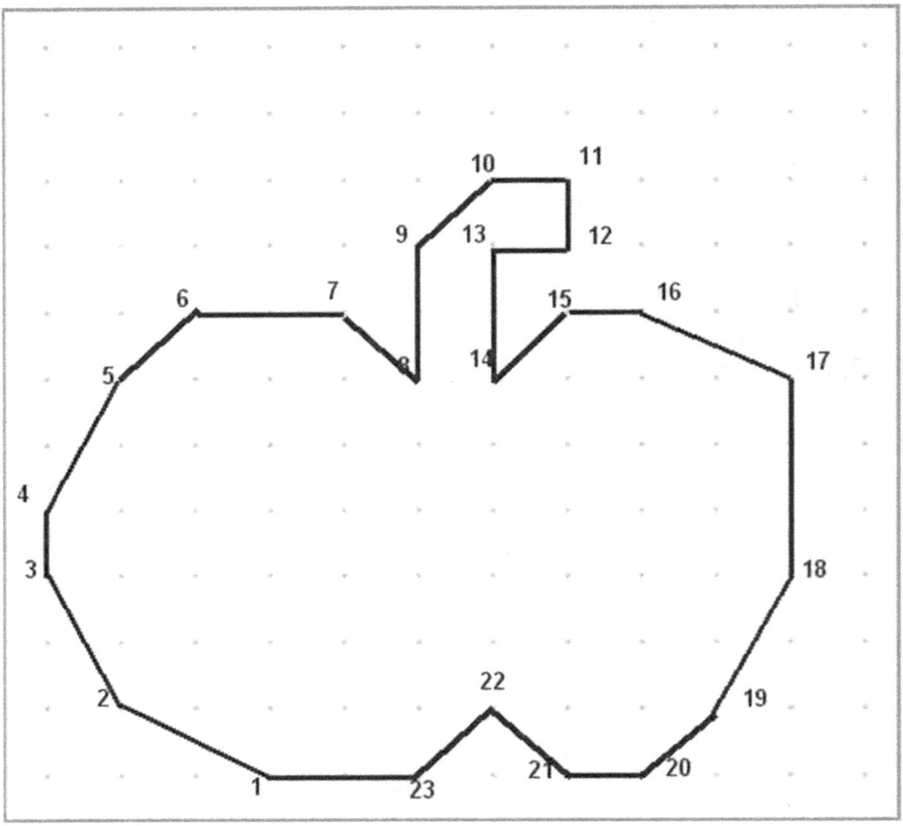

Gambar 18 - Permainan "Hubungkan titik-titik" sebagai metafora sinkronisitas yang melibatkan Matteo dan, melalui simbologi labu, mengarahkannya untuk memusatkan perhatiannya pada pesta Halloween di masa mudanya.

Dia mulai memikirkan kembali malam-malam Halloween yang dihabiskan bersama temannya, Fulvio. Setiap tahun, pada malam Halloween, keduanya menempatkan labu kosong besar dengan lilin menyala di dalamnya, di pintu masuk jembatan. Kemudian mereka menunggu orang yang lewat, membuat teriakan dan suara untuk menakut-nakuti mereka.

Fulvio beberapa tahun lebih tua darinya dan merupakan ahli mencuri labu yang paling cocok di pedesaan sekitarnya.

Pikiran Matteo mengembara melalui ingatan ini untuk waktu yang lama. Dia sudah lama tidak mendengar kabar dari Fulvio. Siapa yang tahu bagaimana keadaannya?

Dia melihat jam. Belum terlambat untuk menelepon. Dari buku telepon lama dia mengambil nomor Fulvio dan meneleponnya.

Penerima Fulvio berdering dengan kekuatan luar biasa dalam kesunyian rumahnya. Fulvio, duduk di mejanya, tercengang. Telepon berdering lagi, ditaati, sombong.

Fulvio meletakkan pistol yang dipegangnya di tangan kanannya di atas meja dan mengangkat gagang telepon.

- Hai teman, apa kabar? Anda kenal saya? Saya Matius!

Fulio tercengang. Dia memindahkan kertas itu ke samping dan meletakkan pena di depannya, lalu menjawab:

- Tentu saja aku mengenalimu. Mengapa Anda berpikir untuk menelepon saya?

- Yah, saya pikir sudah lama sejak kita bertemu satu sama lain dan akan menyenangkan bertemu untuk bertukar pikiran. Bagaimana menurut Anda teman saya, apakah itu bisa dilakukan?

Fulvio menatap gagang telepon, seolah takjub. Dia tidak lagi sendirian, seseorang telah memikirkannya, malaikat malam telah datang untuk mengulurkan tangannya. Tiba-tiba kesendiriannya tampak kurang menindas. Dia menemukan dirinya pada titik di mana pilihan antara harapan dan keputusasaan masih memungkinkan. Ya, kaki di pinggir jurang masih bisa ditarik ke belakang. Sebuah keputusan baru adalah mungkin.

Fulvio memutuskan dengan kecepatan kilat. Dia mengambil pistol itu dan memasukkannya kembali ke dalam laci.

"Tentu saja bisa dilakukan, kawan... ya, kawan, pasti bisa, ayo kita bertemu!".

Kisah Matteo dan Fulvio berakhir di sini. Tidak ada yang akan tahu bahwa Fulvio diselamatkan malam itu berkat serangkaian kebetulan aneh yang melibatkan Matteo, semuanya terkait dengan nomor 31.

Tidak seorang pun akan pernah tahu prosedur apa (tentu saja tidak logis) yang membuat Matteo mengubah beberapa referensi umum ke nomor 31 menjadi tanggal penting, pesta Halloween, kemudian sampai pada keputusan untuk menghubungi teman masa kecilnya.

Tidak ada yang tahu berapa kali cerita seperti ini benar-benar terjadi.

Jumlahnya, pola dasar keteraturan.

"Tidak semua yang bisa dihitung itu penting dan tidak semua yang penting dapat dihitung."
(Kertas tulisan tangan tergantung di ruang kerja Einstein)

Angka dan sinkronisitas.

Kebetulan numerik berhasil membuat semua orang terpesona, terutama ketika berulang secara teratur dalam waktu singkat, bahkan dalam situasi yang berbeda: jadwal yang sama, nomor jalan yang sama, nomor reservasi yang sama, dan seterusnya. Banyak orang terpengaruh olehnya, tetapi tidak semua orang percaya ada makna atau berusaha menemukannya.

Pengulangan nomor yang sama seringkali menyembunyikan pesan yang sangat pribadi, yang harus diintuisi dengan menggali ke dalam lipatan ketidaksadaran seseorang. Makna simbolik intrinsik dari angka itu sendiri dapat membantu dalam penelitian ini, menurut tradisi yang sangat kuno. Melalui alegori numerik kita bisa menjadi protagonis dari sinkronisitas yang berusaha mengungkap konten yang berasal dari misteri, mungkin ilahi.

Praktik membangun kebetulan yang bermakna berdasarkan angka berakar pada sejarah manusia paling awal. Seseorang dapat menghitung jumlah burung dalam kawanan, jumlah batu dengan bentuk atau warna yang sama, jumlah tumbuhan di tempat terbuka yang sama. Angka itu sendiri aneh dan misterius. Menurut Jung, angka tersebut memiliki arti yang selalu bersifat nusawi, aneh, ketuhanan.

Beberapa guru matematika mengajar murid-murid mereka dengan contoh yang tak terbantahkan. Pertimbangkan kelompok objek apa saja. Hilangkan setiap properti dari benda-benda ini seperti berat, bentuk, ukuran, dan sebagainya. Namun tentunya Anda tidak akan bisa menghilangkan jumlahnya, yaitu jumlah benda-benda tersebut.

Ada hubungan erat antara angka dan sinkronisitas, karena keduanya diselimuti kesucian dan misteri. Angka selalu hadir dalam sinkronisitas apa pun, dalam bentuk apa pun: jumlah, tanggal, atau lainnya; itu sering disembunyikan di bawah ekspresi seperti "banyak", "kecil", "sangat besar", "tak terbatas".

Setiap objek dapat dipertimbangkan dalam kesatuannya atau dalam keragamannya. Angkalah yang menetapkan urutan yang tepat, oleh karena itu menciptakan hierarki, struktur, koherensi, organisasi, kejelasan.

Angka dianggap sebagai salah satu arketipe utama, dan Jung menyebutnya arketipe keteraturan. Nyatanya, itu menciptakan disiplin dalam kekacauan; itu memungkinkan kita untuk membangun dan memahami keteraturan yang ada secara apriori dari pemeriksaan kita, bahkan ketika, setelah verifikasi awal, keteraturan itu tidak ada.

Angka adalah elemen yang menciptakan keteraturan dalam jiwa sejak awal umat manusia, oleh karena itu paling dekat dan paling intuitif bagi kecerdasan manusia. Contohnya dapat diwakili oleh gambar-gambar yang ada di gua-gua Paleolitik. Selain lukisan yang menggambarkan bison, kuda, badak, dan spesies hewan lainnya, cetakan tangan yang dibuat dengan oker kuning atau merah juga ditemukan. Yang paling terkenal adalah yang terletak di "Cuevas de las manos pintas" (Gua tangan yang dicat) yang terletak di Patagonia, di Rio Chubut.

Kencan menempatkan cetakan tangan ini setidaknya 14.000 tahun yang lalu. Ini adalah tangan dengan jari terbuka lebar. Di luar pesan yang ingin dikomunikasikan oleh seniman, dan yang mungkin, menurut para antropolog, kita tidak akan pernah tahu, representasi angka lima sangat menarik perhatian.

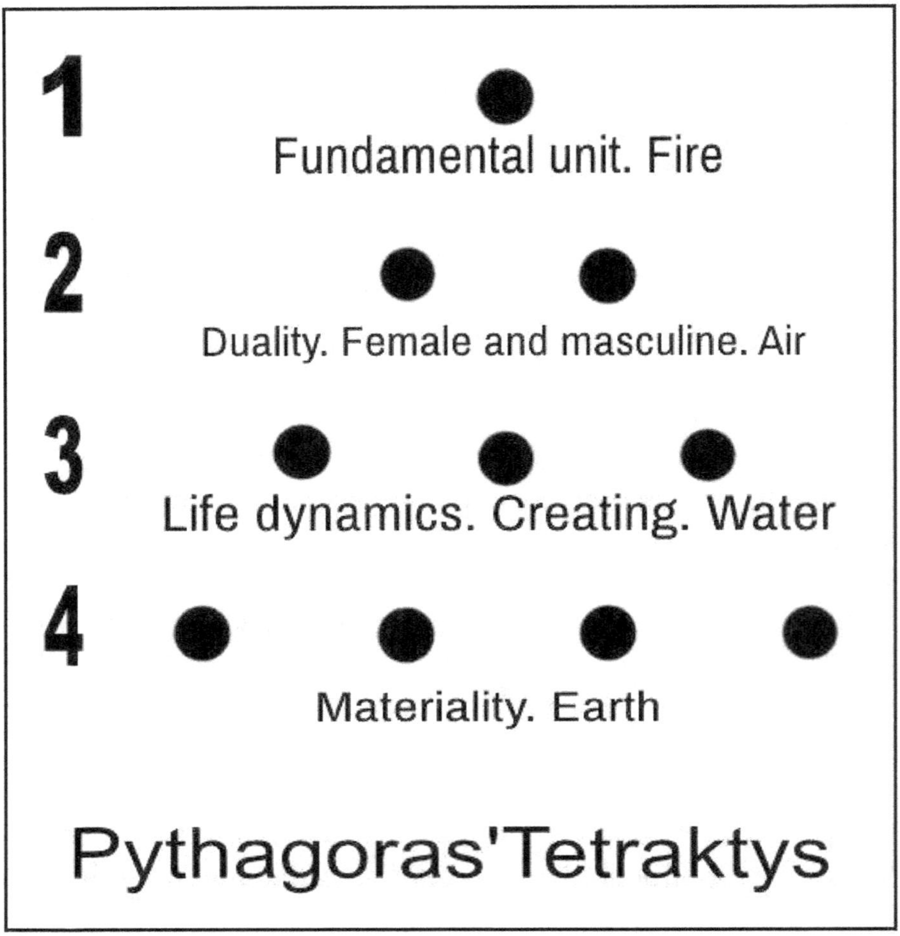

Gambar 19 - Tetraktys atau angka kuaterner mewakili Pythagoras urutan aritmatika dari empat bilangan asli pertama, atau lebih tepatnya bilangan bulat positif.

1. Satuan dasar. Api.
2. Dualitas. Feminin dan maskulin. Udara.
3. Dinamika kehidupan. Penciptaan. Air.
4. Materialitas. Bumi.

Seperti yang biasanya terjadi dan seperti yang disarankan oleh Occam's Razor, interpretasi yang paling sederhana dan paling langsung seringkali adalah yang paling benar.

Dalam tradisi paling kuno, semua angka memiliki makna mistik dan kesucian yang masih dilestarikan hingga saat ini; khususnya, semua angka dari 1 sampai 9 diyakini "sakral".

Tetraktys dari Pythagoras.

Pythagoras, filsuf dan matematikawan Yunani yang hidup pada abad keenam. SM, memahami matematika sebagai ilmu yang mampu menertibkan kekacauan yang tampak di dunia. Dia mendirikan sekolah di Crotone; untuk diterima, para siswa harus bersumpah demi Tetractys:

"Aku bersumpah, demi dia yang telah menularkan ke jiwa kita Tetractys yang di dalamnya ditemukan sumber dan akar dari alam abadi...".

Tetraktys mewakili deret aritmatika dari empat bilangan bulat positif pertama (Gbr. 19). Angka-angka ini disusun dalam bentuk geometris segitiga sama sisi dengan sisi "empat", sehingga membentuk piramida yang merangkum hubungan antara mereka dan sepuluh. Faktanya, menurut apa yang disebut jumlah teosofis:

$1 + 2 + 3 + 4 = 10$.

Pada gilirannya, 10 mengacu pada kesatuan dengan menambahkan $1 + 0 = 1$.

Empat tingkat Tetraktys sesuai dengan prinsip kosmogonik dan empat elemen alam.

Bagian emas.

Beberapa angka sangat spesial, seperti angka 1.618. Nilai ini menunjukkan rasio yang ideal (perhatikan misalnya rasio antara lebar dan tinggi bingkai foto standar) dan rumusnya adalah:

$(\sqrt{5} + 1)/2 = 1{,}618\ldots$

Biasanya ditunjukkan dengan huruf Yunani Fi Φ dan disebut Angka Emas, atau Proporsi Emas, atau Bagian Emas, atau Konstanta Fidia. Plato, yang menyebutkannya dalam karyanya Timaeus, membicarakannya sebagai kunci fisik Kosmos. Pada Abad Pertengahan rasio emas diambil oleh Leonardo Fibonacci dari Pisa, yang saat ini dikenal sebagai Deret Fibonacci (gbr.20).
Deret Fibonacci adalah urutan bilangan bulat positif di mana setiap angka, mulai dari angka ketiga, adalah jumlah dari dua angka sebelumnya dan dua angka pertama sama dengan 1. Jadi, deret diwakili oleh angka-angka:

1, 1, 2, 3, 5, 8, 13, 21, 34, 55, 89.144, 233, 377, 610...

dan bisa berlangsung selamanya. Sebenarnya, maksud Fibonacci saat menguraikan deret ini adalah untuk menemukan hukum matematika yang akan menggambarkan pertumbuhan populasi kelinci. Dia tidak membayangkan menemukan salah satu aturan alam yang indah dari Kosmos. Memang, deret Fibonacci hadir di hampir semua elemen alam dan mengungkap proyek keanggunan yang luar biasa.

Antara panjang lengan dan lengan bawah pria dewasa rasionya adalah "emas", serta antara panjang kaki dan bagian bawahnya. Rasio emas yang sama juga ditemukan di antara falang jari tengah dan jari manis.

Sifat matematis dan geometris dari bagian emas yang berulang dengan keteguhan luar biasa dalam konteks alam yang paling beragam adalah konfirmasi adanya hubungan erat antara "Entitas Kreatif" dan ciptaan. Kebetulan pasti tidak akan menghasilkan keteraturan kesempurnaan dan keindahan seperti itu.

Ketika angka mengungkapkan konten seperti bagian emas, itu terbukti menjadi instrumen dan mediator hubungan antara keseluruhan dan bagian, serta antara setiap bagian yang lebih besar dan masing-masing bagian yang lebih kecil.

Tidak ada yang menyangkal keberadaan, dalam konfigurasi alami ini, cita-cita keindahan dan harmoni, yang membenarkan sebutan "Aurea" dan "Divina".

Dalam botani, mungkin contoh paling signifikan dari kehadiran bagian emas yang efektif diwakili oleh susunan geometris daun dan perbungaan beberapa tanaman.

Menjelang pertengahan tahun 1800-an, Auguste Bravais, seorang ahli botani Prancis, dalam serangkaian penelitian yang dilakukan bersama saudaranya Louis, mengamati bahwa pada banyak tanaman daun tersusun pada batang menurut spiral di mana sudut antara dua daun berurutan adalah hampir konstan dan sekitar 137,5°, sesuai dengan sudut emas. Pengaturan ini menjamin akses dan pemanfaatan sinar matahari secara optimal untuk setiap daun.

Tetapi ada banyak contoh yang ada di alam. Misalnya, jumlah kelopak bunga biasanya setara dengan nilai deret Fibonacci. Misalnya sangat banyak, seperti iridaceae dan lili, ada tiga. Mawar anjing memiliki lima atau delapan, seperti buttercup dan plumeria. Banyak aster memiliki 13, jadi pertanyaan "apakah dia mencintaiku" atau "tidak mencintaiku" hampir selalu berakhir dengan cara yang menghibur, menegaskan "dia mencintaiku". Ini juga terjadi ketika Anda menggunakan "meadow daisy" yang memiliki 21 kelopak. Asteraceae, kelompok tumbuhan luas yang mencakup, antara lain, bunga matahari, gerbera, dan krisan, memiliki 34, 55, atau 89, sedangkan sawi putih biasa, yang termasuk dalam keluarga yang sama, memiliki 21.

Itu semua adalah angka yang merupakan bagian dari deret Fibonacci. Luar biasa betapa ekspresi alami yang diinginkan seseorang dihasilkan secara kebetulan semuanya memiliki karakteristik matematika yang diilhami oleh satu sumber.

Selain bentuk anatomi manusia, seperti yang telah disebutkan, banyak hewan seperti bintang laut juga terinspirasi oleh bagian emas; dengan cara yang sangat jelas, makhluk berbentuk spiral melakukannya, seperti yang ditunjukkan oleh cangkang Nautilus. Tapi itu masih belum cukup: pada titik ini kita seharusnya tidak lagi terkejut bahwa bentuk Bima Sakti dan galaksi lain juga terinspirasi oleh bagian emas.

Di bidang kedokteran, penemuan-penemuan penting telah dibuat dalam studi gerak manusia. Misalnya, pada tahun 2013 ditegaskan bahwa dalam berjalan hubungan antara fase "stance" (penyangga) dan fase "swing" (ketika kaki maju tanpa menyentuh tanah) sama dengan rasio emas.

Kutukan Simfoni Kesembilan.

Bahkan, banyak yang mengasosiasikan angka sembilan dengan kematian. Korelasi negatif ini mulai menguat ketika Gustav Mahler meninggal pada tahun 1911; dia baru saja menyelesaikan simfoni ke-9 "Das Lied von der Erde" (Lagu

Bumi) dan dengan cepat mengerjakan simfoni ke-10, berharap untuk lolos dari nasib Beethoven yang meninggal segera setelah menyelesaikan simfoni ke-9 (Choral Symphony).

Kutukan Simfoni Kesembilan lahir dan menyebar antara tahun 1800 dan 1900 dan masih bertahan dengan mengacu pada fakta bahwa banyak komposer meninggal setelah menggubahnya. Di antara korban paling terkenal, selain Mahler dan Beethoven, kami dapat menyebutkan:

- Louis Spohr, atau Ludwig Spohr (Braunschweig, 5 April 1784 - Kassel, 22 Oktober 1859) Komposer, pemain biola, dan konduktor Jerman.
- Franz Schubert (Wina, 31 Januari 1797 - Wina, 19 November 1828) Komposer dan pianis Austria pada periode Romantis.
- Antonín Dvořák (Nelahozeves, 8 September 1841 - Praha, 1 Mei 1904) Komposer Ceko.
- Ralph Vaughan Williams (Down Ampney, 12 Oktober 1872 - London, 26 Agustus 1958) Komposer Inggris, penulis simfoni, musik kamar, opera, musik paduan suara, dan soundtrack.
- Joseph Anton Bruckner (Ansfelden, 4 September 1824 - Wina, 11 Oktober 1896) komposer Austria.
- Kurt Atterberg (Gothenburg, 12 Desember 1887 - Stockholm, 15 Februari 1974) Komposer, konduktor, dan kritikus musik Swedia.
- Elie Siegmeister (New York, 15 Januari 1909 - Manhasset, 10 Maret 1991) Komposer Amerika, guru musik dan konduktor.

- Roger Sessions (Brooklyn, 28 Desember 1896 - Princeton, 16 Maret 1985) Komposer Amerika, kritikus musik dan akademisi.
- Egon Joseph Wellesz (Wina, 21 Oktober 1885 - Oxford, 9 November 1974) adalah ahli musik, komposer, dan guru Austria.
- Peter Mennin (Erie, Pennsylvania 17 Mei 1923 - New York 17 Juni 1983) komposer penting Amerika asal Italia.
- Sir Malcolm Henry Arnold (Northampton, 21 Oktober 1921 - Norwich, 23 September 2006) komposer Inggris.

Dalam sebuah esai tentang Mahler, Arnold Schoenberg menulis:

> “Seolah-olah Simfoni Kesembilan adalah batasan. Siapa pun yang ingin mengatasinya harus mati. Sepertinya ada sesuatu yang disampaikan kepada kita melalui Simfoni Kesepuluh. Itu adalah sesuatu yang tidak dapat kita ketahui sekarang, atau kita belum siap untuk mengetahuinya. Mereka yang menulis Simfoni Kesembilan datang terlalu dekat dengan apa yang kita sebut "akhirat ilahi"

Klub 27.

Ungkapan bahasa Inggris "Club 27" mengacu pada artis, kebanyakan penyanyi rock, yang meninggal pada usia 27 tahun. Ungkapan "Kutukan J27" juga sering digunakan, mengacu pada fakta bahwa nama depan atau belakang mereka dimulai dengan huruf J.

Keyakinan ini muncul setelah kematian Jimi Hendrix, Janis Joplin dan Jim Morrison. Banyak yang percaya bahwa artis pertama yang menjadi korban kutukan itu adalah Robert Johnson yang menurut legenda menjual jiwanya kepada iblis untuk mencapai kesuksesan. Yang lainnya memberikan medali anggota pertama Klub kepada Alexandre Levy, yang meninggal pada usia 27 tahun pada tahun 1892.

Pada tahun 2009, pada peringatan 15 tahun kematian Kurt Cobain, Robert Smith dari National Public Radio mengatakan: "Kematian bintang rock ini pada usia 27 tahun benar-benar merevolusi cara kita memandang musik rock."

Memang, kematian banyak artis di usia muda dapat ditelusuri kembali ke penyalahgunaan alkohol atau narkoba, kecelakaan mobil, atau bahkan bunuh diri.

Berikut adalah beberapa anggota Klub 27:

- Jim Morrison, (8 Desember 1943 - 3 Juli 1971), penyair, penulis dan kasir, secara resmi meninggal karena serangan jantung (tetapi otopsi tidak pernah dilakukan).
- Amy Winehouse, (14 September 1983 – 23 Juli 2011) penyanyi-penulis lagu, meninggal karena dugaan penyalahgunaan alkohol.
- Brian Jones, (28 Februari 1942 - 3 Juli 1969) pendiri Rolling Stones. Dia meninggal tenggelam di kolam renang vilanya.
- Janis Joplin, (19 Januari 1943 – 4 Oktober 1970) vokalis dan penulis lagu untuk Big Brother dan The Holding Company. Meninggal karena overdosis heroin.
- Jimi Hendrix, (27 November 1942 – 18 September 1970) Pelopor dan virtuoso gitar elektrik. Dia meninggal karena

mati lemas karena muntah setelah menelan alkohol dan obat penenang.

- Kurt Cobain, (20 Februari 1967 - 5 April 1994) vokalis dan gitaris Nirvana. Meninggal karena bunuh diri.
- Kim Jong-yun, (8 April 1990 – 18 Desember 2017) komposer dan penyanyi utama grup K-Pop SHINee. Meninggal karena bunuh diri.
- Robert Leroy Johnson (8 Mei 1911 – 16 Agustus 1938) Penyanyi-penulis lagu dan gitaris Amerika. Meninggal karena sebab yang tidak ditentukan.
- Cecilia, Evangelina Sobredo Galanes (11 Oktober 1948 – 2 Agustus 1976), penyanyi-penulis lagu Spanyol, berdedikasi pada genre pop. Dia meninggal dalam kecelakaan lalu lintas.
- Chris Bell (12 Januari 1951 - 27 Desember 1978) penyanyi dan gitaris. Dia meninggal dalam kecelakaan lalu lintas.
- Alexandre Levy (10 November 1864 - 17 Januari 1892) Brasil, pelopor perpaduan antara komposisi klasik dan ritme populer Brasil. Dia diyakini sebagai anggota pertama Klub 27. Dia meninggal karena sebab yang tidak diketahui.

Wolfgang Pauli dan nomor 137.

Wolfgang Pauli, fisikawan dan peraih Nobel, memiliki hubungan yang lama dengan Carl Jung, awalnya untuk tujuan terapeutik dan kemudian untuk kepentingan ilmiah. Ada dokumentasi pertukaran surat yang sangat panjang antara kedua ilmuwan tersebut. Pauli ingin menciptakan teori psikofisik yang akan menyatukan materi dan jiwa.

Gambar 20. Bagian emas Leonardo Fibonacci.

Lagi pula, Pauli terus membandingkan idenya dengan mimpinya, yang tampaknya menjadi panduan yang efektif. Terlepas dari mentalitas ilmiahnya, dia tidak bebas dari manifestasi ekstrasensor: di lingkungan universitas tempat dia bekerja, apa yang disebut "efek Pauli" sudah dikenal luas, yang menurutnya dia tidak dapat memasuki laboratorium rekan-rekannya tanpa beberapa peralatan rusak.
Sepanjang kehidupan ilmiahnya dia hampir terobsesi dengan masalah kompleks dalam fisika, konstanta struktur halus, sama dengan sekitar 1/137.
Terlepas dari usahanya, Pauli tidak pernah berhasil menemukan alasan untuk nilai itu. Pada tahun 1958 dia dirawat di rumah sakit di Zurich, karena dia terkena kanker pankreas, yang dengan cepat menyebabkan kematiannya.
Yang sangat mengejutkan dia mendapati dirinya dirawat di kamar 137 dan dia segera menunjukkan hal ini kepada asistennya Charles Enz ketika dia pergi menemuinya. Pauli memberi tahu asisten itu bahwa dia tidak akan pernah meninggalkan ruangan itu lagi, sama seperti dia gagal menyelesaikan masalah hidupnya. Ia menilai nomor 137 seperti jebakan baginya, dan memang begitu.

Angka 108 dalam budaya oriental.

Angka 108 lahir dari 12x9 dan selalu muncul dalam budaya oriental. Secara khusus, berikut adalah beberapa kemunculan angka 108 atau kelipatan dan subkelipatannya:

- Ini adalah jumlah tasbih Mala atau "rosario India", dan Akṣamālā Buddha.
- Ini adalah jumlah dosa dalam Buddhisme Tibet.

- Dewa Hindu memiliki 108 nama yang dapat dibaca dengan menghitung 108 tasbih Mala.
- Rig Veda memiliki 10.800 ayat.
- Kitab suci Khagiur Tibet terdiri dari 108 jilid.
- Dalam Śrīmad Bhāgavatam, Krishna digambarkan menari dengan 108 gadis penggembala sapi dan kemudian menikahi 16.108 istri.
- Dalam Shaivisme, Shiva Nataraja digambarkan melakukan tarian kosmiknya dalam 108 pose.
- Di Jepang, pada akhir tahun, lonceng dibunyikan sebanyak 108 kali untuk menyambut tahun baru.
- Godaan yang harus dilawan seseorang untuk mencapai Nirvana adalah 108.
- Kuil Baalbek, di Fenisia, memiliki 54 kolom.
- Di kota suci Lashanmjh, Tibet, terdapat 108 kuil.
- Angkor Vat, Kamboja, memiliki 54 menara, 108 patung yang melapisi jalan masuk, dan 540 patung dewa.
- Ada 108 bintang yang dianggap suci dalam astrologi Cina.
- Panjang pemerintahan kuno dalam mitologi Sumeria adalah 108.000 tahun.

Sebagai rasa ingin tahu, kami menambahkan bahwa 108 adalah jumlah pelamar Penelope, istri Ulysses, di Homer's Odyssey.

Nomor 666.

Kami tidak dapat menyelesaikan ulasan ini pada angka sakral atau signifikan tanpa menyebutkan angka 666. Itu muncul dalam bagian Perjanjian Baru, dalam Kiamat Yohanes, dan merujuk pada "Binatang" yang muncul dari laut dan menghancurkan Bumi. Secara khusus, di zaman sekarang, angka tersebut telah menjadi simbol Iblis.

Sebagai rasa ingin tahu, saya melaporkan sebuah cerita yang dirilis oleh Associated Press pada tanggal 2 November 1996. Menurut agensi tersebut, 436 penduduk kota Madison telah setuju untuk memainkan kombinasi dari tiga angka 666 dalam lotere lokal yang disebut "Luck Devils". ". Ini terjadi pada kesempatan pesta Halloween. Luar biasa tapi benar, para pemain memenangkan jumlah 1800 dolar. Dari tersebarnya kabar ini sepertinya sudah banyak yang mencoba.

Determinisme kematian.

Jika seseorang bertanya kepada filsuf berpengalaman buku mana yang harus dibaca, filsuf itu harus menjawab: "Filosofi apa yang Anda inginkan? Saya tahu apa yang Anda cari. Anda menginginkan doktrin filosofis yang menegaskan keyakinan Anda.
Apa yang kamu inginkan? Tuhan atau materi? Kebebasan atau determinisme?
Katakan padaku. Di apotek saya, saya memiliki semua hal ini. Saya dapat memberi Anda satu atau yang lain, sesuai dengan keinginan Anda."
(Giuseppe Rensi, filsuf dan pengacara Italia)

Keadilan Ilahi di Kotapraja Drynor.

Pada tahun 1836 Davy Crockett, seorang pahlawan rakyat dari Far West Amerika, saat bepergian untuk bergabung dengan tentara Texas di San Antonio, berkemah di sebuah hutan kecil di tepi Honey Grove Creek, sebuah sungai kecil yang panjangnya hanya 11 mil. Sungai ini melewati Kabupaten Fannin di Texas. Malam itu Davy menulis surat dengan antusias menggambarkan tempat itu, yang disebut Honey Grove karena banyaknya sarang lebah yang dibuat lebah liar di pohon-pohon berlubang.

Crockett kemudian mempromosikan kelahiran, di tempat itu, sebuah kota dengan nama yang sama. Pada tahun 1842 temannya Samuel Erwin, pemukim pertama, menetap di sana. Crockett sendiri yang melakukan pernikahan Erwin. Selanjutnya lokalitas tersebut menjadi pusat yang berkembang hingga menjadi kota pada tahun 1873; perdagangan, penanaman kapas, dan kegiatan lainnya memungkinkannya berkembang hingga mencapai beberapa ribu penduduk, yang mendukung keberadaan surat kabar lokal berhalaman empat, "Sinyal Hutan Madu".

Jurnal ini edisi 31 Maret 1905 merinci fakta yang telah menjadi klasik dalam literatur tentang peristiwa aneh dan misterius, umumnya dikenal sebagai "kasus peluru takdir". Ada beberapa versi, tetapi laporan surat kabar memungkinkan kami merekonstruksi yang paling jujur.

Artikel tersebut muncul di kolom di halaman kedua, dengan tajuk “Lebih mengejutkan daripada film. Peluru membalas seorang gadis dua puluh tahun setelah kematiannya”.

Kata-kata awal artikel (“Kasus luar biasa hukuman di bumi untuk dosa-dosa daging terjadi…”) menggambarkan dengan baik lingkungan budaya di mana fakta itu terjadi, dan interpretasi yang diberikan.

Artikel tersebut merinci kematian yang tidak disengaja dari seorang Henry Ziegland, seorang penduduk Drynor Township, sekelompok rumah yang terletak di dekat Honey Grove. Kronik kematiannya tidak menarik jika kita tidak menghubungkannya dengan latar belakang dua puluh tahun sebelumnya.

Pada tahun 1885 Henry Ziegland adalah seorang pemuda kaya yang mengabdikan diri pada semua kegiatan menyenangkan yang menjadi ciri khas pemuda sepanjang masa, seperti pacaran dengan para gadis.

Sayangnya, baginya, lingkungan dan moral saat itu tidak kondusif untuk melewati petualangan. Karena alasan ini, ketika dia merayu Maysie Tinchor, gadis itu menyerah pada sanjungannya hanya karena janji pernikahan. Sayangnya Henry, setelah mendapatkan buah dari keinginannya, tiba-tiba memecat gadis itu.

Rasa sakit dan kesadaran akan penipuan sangat besar bagi Maysie muda. Gadis malang itu bunuh diri.

Tentu saja, tidak bisa berakhir seperti ini. Filford, adik laki-laki Maysie, putus asa atas bunuh diri saudara perempuannya, memutuskan untuk menghadapi Henry.

Dia bergegas ke rumah pengkhianat tetapi pertama-tama, dengan impulsif yang berlebihan, dia membawa serta senapan militer tua yang mampu menembakkan satu peluru.

Kedua pria itu saling berhadapan. Henry, yang lebih tua dan lebih kekar daripada pria yang lebih muda, sama sekali tidak berdamai. Henry mengucapkan kata-kata yang menyakitkan kepada Filford dan Maysie. Juga, Henry mengejek senapan yang dipegang Filford di tangannya.

HONEY GROVE SIGNAL.

Honey Grove, Texas, Friday, March 31, 1905.

DR. PRICE'S CREAM BAKING POWDER

Greatest Aid to Cookery

Ayer's

Cherry Pectoral

Coughs, Colds

CROOK-RECORD CO.

PARIS, TEXAS.

The Fashion Event

Spring Opening

Millinery, Tailored Suits, Wraps, Skirts, Shirtwaists, Gloves, Hose, Corsets, Underw'r

Wednesday, April 5

Special Bargain Prices

Gambar 21 – Edisi 31 Maret 1905 dari Honey Grove Signal, yang melaporkan pada kolom di halaman kedua kasus kematian Henry Ziegland yang terjadi dalam keadaan yang aneh. Kematian Ziegalnd menimbulkan latar belakang dua puluh tahun sebelumnya.

Dibutakan oleh kebencian dan keputusasaan, Filford kehilangan akal sehatnya, mengangkat laras senapannya dan melepaskan satu-satunya tembakan ke arah lawannya. Seketika, Filford melihat semburan darah yang keluar dari kepala Henry.

Filford mengira dia telah membunuhnya dan melarikan diri. Dia menyadari bahwa dia telah benar-benar menghancurkan keluarganya. Dalam keputusasaan Filford mengisi senapan dengan peluru lain dan mengambil nyawanya sendiri.

Namun, hal-hal tidak berjalan seperti yang dia pikirkan: peluru itu hanya menyerempet pelipis Henry, dan menempel di batang pohon di belakangnya. Henry, dengan keberuntungan yang sering berpihak pada orang jahat, diselamatkan dengan mempertahankan luka daging yang sembuh dalam waktu singkat.

Kami tidak tahu apakah di tahun-tahun berikutnya Henry datang untuk bertobat dari semua kejahatan akibat perilakunya, mungkin tidak. Dia membuat bisnisnya makmur dan menikah dengan seorang janda kaya yang dengannya dia memiliki seorang putra. Ini tumbuh dan, untuk mengantisipasi pernikahannya, Henry memutuskan untuk memperluas rumah untuk menampung dan menjaga keluarga baru tetap dekat, membangun sayap baru tepat ke arah pohon yang terkena peluru dua puluh tahun sebelumnya. Untuk mendapatkan ruang yang diperlukan, Henry memutuskan untuk menebang pohon itu. Mari ikuti kisahnya seperti yang diberitakan di surat kabar "Honey Grove Signal":

> “Henry dan putranya menebang pohon tempat peluru Filford Tinchor masuk, dan berusaha membelahnya menjadi beberapa bagian. Kayunya sangat keras sehingga kapak dan irisan tidak berpengaruh, jadi mereka memutuskan untuk memasukkan muatan dinamit kecil ke dalam lubang alami di bagasi. Sebuah ledakan menghancurkan batang pohon. Kekuatan dinamit mendorong keluar peluru lama.
> Dengan kekuatan yang luar biasa, peluru itu mengenai pelipis kiri Henry Ziegland dan menyebabkan kematian seketika."

Editor yang memulai artikel dengan kata-kata "Kasus hukuman yang luar biasa di bumi untuk dosa-dosa daging" menyimpulkan sebagai berikut: "Di makam Tinchor bersaudara sekarang hanya ada debu dan keheningan. Namun, peluru yang Filford ingin balas dendam melakukan tugasnya hari ini.

Apakah ada keadilan ilahi?

Kronik "Sinyal Hutan Madu" menimbulkan pertanyaan setua dunia. Apakah ada keadilan retributif ilahi? Haruskah kita percaya pada "entitas superior" yang mengintervensi menurut kriteria keadilan untuk menyeimbangkan kembali nasib kaum tertindas?

Pertanyaannya sangat bisa diperdebatkan. Faktanya, bahkan jika lembaga semacam itu beroperasi dalam pengertian ini, pertama-tama kita harus menetapkan apa gagasan tentang keadilan dari lembaga ini. Apakah pendapatnya akan sama dengan pendapat kita?

Dari sudut pandang filosofi sains, gagasan ini sama sekali tidak masuk akal. Peristiwa yang melibatkan kemanusiaan harus dievaluasi dengan kriteria deterministik.

Determinisme mengidentifikasi penjelasan fisik untuk setiap fenomena, dengan asumsi bahwa rantai sebab-akibat harus selalu valid. Konsekuensinya, segala sesuatu yang terjadi tidak pernah terjadi secara kebetulan, melainkan ditentukan oleh hukum-hukum fisika yang mendominasi alam semesta. Hukum-hukum ini terkenal dengan nama interaksi fundamental. Kekuatan alamlah yang memungkinkan kita untuk mendeskripsikan fenomena fisik, dan hingga saat ini, pada dasarnya empat telah diidentifikasi. Mereka adalah gaya gravitasi, gaya elektromagnetik, gaya nuklir lemah dan gaya nuklir kuat.

Keadilan ilahi tidak dapat diklasifikasikan dalam salah satu dari empat kekuatan fundamental, oleh karena itu, bagi determinisme, keadilan yang diatur oleh "entitas superior" yang campur tangan untuk membalas perbuatan baik atau buruk adalah hipotesis yang sama sekali tidak masuk akal. Henry Ziegland meninggal hanya karena dia memiliki ide yang tidak menguntungkan untuk menggunakan dinamit, oleh karena itu penyebab dari semuanya terletak pada kecerobohannya. Titik.

Selain itu, atas dasar prinsip deterministik, jika keadilan ilahi benar-benar ada, ia harus selalu mengintervensi, tidak hanya sesekali.

Pertimbangan ini membawa kita ke persimpangan jalan: apakah keadilan ilahi tidak ada, atau prinsip deterministik salah.

Peristiwa acak dan "tanda supernatural".

Kita dapat mengeksplorasi konsep ini dengan lebih baik dengan mempertimbangkan penyembuhan fisik yang terjadi di tempat-tempat yang dianggap sebagai "pembawa keajaiban". Bertentangan dengan apa yang diyakini banyak orang, tempat-tempat ini tidak hanya Katolik.

Misalnya, masjid Jamkaran, yang disakralkan bagi kaum Syiah, terletak enam kilometer sebelah timur kota suci Qom, di Iran. Penjaga masjid telah membentuk komisi sejak tahun 1998 untuk memeriksa penyembuhan luar biasa yang terjadi di tempat suci itu dan yang terdaftar dalam daftar khusus.

Banyak tempat "kafir" juga harus disebutkan, seperti misalnya sejumlah besar mata air atau bebatuan dengan sifat thaumaturgis, seperti banyak dolmen dan menhir yang masih dikaitkan dengan kekuatan kesuburan hingga saat ini.

Dalam budaya orang Indian Amerika, ada roda pengobatan yang tidak terlalu membangkitkan konsep penyembuhan tubuh melainkan penyembuhan spiritual dan kekuatan yang diperoleh dari pengetahuan tentang rahasia alam semesta.

Salah satu Roda Obat tertua ditemukan di Pegunungan Tanduk Besar di Wyoming, dan diyakini dibuat antara 200 dan 500 tahun yang lalu. Itu dibuat dengan batu putih yang disusun dalam lingkaran dengan diameter 28 meter. Bentuk melingkar melambangkan gerakan, berlalunya waktu, kehidupan dan musim. Di tengah Roda terdapat sebuah salib, simbol dari "Roh Besar" dan "Pohon Kosmik" yang berakar di Bumi dan cabang-cabangnya menjangkau ke langit dan ke empat arah.

Lalu ada tempat penyembuhan psikis murni, seperti wilayah tujuan perjalanan perdukunan yang fantastis, di mana tabib pergi untuk melawan kekuatan yang menyandera kesehatan para korban yang terkena berbagai macam penyakit.

Tentu saja, ada juga banyak tempat Kristen yang terkenal dengan penyembuhan ajaib yang terjadi di sana. Yang paling terkenal adalah tempat perlindungan Prancis di Lourdes yang didedikasikan untuk Perawan Maria. Saya merujuk ke tempat perlindungan ini karena komisi medis didirikan di sini untuk waktu yang lama, juga terdiri dari ilmuwan yang tidak percaya, yang mengesahkan penyembuhan yang tidak dapat dijelaskan dengan kesederhanaan mutlak.

Banyak penyembuhan patologi serius atau sangat serius terjadi melalui pencelupan ke dalam air Gua Massabielle, yang sangat mengingatkan pada ritus pembaptisan Kristen yang dengannya, melalui kematian dan kebangkitan simbolis, seseorang disucikan dari segala dosa dan, selanjutnya, dari setiap penyakit karena, seperti kata St. Paulus, kematian masuk ke dunia karena dosa.

Saya mengingatkan Anda bahwa bahkan arketipe air Jung, meskipun memiliki makna ganda, dalam aspek positifnya dapat menjadi pembawa kehidupan di daerah gersang dan gurun di Bumi, dan dengan perluasan dalam situasi penderitaan fisik dan spiritual manusia.

Lourdes dapat didefinisikan sebagai "tempat ajaib" karena jumlah penyembuhan bersertifikat yang terjadi di sana secara statistik lebih tinggi daripada yang terjadi di tempat lain. Sandro De Franciscis, presiden "Bureau des observation médicales" Lourdes sejak 2009, menyatakan bahwa dalam 150 tahun sekitar 7.500 penyembuhan yang tidak dapat dijelaskan telah didokumentasikan, meskipun hanya 70 di antaranya yang diakui oleh Gereja Katolik sebagai mukjizat. Variasi statistik yang sangat sensitif antara jumlah penyembuhan yang terjadi di tempat ini dibandingkan dengan yang berkaitan dengan tempat yang berbeda atau "biasa" terbukti.

Masalahnya adalah tidak semua orang sembuh dari penyakitnya. Meskipun demikian, penyembuhan Lourdes yang tidak dapat dijelaskan cukup untuk secara serius meruntuhkan dogma determinisme materialis: jumlah mereka yang luar biasa menunjukkan bahwa mungkin ada kekurangan dalam teori itu. Banyak ilmuwan telah mengajukan keberatan. Menurut tesis ini, keajaiban bukanlah seperti itu, tetapi merupakan konsekuensi normal dari hukum fisika yang belum diperlihatkan. Tapi keberatan ini tidak ada gunanya. Demikian pula, orang percaya dapat mengklaim bahwa penyembuhan ajaib adalah konsekuensi langsung dari kehendak ilahi, bahkan jika keberadaan Tuhan belum terbukti.

Secara alami, kita harus menyadari bahwa jika semua orang yang membenamkan diri di bak Lourdes sembuh dari penyakitnya, maka kita akan jatuh ke dalam bentuk determinisme timbal balik, yaitu, kita akhirnya akan mengkonfirmasi teori yang ingin kita bantah.

Penjelasan yang diberikan tentang pertentangan konsep ini cukup sederhana: penyembuhan ajaib harus ditafsirkan sebagai tanda, yaitu sebagai indikator realitas yang mengalahkan determinisme tetapi tanpa menyangkalnya. Jika dalam realitas kesehariannya manusia tunduk pada aturan deterministik yang membuat dunia bekerja, hal ini tidak menghalangi adanya tingkat yang lebih tinggi yang mampu melampaui aturan tersebut. Itu adalah kekuatan yang memanifestasikan dirinya dari waktu ke waktu, cukup untuk menandakan kehadirannya pada hati nurani umat manusia.

Oleh karena itu, penyembuhan ajaib tidak akan terjadi karena hukum fisik yang masih belum diketahui, atau karena kebetulan saja, tetapi akan menjadi tanda kehadiran "Kesadaran Universal" yang mampu melampaui hukumnya sendiri. Konsep absurd ini mungkin menjadi lebih akrab bagi kita ketika kita memeriksa perilaku materi pada tingkat subatomik, menemukan bahwa pada tingkat realitas itu semua hukum fisika yang mendasari determinisme diabaikan. Materi yang sama yang pada tingkat makroskopis, yaitu pada tingkat keberadaan kita, mematuhi kekuatan fundamental fisika deterministik, pada tingkat yang paling intim mengabaikan, mengingkari, dan mendistorsinya.

Oleh karena itu, mungkin saja determinisme dihormati dan dilanggar pada saat yang sama. Ada kemungkinan bahwa hukum deterministik menegaskan dengan pasti bahwa penyakit tertentu yang tidak dapat disembuhkan menyebabkan kematian, dan pada saat yang sama, pada tingkat yang berbeda, kekuatan non-deterministik campur tangan untuk mengingkari prinsip ini dengan menghasilkan penyembuhan.

Karena kita hidup pada tingkat hukum deterministik, wajar jika hukum ini, pada tingkat kita, pada akhirnya lebih kuat.

Ada hukum deterministik yang bahkan orang yang disembuhkan secara ajaib pun tidak luput. Kita tahu betul bahwa bahkan orang yang disembuhkan secara ajaib pun pada akhirnya akan mati.

Namun, hampir semua agama dan banyak filsafat menentang determinisme kematian dengan mengonfigurasi realitas transenden, yang mampu menempatkan kehidupan pada tingkat yang berbeda dan abadi. Hari raya utama orang Kristen adalah Paskah, yang merayakan kematian dan kebangkitan Yesus Kristus, janji kebangkitan di masa depan dan kehidupan kekal yang ditakdirkan untuk semua orang percaya.

Agama-agama lain percaya pada reinkarnasi, yaitu siklus kebangkitan yang berpuncak pada pencapaian kesempurnaan, suatu keadaan di mana kematian tidak ada lagi. Menurut konsep Buddhisme klasik, yang penting adalah pembebasan dari penderitaan kehidupan. Kebahagiaan, yaitu nirwana, adalah akhir dari kelahiran kembali yang berkelanjutan, ketiadaan.

Dalam teks rabi, surga digambarkan sebagai taman mawar dan murad, tempat spiritual yang di tengahnya berdiri Pohon Kehidupan. Dalam Alquran, Muslim yang saleh dari kedua jenis kelamin memasuki taman kesenangan: iklimnya bagus, airnya berlimpah, begitu juga buah, daging, dan madu.

Bisakah kita percaya pada kebangkitan?

Dalam konsepsi banyak agama, adalah mungkin untuk hidup kembali setelah kematian dan gagasan ini tidak seaneh kelihatannya. Sudah menjadi mode, bahkan di kalangan ilmuwan yang kurang religius, untuk mengatakan bahwa "kita adalah anak-anak bintang". Memang, tidak ada keraguan ilmiah tentang fakta bahwa tubuh kita tersusun dari atom-atom yang, setelah terbentuk di tungku bintang-bintang pertama, kemudian menyebar ke seluruh alam semesta, mengonfigurasi ulang dirinya menjadi ekspresi penciptaan yang tak terbatas. Atom menjadi bagian dari bintang lain, planet, atau mineral dan sayuran, dan juga sebagai bagian dari tubuh makhluk hidup.

Setiap atom tubuh kita telah menjadi bagian dari ekspresi materi lainnya yang tak terbatas. Oleh karena itu, sejauh menyangkut atom, kita dapat berbicara tentang "keabadian" (setidaknya selama alam semesta bertahan) atau tentang reinkarnasi. Dalam arti yang lebih luas juga tentang kebangkitan, jika kita mempertimbangkan kematian organisme tempat mereka berasal dan "kelahiran kembali" sebagai bagian dari organisme yang berbeda.

Tentu saja, ini bukan jenis kebangkitan yang kita harapkan: kita semua ingin dibangkitkan dalam tubuh yang mempertahankan ciri-ciri dan terutama kesadaran akan kehidupan yang dijalani sebelumnya. Artinya, kami ingin memindahkan kesadaran dari tubuh sebelumnya ke tubuh baru.

Itu tergantung pada bagaimana kita memandang kesadaran.

Menurut konsepsi materialis, kesadaran hanyalah produk sampingan dari aktivitas otak, sebuah epifenomena yang dihasilkan oleh interaksi elektrokimia yang terjadi di dalam massa otak; akibatnya, ketika otak mati dan membusuk, bahkan kesadaran, yang tidak akan pernah ada, "mati" bersamanya.

Namun, menurut banyak interpretasi filosofis dan religius, kesadaran adalah jiwa murni yang melampaui otak. Tidak hanya tidak terbatas pada tempurung otak, tetapi meluas ke seluruh kosmos, berinteraksi secara bebas dan mandiri dengan kesadaran lain dan dengan "kesadaran universal". Dalam pengertian ini, kesadaran juga bisa menjadi ikatan informatif yang menyatukan semua atom tubuh kita, atau lebih tepatnya proyek yang memungkinkan mereka untuk mengatur dan menjalankan fungsi seperti untuk mendapatkan tubuh kita sebagaimana adanya, dengan dua tangan bukannya empat dan dengan sidik jari tidak seperti manusia lainnya.

Jika atom-atom tubuh kita mempertahankan ingatan akan kepemilikannya pada proyek ini, ingatan ini akan abadi, hati nurani kita akan abadi dan dalam arti tertentu tubuh kita akan abadi.

Masalah entropi.

Lagi pula, mengapa kita mati? Itu semua tergantung pada hukum yang disebut entropi atau, lebih teknisnya, "hukum kedua termodinamika". Sederhananya, entropi berarti bahwa jika Anda memecahkan kaca, Anda kemudian dapat memecah setiap bagian menjadi sub-bagian selanjutnya, dan kemudian setiap sub-bagian menjadi sub-bagian berikutnya, tetapi Anda tidak akan pernah dapat mengembalikan kaca ke keadaan integritas aslinya. . Demikian pula, jika Anda memasak telur, Anda tidak lagi memiliki cara untuk membentuk kembali telur mentahnya, apalagi jika Anda sudah membuat telur dadar.

Kita semua memiliki persepsi yang sangat kuat tentang arah waktu, dan kita menerima bahwa waktu mengalir hanya dalam satu arah. Kami menerima arah waktu "maju", tetapi sulit membayangkan arah sebaliknya. Hal ini tentu tergantung pada fakta bahwa arah lurus adalah salah satu di mana kausalitas beroperasi. Kami berasumsi bahwa penyebab mendahului efeknya. Suatu peristiwa tidak dapat terjadi yang tidak disebabkan oleh peristiwa lain, yang terjadi sebelumnya. Tidak akan pernah terjadi seseorang dapat memetik apel tanpa ada orang yang menanam pohonnya terlebih dahulu.

Entropi terkait dengan berlalunya waktu, dan memprediksi bahwa segala sesuatu menuju kemerosotan, karena waktu hanya bergerak dalam satu arah dan tidak mungkin untuk "memundurkan film" untuk kembali ke situasi sebelumnya. Ada aturan yang tegas, tepatnya hukum kedua termodinamika, yang menurutnya entropi sistem tertutup selalu meningkat. Tentu saja, alam semesta adalah sistem tertutup.

Hidup kembali

"Kehidupan kembali" dapat terjadi dengan berbagai cara. Dalam beberapa kasus, seperti dalam kebangkitan daging yang dianjurkan oleh agama Kristen, almarhum hidup kembali dengan kedok yang sama seperti di kehidupan sebelumnya. Dalam kasus lain dinyatakan bahwa hidup kembali terjadi dalam tubuh makhluk hidup lain, bahkan dari jenis yang berbeda. Beberapa agama meramalkan akhir dari jasmani tetapi awal dari kehidupan baru dalam bentuk roh murni.

Bagi orang Mesir kuno, kehidupan sejati adalah apa yang terjadi setelah kematian; oleh karena itu, tubuh dibalsem untuk menjaganya dari kerusakan. Praktek ini menunjukkan bahwa mereka percaya pada kebangkitan dalam tubuh yang sama daripada reinkarnasi dalam tubuh yang berbeda. Memang, dalam mitologi Mesir Kuno, dewa Osiris yang dibunuh oleh saudaranya Seth dibangkitkan oleh istrinya Isis dan menjadi raja dunia bawah dan hakim orang mati.

Zoroastrianisme, yang merupakan agama paling tersebar luas di Asia Tengah antara abad ke-6 SM. dan abad ke-10 Masehi berdasarkan ajaran nabi Zarathustra, ia mengklaim bahwa kebangkitan tubuh orang mati terjadi mengingat Penghakiman terakhir Tuhan atas Baik dan Jahat. Setelah kematian, jiwa almarhum melewati jembatan sementara perbuatannya, baik dan buruk, ditimbang. Ketika perbuatan baik menang, jembatan tampak lebar, sebaliknya menjadi setipis pisau. Hasilnya menentukan tujuan jiwa di Garotman atau Surga, atau di tempat terburuk.

Mitologi Yunani menceritakan dalam beberapa kasus karakter yang bangkit dari kematian, terkadang memperoleh keabadian.

Tantalus mencabik-cabik Pelops, putranya yang masih kecil, berkeping-keping dan mengatur meja para Dewa untuk memverifikasi apakah mereka akan mengerti bahwa itu adalah daging manusia. Ketika Demeter telah memakan bahunya, Zeus menyadari penipuan tersebut, menyusun ulang anggota tubuh Pelops dan membangkitkannya, mengganti bahu yang hilang dengan gading.

Hippolytus, putra Theseus dan Hippolyta, meninggal saat mengendarai keretanya tetapi dokter Asclepius membangkitkannya dengan bantuan Artemis.

Setelah Zeus mengkhianati Hera dengan Semele, dan setelah kelahiran Dionysus, buah dari pengkhianatan tersebut, Hera membalas dendam dengan membunuh saingannya. Tapi Dionysus, begitu dia dewasa, berhasil menjadi abadi, pergi ke Hades dan membangkitkan ibunya.

Reso, seorang raja muda Thrace yang merupakan sekutu Priam dalam Perang Troya, dibunuh dalam tidurnya oleh Diomedes tetapi ibunya, Muse Euterpe, diperoleh dari Hades dan Persephone untuk membangkitkannya dan merasa puas.

Salah satu mitos Platonis bercerita tentang seorang prajurit dari Pamfilia yang gugur dalam pertempuran, bernama Er, yang dibangkitkan oleh kehendak ilahi saat tubuhnya akan dibakar di atas tumpukan kayu. Oleh karena itu, Er memasuki Hades meskipun belum dikubur, dan kemudian dihidupkan kembali dengan menyimpan setiap ingatan dari kehidupan sebelumnya.

Platonisme berpendapat bahwa jiwa sudah ada sebelumnya di dunia selestial, dan menjadi tawanan dalam tubuh manusia pada saat kelahirannya. Untuk membebaskan dirinya, jiwa harus menjalani proses pemurnian yang terdiri dari reinkarnasi berturut-turut. Pemikiran Platonis ini dipengaruhi oleh aliran filsafat yang lebih tua. Baru setelah abad III SM. kaum neo-Platonis mengadopsi pandangan reinkarnasi yang diilhami oleh Hindu.

Agama-agama misteri merayakan ritme siklus kehidupan, kematian, dan kelahiran kembali yang sebagian besar terkait dengan musim pertanian dan kekuatan Alam. Agama-agama ini tidak mengandaikan pembebasan dari kematian melainkan kelahiran kembali yang terus-menerus ke dalam kehidupan baru setelah setiap kematian.

Orang-orang Sinis, menurut tradisi yang berasal dari Diogenes dari Sinope dan mengacu pada Socrates dan dewa Heracles, mempraktikkan kultus misteri yang merayakan kematian dan kebangkitan.

Mani, seorang filsuf Persia yang hidup pada abad ke-3, mendirikan agama berdasarkan prinsip-prinsip yang diilhami oleh Kristen, Budha, Mazdaisme, dan Gnostisisme. Agama ini ingin menjelaskan asal-usul, komposisi, dan masa depan alam semesta. Mengenai kehidupan setelah kematian, Manichaeisme membayangkan tiga takdir berbeda untuk Yang Sempurna, Pendengar dan Pendosa. Jiwa Yang Sempurna, setelah kematian, akan diterima oleh Yesus, dan akan dimurnikan oleh Matahari, Bulan, dan Bintang. "Partikel cahaya" mereka, dilepaskan, akan diubah menjadi dewa untuk naik ke Manusia Pertama dan tinggal di sebelahnya.

Katarisme adalah gerakan keagamaan yang berkembang antara abad ke-12 dan ke-14 terutama di bagian selatan

Prancis. Teologi Cathar adalah dualistik: dunia materi dipandang sebagai "yang Jahat", sedangkan "Yang Baik" hanya dapat ditemukan di surga di sebelah Tuhan.

Oleh karena itu, kehidupan kaum Cathar ditujukan untuk membawa jiwa, yang dianggap sebagai percikan ilahi "Baik", menuju Surga.

Kaum Cathar menerima gagasan reinkarnasi, akibatnya mereka yang tidak mencapai pembebasan dalam satu kehidupan akan kembali dalam kehidupan baru untuk melanjutkan pertempuran menuju Kesempurnaan. Reinkarnasi tidak selalu diperlukan, tetapi umumnya ya, mengingat tidak semua orang dapat memutuskan hubungan dengan Kejahatan dalam satu masa hidup. Ini menjelaskan mengapa kaum Cathar, yang dianiaya oleh Perang Salib Albigensian, secara spontan menceburkan diri ke dalam tumpukan kayu dan membiarkan diri mereka dibakar sambil bernyanyi.

Saksi-Saksi Yehuwa percaya pada kebangkitan dan pahala di masa depan bagi orang benar, yang akan dibagi menjadi dua kategori:

- kategori pertama terdiri dari kawanan kecil, terdiri dari 144.000 orang terpilih yang akan memerintah di Surga bersama dengan Kristus tanpa tubuh jasmani, tetapi dengan tubuh rohani;
- kategori kedua mencakup semua hamba Tuhan lainnya yang akan hidup selamanya, dengan tubuh baru, di Bumi yang diubah menjadi Firdaus.

Orang yang tidak benar akan dibangkitkan di Firdaus ini, tetapi akan selalu tunduk pada kematian kedua.

Menurut keyakinan Islam, umat manusia akan mati dan "Hari Penghakiman". Pada hari ini Allah akan memerintahkan para Malaikat-Nya untuk membunyikan terompet yang, pada tiupan pertama, akan menyebabkan pemusnahan setiap makhluk. Pada tiupan sangkakala kedua semua manusia, tanpa kecuali, akan dibangkitkan dalam tubuh, jiwa dan roh, untuk diadili dan dibalas dengan surga atau dikutuk ke neraka. Hari Pengadilan disebut juga Yawm al-qiyāma (Hari Kebangkitan).

Reinkarnasi dalam Agama Timur.

Dalam beberapa agama Timur, kebangkitan sering mengambil bentuk reinkarnasi, karena dogma mereka menyatakan bahwa setiap makhluk hidup, dari semut hingga gajah, hanya untuk beberapa nama saja, adalah pembawa roh atau jiwa dari orang yang telah meninggal.
Bentuk klasik doktrin reinkarnasi berasal dari India yang dijabarkan dalam tulisan-tulisan Brahmanis pada abad ke-9 SM.
Konsep reinkarnasi diperluas dalam Upanishad setelah abad ke-7. Upanishad adalah teks agama dan filsafat India yang disusun dalam bahasa Sansekerta. Penggunaan bahasa ini memungkinkan teks-teks tersebut digunakan oleh agama-agama besar Timur lainnya seperti Buddhisme. Selanjutnya, reinkarnasi diperkenalkan oleh Taoisme Tiongkok, menjelang abad ke-3.

Kebangkitan dalam Perjanjian Baru

Iman akan kebangkitan dinyatakan dalam Injil dan ditegaskan kembali dalam kitab-kitab Alkitab lainnya, khususnya dalam Kisah Para Rasul dan dalam Surat-surat

Santo Paulus, di mana disebutkan bahwa kematian adalah "upah dosa".

Bagi kekristenan, kematian Yesus bukan sekadar pengorbanan orang yang tidak bersalah, tetapi peristiwa keselamatan yang unik dan mendasar. Menurut iman Kristen, Yesus akan segera kembali dan dalam kebangkitannya semua orang percaya akan dibangkitkan.

Gambar 22 - Tao dalam bahasa Cina berarti "jalan". Dalam filosofi Timur simbol tao, juga dikenal sebagai "yin dan yang", melambangkan jalan, menjadi segala sesuatu, yang dicapai dengan gerakan yang berosilasi antara dua ekstrem.

Gambar 23 - Kebangkitan Lazarus dalam ikon Yunani kuno.

Dualisme. Entropi dan sinkronisitas.

Jika seseorang melihat dengan mata dingin bencana sejarah umat manusia, sulit untuk menghindari kesimpulan bahwa manusia menderita kelainan mental bawaan yang mendorongnya menuju kehancuran diri. Pembunuhan anggota spesies yang sama, dalam skala individu atau kolektif, merupakan fenomena yang tidak diketahui di seluruh kerajaan hewan, selain manusia dan beberapa spesies semut dan tikus.
(Arthur Koestler, dalam majalah The Observer)

Contoh-contoh sinkronisitas yang dibahas sebelumnya berisi pesan yang dapat diuraikan dalam istilah "bantu teman". Filippo menyadari bahwa pernikahannya perlu direvisi, sementara Matteo tanpa sadar menyelamatkan nyawa Fulvio. Dapat dikatakan bahwa dua sinkronisitas campur tangan sebagai penyeimbang positif dari situasi negatif, atau lebih tepatnya mereka bertindak sebagai "penengah" dalam situasi yang membayangkan dua kemungkinan yang dapat diidentifikasi sebagai "baik" dan "jahat" menurut kriteria manusia yang tersebar luas.

Padahal, pemikiran umum manusia, dari sudut pandang teoretis, selalu mendukung solusi yang dapat menghindari kesedihan dan penderitaan orang lain. Ini terutama benar ketika "berikutnya" tidak diketahui. Sebaliknya, terkadang kita tidak segan-segan mengharapkan semua kemungkinan bahaya bagi banyak dari mereka yang dekat dengan kita. Oleh karena itu, kebaikan dan kejahatan dapat hadir secara bersamaan dalam penilaian orang yang sama, seringkali dalam penilaian yang sama.

Dari sudut pandang umum, istilah "Baik" menunjukkan segala sesuatu yang tampaknya diinginkan oleh individu dan sedemikian rupa sehingga dapat dianggap sebagai tujuan akhir yang ingin dicapai dalam keberadaan seseorang. Konsep "Kejahatan" biasanya berlawanan, tetapi tidak terpisah, memang hidup berdampingan.

Oleh karena itu, kebaikan dan kejahatan adalah dua sisi dari mata uang yang sama, sama sekali tidak dapat dipisahkan; mereka tidak hanya dalam penilaian manusia, tetapi dalam semua visi kosmologis dan hampir dalam semua filsafat dan agama, dengan aksentuasi kecil atau besar. Baik dan Jahat mewakili dualitas.

Dualisme.

Istilah dualisme mendefinisikan doktrin agama, filosofis atau bahkan metodologis dan ilmiah apa pun, yang menyediakan keberadaan dua prinsip yang berlawanan atau tidak dapat didamaikan.

Dalam buku ini saya telah merujuk pada banyak prinsip dualistik, seperti tipikal filosofi Francis Herbert Bradley, yang berkaitan dengan penampilan dan kenyataan. Bradley adalah seorang filsuf Inggris yang hidup dari tahun 1846 hingga 1924. Menurut pemikirannya, kebenaran terletak pada kesatuan segala sesuatu: tidak ada pemisahan atau keragaman hal. Seluruh dunia pengalaman manusia adalah penampilan; hanya kesadaran absolut yang nyata. Jenis dualitas lain yang dibahas secara luas dalam buku ini adalah yang berkaitan dengan agama dan sains, sebuah tema yang dieksplorasi oleh William James, seorang psikolog dan filsuf Amerika asal Irlandia yang hidup dari tahun 1842 hingga 1910.

Istilah "dualisme" harus dikaitkan dengan Thomas Hide, seorang orientalis Inggris yang lahir di Billingsley pada tahun 1636 dan hidup sampai tahun 1703.

Dalam karyanya "Historia religionis veterum persarum" (Sejarah agama Persia kuno), mengacu pada Zoroastrianisme dan Manichaeisme, Hide mendefinisikan dualisme sebagai konsep perjuangan terus-menerus antara Terang dan Kegelapan, yaitu Baik dan Jahat.

Ini adalah dua kondisi yang hadir pada saat yang sama dan independen dan bertentangan. Setiap aspek keberadaan manusia bergantung pada penggunaan Kebaikan dari Kejahatan.

Pada tahun 1710 filsuf Gottfried Wilhelm Leibniz menerbitkan karyanya "Theodicy" di Amsterdam tentang kebaikan Tuhan, kebebasan manusia dan asal mula Kejahatan. Dalam karyanya, Leibniz menganalisis dualisme Baik-Jahat dalam terang buku alkitabiah Ayub, menelusuri asal usul alam semesta yang sama kembali ke prinsip Baik dan Jahat. Di Leibniz, setiap peristiwa negatif, seperti bencana alam atau keberadaan kejahatan yang tidak termotivasi yang memengaruhi orang yang tidak bersalah, dijelaskan dalam hukum harmoni yang unggul yang mengawasi ciptaan ilahi dan yang membenarkan setiap peristiwa dalam terang rancangan unggul yang tidak diketahui manusia. .

Bahkan Pierre Bayle (1647-1706) dalam "Critical Historical Dictionary" menunjukkan keberadaan Baik dan Jahat sebagai materi asal alam semesta, meskipun dari sudut pandang rasionalis.

Belakangan ini, Marxisme mengingat kembali dualisme suprastruktur-struktur, dan di bidang psikologi Jung mengusulkan dualisme sadar-tidak sadar. Salah satu dualisme yang paling banyak diteliti saat ini adalah dualisme pikiran-otak, yang telah saya sebutkan dalam buku ini.

Suatu bentuk dualisme non-filosofis tetapi murni fisik, yang mengambil aspek yang sangat relevan untuk tujuan buku ini, adalah yang lahir dari eksperimen fisika kuantum yang dilakukan dalam beberapa tahun terakhir. Ini adalah dualitas gelombang-partikel, yang mendasari realitas keterikatan kuantum yang luar biasa.

Namun, ada bentuk dualisme lain, yang diisyaratkan oleh banyak ilmuwan aktif dalam fisika kuantum atau filsafat atau dengan malu-malu dibiarkan terjadi dalam karya mereka, dan itu adalah dualitas antara entropi manusia, yaitu kecenderungan manusia untuk menghancurkan diri sendiri, dan sinkronisitas yang, meskipun demikian, memandu umat manusia menuju tahap evolusioner yang semakin tinggi..

Manusia Entropik.

Entropi atau hukum kedua termodinamika, salah satu hukum dasar fisika, menyatakan bahwa dalam kondisi normal sistem yang dibiarkan sendiri cenderung menjadi tidak teratur dan rusak dalam hubungan langsung dengan berlalunya waktu. Segala sesuatu yang hidup dan mati menjadi usang, membusuk dan hancur dengan sendirinya. Ini adalah akhir tertentu yang, secara fisik, harus dihadapi semua makhluk; itu adalah proses yang tak terhindarkan yang tidak dapat kembali.

Dengan ketepatan waktu yang kurang ilmiah, kita dapat membayangkan bahwa, selain entropi fisik yang menyangkut semua materi, ada entropi psikis yang menyangkut umat manusia. Faktanya, setiap orang memiliki kecenderungan bawaan untuk menghancurkan diri sendiri, dan kecenderungan individu yang menyebar ke seluruh masyarakat pasti dapat menjadi kecenderungan seluruh komunitas dan bangsa.

Manusia cenderung menghancurkan diri sendiri jauh lebih besar daripada makhluk hidup lainnya. Penghancuran ekosistem dan perang nuklir dan bakteriologi merupakan bahaya yang sangat besar saat ini. Ini bukanlah hal baru: untuk masa lalu kita mengingat perang agama dan penaklukan, perbudakan dan teknik pembunuhan dan penindasan lainnya. Kita dapat mengatakan bahwa semuanya dimulai ketika Kain mungkin menggunakan batu untuk membunuh saudaranya Habel.

Kekejaman serampangan yang didukung oleh perlombaan senjata selalu mendominasi perilaku manusia, tanpa kita sadari bagaimana penghancuran tetangga kita adalah penghancuran diri kita sendiri: berkali-kali kita telah mengambil risiko kepunahan, dan kita masih mempertaruhkannya dengan kepastian yang lebih besar karena kekuatan senjata saat ini .

Banyak undang-undang dan perintah agama yang membatasi dimaksudkan untuk mengekang tindakan merugikan diri sendiri dari spesies manusia: jangan membunuh, jangan mencuri, jangan lakukan kepada orang lain apa yang tidak ingin Anda lakukan terhadap Anda. Meskipun demikian, manusia membawa benih penghancuran diri di dalam dirinya, dia tampaknya mencari kematiannya sendiri dan orang lain. Meskipun menyadari risiko ini, manusia tidak dapat mengubah dirinya sendiri dari entropi psikisnya

Entropi tidak seperti yang terlihat.

Pada kenyataannya, bahkan entropi memiliki aspek yang menurutnya tidak persis seperti yang terlihat pada pandangan pertama, yaitu, "masalah yang tidak dapat diperbaiki" yang dijelaskan oleh Boris Yellnikoff dalam film "Whatever Works". Kuncinya terletak pada frasa: “Ini disebut entropi; Ini seperti ketika pasta gigi keluar dari tabung dan tidak bisa masuk kembali."

Kami menerima begitu saja bahwa, pada tingkat pengalaman indrawi kami, entropi berfungsi tepat sebagai aktivitas yang menghancurkan yang bertindak dalam arah waktu. Namun, jika kita meninggalkan level kita untuk memasuki level ruang dan waktu yang melampaui pengalaman langsung kita, kita dapat memberikan wajah dan makna yang berbeda pada entropi.

Mari kita ambil contoh dengan planet kita, Bumi, membandingkan apa yang dulu dan sekarang.

Penampakan Bumi purba, sekitar 4,5 miliar tahun yang lalu, sama sekali berbeda dengan yang sekarang; permukaannya terus-menerus tercabik-cabik oleh letusan gunung berapi yang dahsyat dan didera oleh hujan terus-menerus yang akan berlangsung selama jutaan tahun, sampai terciptalah lautan. Oleh karena itu, panorama batuan vulkanik gundul yang hampir seperti neraka diterangi oleh lava pijar dari letusan baru. Tentunya, tempat yang mustahil untuk ditinggali.

Atmosfer pertama bumi, yang sebagian besar terdiri dari hidrogen, tertiup angin matahari. Namun, terjadi letusan yang melimpah dan terus-menerus yang membentuk atmosfer kedua yang terdiri dari karbon dioksida, karbon monoksida, amonia, uap air, dan metana. Lingkungan ini, dengan bantuan petir dan radiasi ultraviolet dari Matahari, merupakan tempat lahir yang ideal untuk pembentukan molekul organik yang siap berevolusi menjadi organisme yang semakin kompleks. Jadi, kehidupan segera muncul; jejak tertua yang diketahui berasal dari 3,8 - 4 miliar tahun yang lalu dan merupakan nenek moyang bakteri saat ini, organisme uniseluler yang sangat sederhana dan primitif, namun mampu melakukan aktivitas mendasar yang khas dari makhluk hidup, seperti makan dan bereproduksi.

Tapi bagaimana perkembangan makhluk purba ini mungkin dimulai dari molekul organik sederhana yang ada di atmosfer empat miliar tahun yang lalu? Apa yang dilakukan entropi saat ini terjadi? Karena, kalau mau jujur, kita harus mengakui bahwa itu adalah proses membangun, bukan menghancurkan.

Benar, batuan vulkanik keabu-abuan yang jorok dan tandus yang tunduk pada hukum entropi runtuh selama ribuan tahun, dan seluruh pegunungan menghilang saat mendatar. Pengamat manusia mana pun dapat menyatakan, dalam pengalamannya, kekuatan destruktif entropi. Tetapi jika pengamat itu dapat membebaskan dirinya dari batasan waktu pengamatannya yang terbatas, memperpanjangnya lebih lama selama ribuan tahun, dia akan melihat batu itu berubah menjadi bagian-bagian yang semakin kecil hingga menjadi bumi.

Kemudian dia akan melihat bahwa tanah itu meliputi dataran yang luas dan menawarkan lingkungan yang kondusif untuk kehidupan. Pengamat yang sama pasti telah melihat air mengikis dan melubangi bebatuan, menciptakan jalurnya dan menghancurkan lingkungan yang dilaluinya. Tapi kemudian dia akan melihat lahirnya sungai-sungai, yang mampu membawa unsur-unsur pemupukan di tanah yang lahir dari kehancuran bebatuan. Pengamat akan menyaksikan kelahiran tumbuh-tumbuhan, tumbuhan, bunga, serangga, dan makhluk hidup lain dari segala jenis, yaitu, dari alam yang kita definisikan sebagai indah hari ini dan yang merupakan dasar dari siklus makanan kita dan kelangsungan hidup kita.

Hadapi saja: tanpa entropi kita tidak akan berada di sini hari ini. Oleh karena itu, di luar apa yang tampak pada pengamatan sesekali yang dibatasi waktu, tindakan akhir entropi bukanlah destruktif tetapi kreatif.

Sejarah evolusi secara radikal bertentangan dengan prinsip entropi. Evolusionis berargumen bahwa kombinasi spontan dari atom anorganik akan terjadi dalam waktu yang terbatas dan dalam urutan yang tepat untuk membentuk molekul yang sangat kompleks seperti protein dan kemudian DNA. Dari agregasi biasa ini, jutaan spesies hidup dengan struktur biologis kompleks akan muncul secara spontan.

Penafsiran klasik hukum entropi menyangkal bahwa proses ini dapat terjadi; tetapi, pada kenyataannya, itu terjadi. Ilmuwan evolusi bertanya-tanya tentang masalah ini tanpa bisa mengusulkan solusi. Sarjana evolusi Roger Lewin menyatakan, dalam sebuah artikel yang muncul di jurnal Science:

> "Menurut hukum kedua termodinamika, sistem harus meluruh dari waktu ke waktu, menunjukkan keteraturan yang lebih kecil, bukan lebih besar."

Jesse Hackley Rush, dokter dan ilmuwan evolusi, menulis ini:

> "Dalam proses evolusinya yang kompleks, kehidupan menunjukkan kontras yang mencolok sehubungan dengan kecenderungan yang dinyatakan dalam hukum kedua termodinamika. Sementara hukum ini berbicara tentang kemajuan yang tidak dapat diubah menuju peningkatan entropi dan ketidakteraturan, kehidupan terus berkembang menuju tingkat keteraturan yang lebih tinggi."

Volume "The Evolution Deception" (Harun Yahya) melaporkan pendapat ilmuwan evolusi lainnya, George Stravropoulos, yang diterbitkan dalam jurnal ilmiah terkenal American Scientist:

> "Dalam kondisi biasa, tidak ada molekul organik kompleks yang dapat terbentuk secara spontan, melainkan harus hancur, menurut hukum kedua termodinamika.
> Pada kenyataannya, semakin besar kompleksitasnya, semakin besar pula ketidakstabilan dan keamanan akibat disintegrasi."

Solusi "ab absurdum" diajukan oleh evolusionis terkenal Jeremy Rifkin dalam esainya "Entropy", yang diterbitkan pada tahun 1980, di mana ia berbicara tentang "kekuatan ajaib" yang memungkinkan evolusi tidak diliputi oleh entropi.

Nyatanya, ada "kekuatan magis" yang mampu menjinakkan entropi, dan itu adalah sinkronisitas. Dalam dualisme Jahat-Baik, dua kekuatan hidup berdampingan dan menciptakan realitas kosmis yang ditakdirkan untuk melihat kemenangan Kebaikan. Demikian pula, dualisme Entropi-Sinkronisitas beroperasi di kosmos dalam tantangan yang akan melihat kemenangan "Entitas" yang menghasilkan sinkronisitas.

Sinkronisitas sebagai proyek evolusi yang cerdas.

Sinkronisitas adalah proyek evolusi yang dipandu oleh kecerdasan, yang dapat kita definisikan sebagai "Pikiran Universal", yang mampu menginterversi tidak hanya dalam kehidupan orang lajang, seperti dalam kasus Philip dan Matthew, tetapi juga dalam kehidupan kelompok, bangsa dan bangsa, dan dalam perjalanan seluruh umat manusia. Ini membenarkan fakta bahwa baik entropi maupun keegoisan manusia tidak mencegah alam semesta fisik berkembang menuju kesempurnaan yang lebih besar daripada menuju pembusukan. Sejarah umat manusia belum menemukan ujungnya dalam penghancuran diri secara kolektif tetapi telah berkembang menuju kemenangan seni, budaya dan, pada akhirnya, kesadaran akan takdir yang melampaui kematian fisik.

Dalam buku saya sebelumnya "Keterikatan dan sinkronisitas", saya memusatkan perhatian pada keadaan yang benar-benar membingungkan di mana spesies manusia, yang dimulai jutaan tahun yang lalu dengan hominid pertama, tetap berada dalam keadaan peradaban batu untuk waktu yang sangat lama. Hanya dua belas ribu tahun yang lalu spesies manusia memulai lompatan budaya yang sangat cepat yang membawa kita hari ini, melakukan perjalanan di tata surya.

Semua ini tidak mungkin terjadi dalam proses evolusi bertahap. Sesuatu terjadi dua belas ribu tahun yang lalu, sesuatu yang, setelah jutaan tahun tidur budaya, membuka kunci kesadaran manusia dan memungkinkannya mencapai ketinggiannya saat ini.

Sering terjadi bahwa beberapa penemuan dilakukan secara bersamaan, di tempat yang berbeda di dunia, oleh dua ilmuwan yang tidak mengetahui pekerjaan satu sama lain. Dalam kasus ini kita harus membayangkan bahwa masukan telah diberikan oleh jiwa kolektif, yang sama untuk keduanya. Misalnya, hal ini terjadi pada penemuan telepon oleh Antonio Meucci di New York dan Alexander Bell di Boston.

Pada tanggal 22 April 1984, "Pusat Pengendalian dan Pencegahan Penyakit" secara terbuka menyatakan bahwa virus Lav Prancis telah diidentifikasi secara definitif sebagai penyebab AIDS oleh para peneliti di Institut Pasteur.

Keesokan harinya Margaret Heckler, sekretaris Kesehatan dan Layanan Kemanusiaan, mengumumkan bahwa Robert Gallo, direktur laboratorium biologi sel tumor Institut Kanker Nasional, telah mengisolasi virus penyebab AIDS dan menamainya HTLV-III. Maka dimulailah pertarungan hukum yang nyata antara dua lembaga penelitian bergengsi, yang keduanya mengklaim sebagai ayah dari penemuan tersebut.

Tidak dapat disangkal bahwa banyak penemuan atau teknologi seperti busur yang cocok untuk menembakkan anak panah, pertanian, pembiakan hewan, atau konstruksi berbentuk piramida telah dibuat oleh orang yang berbeda dan sangat jauh, praktis dengan cara kontemporer. Faktanya, itu adalah peristiwa teknologi yang telah terjadi di setiap tempat dalam dua belas ribu tahun terakhir, sehubungan dengan sejarah jutaan tahun.

Saat ini perhatian utama para ilmuwan individu dan laboratorium penelitian adalah untuk mempublikasikan hasilnya sebelum orang lain melakukannya; pada kenyataannya, semua orang tahu, bahkan jika mereka tidak memiliki pengetahuan yang tepat tentang itu, pasti ada orang lain, di suatu tempat di dunia, yang melakukan penelitian yang sama seperti mereka. Kebetulan, ini menghasilkan drama nyata dalam hati nurani para peneliti, terbelah antara urgensi publikasi dan ketakutan karena tidak mempertimbangkan beberapa aspek yang dapat membatalkan hasil.

Selain itu, kita tidak bisa tidak memperhatikan banyak sekali penemuan yang terjadi "secara kebetulan", seolah-olah seorang pembisik misterius ingin menunjukkannya dari waktu ke waktu. Kita berbicara tentang sinar-X, lem super, anestesi, penisilin, oven microwave, sakarin, transistor, Velcro, Teflon, verdigris, dan banyak lainnya. Coca-Cola "diciptakan" pada 8 Mei 1886 di Atlanta, (Georgia, AS) oleh apoteker John Stith Pemberton yang sama sekali tidak ingin menciptakan minuman, tetapi obat sakit kepala, oleh karena itu obat. Nama pertama yang diberikan untuk minuman tersebut adalah "Pemberton's French Wine Coca".

Sinkronisitas budaya.

Joseph Cambray dalam bukunya "Synchronicity. Nature and psyche in an interconnected universe" berbicara tentang sinkronisitas budaya mengutip peristiwa yang merangkul seluruh peradaban dan jutaan orang, seperti munculnya demokrasi di Yunani klasik, sebuah peristiwa yang berkembang dalam waktu yang sangat singkat. dan di bagian yang sangat kecil dari planet ini.

Saya percaya bahwa kita saat ini sedang mengalami sinkronisitas budaya besar lainnya yang didorong oleh perkembangan fisika kuantum, cabang sains yang lahir beberapa dekade lalu. Fisika kuantum mengungkap kemungkinan yang luar biasa, seperti keberadaan tingkat non-fisik yang menghubungkan semua materi di alam semesta ke dalam satu jaringan.

Ini adalah tingkat di mana partikel, tak bermassa dan dalam bentuk energi getar dan informasi murni, dapat membebaskan diri dari batasan ruang dan waktu yang harus tunduk pada materi dalam tingkat pemahaman kita.

"Sinkronisitas kuantum" yang kita alami harus mengarah pada lompatan budaya yang tak terpikirkan: mengatasi materialisme dan lahirnya ilmu pemersatu alam dan jiwa, roh dan materi. Hanya melalui tingkat psikis yang memungkinkan untuk mengatasi penghalang fisik dan memasuki Kesadaran alam semesta, untuk mendapatkan keuntungan dari semua energi dan semua kecerdasan yang terkandung di dalamnya. Ini akan menjadi lompatan yang potensinya bahkan tidak dapat kita bayangkan dan yang akan membuka pintu "surga" bagi umat manusia dengan segala isinya.

Prinsip antropik.

"Kami adalah perwujudan lokal dari Kosmos yang tumbuh menjadi kesadaran diri. Kami mulai memahami asal usul kami: kami adalah materi bintang yang bermeditasi pada bintang."
(Carl Sagan)

"Wahai Matahari yang gemilang, akan jadi apa Anda jika saya tidak ada di sini untuk membiarkan Anda menyinari saya?"
(Friedrich Nietzsche, Jadi Berbicara Zarathustra)

Gambar 24 - Prangko peringatan yang dikeluarkan oleh Kantor Pos Polandia pada kesempatan perayaan 500 tahun kelahiran Nicolaus Copernicus. Pada kesempatan ini Brandon Carter mencetuskan istilah "Prinsip Antropik".

Peran manusia di alam semesta.

Gagasan yang muncul dari membaca bab sebelumnya, yang menurutnya "Pikiran Semesta" akan beroperasi melalui episode sinkronisitas individu atau kolektif untuk perkembangan budaya umat manusia, mengandaikan bahwa manusia yang hidup di planet Bumi diberi peran sentral. Untuk memenuhi peran ini, manusia menjadi objek perhatian, perlindungan, dan bimbingan dari "Pikiran" ini.

Sebaliknya, dalam kosmologi ilmiah, manusia tidak lebih dari produk evolusi materi, yang sama sekali tidak relevan bagi perkembangan planet Bumi, apalagi perkembangan Alam Semesta. Sebenarnya, hingga abad ke-16 visi budaya menempatkan manusia sebagai pusat alam semesta. Teori yang kemudian dikembangkan oleh Copernicus, yang menyatakan bahwa planet-planet berputar mengelilingi Matahari, menyebabkan Bumi berubah dari pusat alam semesta menjadi planet kecil belaka. Akibatnya, manusia pun menjadi salah satu dari banyak makhluk yang tidak relevan yang ditempatkan di bagian kecil alam semesta.

Prinsip antropik.

Pada tahun 1973 seorang ilmuwan, Brandon Carter, menguraikan rumusan baru tentang hubungan yang menyatukan manusia dengan alam semesta. Dia menyebutnya "Prinsip Antropik" dan mempresentasikannya kepada komunitas ilmiah selama Simposium tentang "Perbandingan Teori Kosmologi dengan Data Pengamatan" yang diadakan di Krakow sebagai bagian dari perayaan 500 tahun kelahiran Nicolaus Copernicus.

Gambar 25 - Ungkapan peringatan Stephen Hawking, yang baru saja meninggal, dan bukunya "Semesta singkatnya". Dalam buku tersebut, dia membahas topik yang berkaitan dengan teori-M alam semesta multidimensi dan sering merujuk pada "Prinsip Antropik" Brandon Carter.

Prinsip ini, yang banyak diperdebatkan dalam apa yang disebut formulasi "kuat", menjungkirbalikkan visi Copernicus tentang hubungan antara manusia dan kosmos dan mengembalikan sentralitas manusia.

Bahkan sebelum Carter mempublikasikannya, teori ini sudah dibagikan dengan ilmuwan lain seperti Martin Rees, Freeman Dyson, John Wheeler dan lain-lain.

Ilmuwan sekaliber Stephen Hawking ini awalnya ragu, namun setelah dirumuskannya Teori M (teori yang menyatukan segala sesuatu dalam alam semesta multi dimensi) ia berubah pikiran. Hawking menjadi pendukung Prinsip Antropik, dan dia memperhitungkannya dalam semua studinya dan publikasi berikutnya, seperti buku "The Universe in a Nutshell".

Brandon Carter

Brandon Carter (gbr. 26) adalah seorang fisikawan Australia, yang dikenal karena studinya tentang sifat-sifat lubang hitam dan penemuan konstanta gerak keempat, dibaptis, dengan mengacu pada namanya, "konstanta Carter". Oleh karena itu, dia adalah seorang ilmuwan berkaliber, dan ini membuatnya sangat andal ketika dia merumuskan teori yang dia definisikan sebagai !Prinsip antropik".

Dalam garis besarnya, prinsip ini menyatakan bahwa kesadaran manusia bukanlah hasil kebetulan dari evolusi materi, melainkan titik datang dari evolusi alam semesta yang justru mengarah pada lahirnya kesadaran. Prinsip yang diungkapkan oleh Carter di Krakow memiliki dua rumusan, yaitu "lemah" dan "kuat".

à

Gambar 26 - Di atas John David Barrow dan Frank Tipler, penulis buku "Prinsip antropik". Kiri bawah Brandon Carter, yang merumuskan teorinya.

Prinsip antropik "lemah".

Apa yang disebut prinsip antropik lemah mengklaim bahwa posisi kita dalam ruang dan waktu alam semesta tentu diistimewakan karena semua konstanta yang mendasari fungsi alam semesta dikalibrasi ke nilai yang paling sesuai untuk perkembangan jenis kehidupan kita.

Melalui serangkaian kebetulan yang luar biasa, hukum yang mengatur alam semesta konsisten dengan kemungkinan adanya kehidupan berakal. Misalnya, jika Matahari berukuran sedikit berbeda, atau jika Bumi berputar mengelilingi Matahari pada jarak yang sedikit berbeda, laut akan menjadi panci mendidih atau pegunungan es. Bumi berputar dengan eksentrisitas yang sangat kecil, sama dengan 2%, dan kemiringan sumbu rotasi sedemikian rupa sehingga memungkinkan pergantian musim secara tepat.

Kehidupan di Bumi didasarkan pada karbon, yang dibuang di planet kita setelah ledakan bintang tempat ia terbentuk. Empat gaya fundamental yang mengatur kosmos bergantung pada beberapa konstanta fisik seperti, misalnya, konstanta Hubble, konstanta Planck, konstanta gravitasi universal, muatan listrik, dan massa elektron.

Fakta bahwa semua konstanta ini dikalibrasi secara tepat pada nilai-nilai yang mampu memungkinkan perkembangan kehidupan sangatlah mengejutkan: hanya satu saja yang memiliki nilai perbedaan minimal akan cukup untuk membuat kehidupan menjadi tidak mungkin.

Nilai yang mungkin dari empat interaksi fundamental (gravitasi, elektromagnetik, nuklir lemah, dan nuklir kuat) dan partikel subatomik (proton, neutron, elektron) berpotensi tidak terbatas. Namun, nilai yang sebenarnya kami ukur memungkinkan kami membuat jaringan interaktif yang memunculkan alam semesta yang berisi kehidupan. Di antara konfigurasi tak terbatas hanya ada satu konfigurasi, yang sangat tepat. Stephen Hawking menulis dalam bukunya "From Black Holes to the Universe":

> “Jika kepadatan alam semesta satu detik setelah Big Bang lebih besar dari kepadatan kritis sebesar satu per seratus miliar, alam semesta akan runtuh setelah 10 tahun. Sebaliknya, jika nilainya kurang dari yang sama, Alam Semesta akan kosong setelah 10 tahun keberadaannya"

Prinsip antropik "kuat".

Prinsip yang kuat menyatakan bahwa alam semesta harus persis seperti apa adanya untuk memungkinkan berkembangnya kehidupan, pada saat tertentu dalam sejarahnya, yang bertepatan dengan era kita hidup, yaitu sekitar 14 miliar tahun setelah pembentukannya. Di antara banyak alam semesta yang mungkin lahir dari Big Bang, salah satu yang memungkinkan kita berada di sini lahir. Probabilitas kejadian ini adalah satu banding beberapa miliar. Jika ini terjadi secara kebetulan, maka kebetulan akan memenangkan lotre yang mustahil.

Ini berarti alam semesta dirancang untuk memungkinkan kita ada di sini hari ini. Alam semesta memiliki tujuan tertentu: ia harus menampung manusia.

Oleh karena itu, manusia bukanlah tamu yang kebetulan, secara kebetulan aneh, ke alam semesta yang mengabaikannya. Manusia adalah alasan mengapa alam semesta ada. Teori ini menyiratkan bahwa alam semesta dibentuk dengan tujuan mempromosikan kehidupan dan perkembangan kesadaran; yaitu, bahwa alam semesta dirancang sebagai kepompong, sebuah plasenta tempat kehidupan pada umumnya dan kesadaran manusia pada khususnya dapat bermula.

Asumsi bahwa alam semesta diciptakan untuk kita tentu memberinya tujuan. Kosmos bukanlah kumpulan materi mentah yang kacau, tetapi menanggapi proyek realisasi manusia. Perubahan kosmos tidak lagi dikelola secara kebetulan, tetapi membutuhkan kehadiran "perancangan cerdas", dan karena itu keberadaan "perancang" atau "pikiran universal".

Ini juga bisa memiliki implikasi religius yang, bagaimanapun, tidak ada pernyataan, setidaknya di pihak Katolik. Pastor Gabriel Funes, seorang Jesuit, mantan direktur "Observatorium Vatikan", yaitu observatorium astronomi Gereja Katolik, menyatakan dalam hal ini bahwa "Gereja tidak memiliki teori dan tidak memiliki posisi pada prinsip antropik. Oleh karena itu, penilaiannya tetap terbuka tentang apa yang dapat ditemukan oleh sains".

John David Barrow dan Frank Tipler.

Fisikawan J. Barrow dan F. Triple menerbitkan pada tahun 1986, di Amerika Serikat, volume "Prinsip Kosmologis Antropik" di mana mereka tidak hanya membahas teori antropik secara ekstensif, tetapi juga mengusulkan studi yang signifikan tentangnya.

Kedua penulis secara ekstensif menjelaskan dasar konseptual dari Prinsip Antropik: jika sejumlah kebetulan luar biasa yang mengkhawatirkan tidak terjadi dalam bentuk hukum fisika dan dalam nilai konstanta alam, biokimia, kehidupan, dan kehidupan berakal tidak akan terjadi. mungkin. Alam semesta yang diciptakan secara kebetulan tidak akan memungkinkan adanya kehidupan, dan objek astronomi biasa serta materi biasa juga tidak mungkin.

Berawal dari pengamatan ini, mereka sampai pada kesimpulan bahwa sebuah proyek pasti ada. Dalam kajian kedua ilmuwan tersebut, "prinsip antropik lemah" berkembang menjadi "prinsip kuat". Barrow menulis demikian dalam bukunya:

> "Jika kita mencoba membayangkan seluruh kumpulan hipotetis 'alam semesta lain' di mana semua kuantitas yang menentukan struktur alam semesta kita memiliki semua permutasi nilai yang mungkin, kita akan menemukan bahwa hampir semua kemungkinan alam semesta ini lahir mati. Tak seorang pun akan mampu menghasilkan kompleksitas kimiawi yang kita sebut "kehidupan".

Penemuan ini telah menyebabkan Brandon Carter menyarankan bahwa beberapa aspek metafisik yang lebih spekulatif mungkin ada di alam semesta, yang disebutnya "Prinsip Antropik Kuat", untuk membedakannya dari Prinsip Antropik lemah yang lebih kontroversial. Prinsip yang kuat menyatakan bahwa, karena tampaknya ada begitu banyak "kebetulan" luar biasa yang cenderung memungkinkan adanya kehidupan di alam semesta, pada suatu momen evolusi, prinsip ini HARUS menimbulkan keberadaan "pengamat".

"Prinsip Antropik Definitif".

Barrow dan Tipler mengandaikan bentuk ketiga dari Prinsip Antropik, "Prinsip Antropik Tertinggi", yang menurutnya "Pemrosesan informasi cerdas harus berkembang di alam semesta dan begitu muncul, ia tidak akan pernah punah".

Menurut kedua cendekiawan tersebut, alam semesta dengan kemampuan menghasilkan kehidupan berakal tidak akan masuk akal jika alam semesta ini tidak bertahan cukup lama untuk dapat mengembangkan spesies berakal.

"Prinsip Antropik Partisipatif"

Bentuk Prinsip Antropik ini dikemukakan oleh John Archibald Wheeler sebagai alternatif dari prinsip kuat. Menurut Wheeler, pengamat diperlukan untuk kehidupan alam semesta, sebagaimana diperlukan untuk pengetahuannya; karena itu manusia, sebagai pengamat alam semesta, secara aktif ikut serta dalam keberadaannya sendiri.

"Misionaris Hati Nurani"

Pada tahun 2005 sebuah artikel muncul di situs web SETI (Search for Extra-Terrestrial Intelligence, sebuah program yang didedikasikan untuk mencari kehidupan cerdas di luar bumi) berjudul "The Drake Equation" di mana prinsip partisipatif diperluas lebih lanjut. Mengacu pada pesan apa pun di antara penghuni kosmos, artikel tersebut menyatakan bahwa "Misi pengirim terdiri dari menyebarkan Kesadaran di Semesta". Sederhananya, siapa pun yang mengirim pesan ke alam semesta menjadi "misionaris Kesadaran". Dia menyebarkan "Kesadaran", dalam bentuk yang dia tahu, kepada entitas yang mampu mengambil manfaat darinya.

Prinsip antropik dan waktu.

Ilmu pengetahuan yang lebih objektif tidak menolak kewajaran teori antropik, karena akan sangat tidak masuk akal jika konstruksi kosmik yang sempurna seperti itu berasal dari keacakan dan tidak memiliki tujuan. Karena itu, keberatan yang sering juga menemukan jawaban: "Jika akhirnya adalah manusia, yang hanya hidup di planet Bumi, mengapa alam semesta membutuhkan begitu banyak ruang dan begitu banyak materi?".

Jawabannya adalah konstanta yang memungkinkan kehidupan membutuhkan waktu dan ruang untuk terwujud. Alam semesta perlu menua dan mengembang untuk memungkinkan bintang memproduksi unsur kimia yang menjadi dasar kehidupan di Bumi, seperti karbon. Selain itu, keberadaan planet lain tempat kehidupan yang sama berkembang tidak dikecualikan, sama seperti manusia dapat mengekspor peradabannya ke planet dan galaksi lain.

Unsur pertama yang muncul di alam semesta adalah hidrogen, yang atomnya hanya mengandung satu proton. Sekitar tiga menit setelah Big Bang, fusi dua atau tiga atom hidrogen memungkinkan pembentukan helium dan litium, yang masing-masing memiliki dua dan tiga proton.

Di bagian dalam bintang, fusi dua atom helium menghasilkan berilium. Dari peleburan satu atom berilium dan satu atom helium, lahirlah atom karbon yang tidak stabil, yang hanya menjadi stabil ketika suhu di bintang naik hingga 100 juta derajat Kelvin. Akhirnya, ketika bintang, di akhir hidupnya, meledak menghasilkan supernova, karbon dan logam lainnya terlempar ke luar angkasa dan membentuk benda langit lainnya, termasuk planet.

Pada titik ini kami telah menetapkan bahwa kehidupan sangat penting bagi keberadaan alam semesta. Jika alam semesta tidak terbatas dalam ruang dan waktu, kita mungkin bertanya apakah kehidupan itu sendiri tidak terbatas dalam ruang dan waktu. Dan yang terpenting, kita dapat bertanya pada diri sendiri bagaimana ketidakterbatasan, atau keabadian, harus dipahami. Bisakah itu merujuk pada kehidupan secara umum, pada konservasi spesies, atau dapatkah itu merujuk pada setiap individu?

Mungkinkah membayangkan makhluk hidup yang abadi?

Kami telah mengaitkan keabadian dengan unsur pokok materi, atom. Dalam bidang biologi, di antara makhluk hidup kita bisa merujuk pada bakteri, yang biasanya tidak berakhir keberadaannya dengan kematian melainkan dengan pembelahan. Bakteri memiliki kemampuan untuk membelah menjadi dua bagian, yang masing-masing mempertahankan semua warisan genetik dari bakteri aslinya. Kecuali kecelakaan, proses ini berlangsung tanpa batas dan mudah untuk menghitung bahwa, jika bakteri membelah setiap setengah jam, dalam satu hari mampu menghasilkan 250.000 miliar bakteri serupa.

Bahkan jika organisme superior, seperti manusia, mencapai kemampuan untuk membelah sambil mempertahankan warisan saraf, yaitu kesadaran diri, praktis mereka akan menjadi abadi. Hal ini, pada saat ini, dianggap tidak mungkin: pada kenyataannya, bakteri terdiri dari satu sel sementara tubuh manusia mencakup berjuta sel yang terspesialisasi dengan cara yang berbeda untuk setiap organ (kulit, hati, dll.) yang semuanya harus dibelah. waktu yang sama.

Titik Omega Frank Tipler.

Frank Jennings Tipler (gbr. 26) penulis bersama John Barrow dari "The Anthropic Principle", adalah seorang profesor dan penulis Amerika yang mengajar fisika matematika di Universitas Tulane di New Orleans. Sebagian besar studinya difokuskan pada fisika perjalanan waktu.

Dia juga dikenal sebagai penulis teori "Omega Point", yang sebenarnya mengambil teori dengan nama yang sama yang sebelumnya dikembangkan oleh ilmuwan Jesuit Perancis Pierre Teilhard de Chardin.

Tipler mencoba mempelajari nasib akhir alam semesta dengan cara yang mirip dengan apa yang dilakukan Isaac Asimov dalam novel 'The Last Question'. Dalam dalilnya, yang didasarkan pada hipotesis masuk akal yang mampu mendukungnya, ia mulai dari konsep "kemajuan abadi" untuk berhipotesis tentang keberadaan Tuhan di masa depan. "Tuhan" ini adalah manusia yang telah menjadi abadi, seperti yang terjadi pada Manusia super Nietzsche. Tipler juga menghipotesiskan kebangkitan orang mati melalui komputer dan "upload pikiran". "Pengunggahan kecil" akan menjadi teknik yang memungkinkan pemulihan dan pemindahan warisan mental seseorang dari tubuh lama ke tubuh baru, atau ke tubuh yang dibangkitkan dari kematian.

Selanjutnya, Tipler berhipotesis bahwa, berkat superkomputer, alam semesta dapat ditekuk sesuai keinginan umat manusia bahkan dengan bertindak pada waktu yang telah berlalu. Dengan cara ini dimungkinkan untuk merekonstruksi peristiwa, dunia, dan orang-orang di masa lalu, dengan teknik "pengembalian dengan bantuan abadi".

Secara praktis Tipler mengusulkan perspektif yang terkait dengan transhumanisme, sebuah gerakan budaya yang menganjurkan penggunaan sains dan teknologi untuk meningkatkan kemampuan fisik dan mental serta memperbaiki semua aspek kondisi manusia yang tidak diinginkan atau berbahaya, seperti penyakit dan penuaan. Gerakan pemikiran ini mengharapkan kemungkinan transformasi yang melampaui kondisi manusia.

Tesis Tipler, seperti yang diharapkan, telah menimbulkan banyak kontroversi di dunia ilmiah. Dalam ulasan buku Tipler "Fisika keabadian", fisikawan Afrika Selatan George Ellis menyebut teori Omega Point sebagai "mahakarya pseudosains".

Ilmuwan lain, seperti fisikawan Universitas Oxford David Deutsch, menganggap argumen Tipler konsisten. Dalam bukunya "The Fabric of Reality" Deutsch menguraikan teorinya tentang Segalanya dengan memasukkan Omega Point Tipler ke dalam alasannya.

Di pusat spiritual alam semesta.

Ringkasnya, kita dapat mengatakan bahwa kita ada di sini karena alam semesta dan alam semesta ada di sini karena kita. Prinsip Antropik mengonfigurasi ulang pemikiran ilmiah modern. Pemikiran ilmiah modern dimulai dengan Copernicus dan penemuannya bahwa Bumi dan planet berputar mengelilingi Matahari; dengan ini, dia telah menumbangkan pemikiran Aristoteles yang menempatkan Bumi dan manusia di pusat geografis alam semesta.

Perkembangan fisika modern mengoperasikan pembalikan baru. Kali ini manusia, meskipun bukan lagi pusat geografis seperti yang ditunjukkan dengan benar oleh Copernicus, telah mapan sebagai pusat spiritual atau psikis.

Bagian kedua. Konfirmasi ilmiah.

Tapi apa itu materi?

"Oleh karena itu, fisika modern merepresentasikan materi bukan sebagai pasif dan lembam, tetapi dalam tarian dan keadaan getaran yang berkelanjutan, yang figur ritmisnya ditentukan oleh struktur molekul, atom, dan nuklir. Ini juga cara para mistikus Timur melihat dunia material. Mereka semua menekankan bahwa alam semesta harus dipahami dalam dinamismenya, saat ia bergerak, bergetar, dan menari; bahwa alam tidak berada dalam keseimbangan statis tetapi dinamis."
(Fritjof Capra, fisikawan dan esais)

Mencari bukti.

Pada bagian pertama buku ini saya menyajikan banyak teori yang dikembangkan dan dikemukakan oleh para ilmuwan, berdasarkan pemikiran, filosofi dan deduksi logis tetapi tidak didukung oleh bukti eksperimental yang diakui oleh komunitas terakreditasi. Langkah pertama yang penting untuk memberikan martabat ilmiah pada semua hipotesis yang dibahas akan terdiri dari membangun hubungan yang dapat diverifikasi antara tingkat fisik fungsi materi dan "spiritual", yaitu tingkat non-deterministik.

Pada tingkat pengalaman kita, yang benar-benar deterministik, sulit untuk menemukan hubungan non-materi: meja atau kursi adalah potongan-potongan kayu atau logam dan tidak menginspirasi, sejauh indera kita muncul, implikasi psikis atau metafisik.

Namun, ini tidak lagi terjadi ketika kita memasuki tingkat yang sangat kecil, mengamati perilaku partikel dasar. Ketika akhirnya, dalam beberapa dekade terakhir, manusia berhasil menembus realitas subatomik, alam telah memberinya kejutan luar biasa yang darinya dimungkinkan untuk menyimpulkan keberadaan tingkat psikis yang eksklusif, yang tidak terbuat dari materi tetapi dari energi dan informasi cerdas.

Bagian kedua buku ini akan didedikasikan untuk menjelajahi dunia partikel subatomik yang menakjubkan.

Albert Einstein memperkenalkan konsep relativitas ke dalam fisika. Banyak kepastian, yang berasal dari cara kita memahami dunia, runtuh dengan mempelajari bahwa ruang dan waktu adalah konsep relatif dan dapat memiliki nilai yang berbeda bergantung pada kondisinya. "Paradoks kembar" bersifat paradigmatis: salah satu dari keduanya naik pesawat ruang angkasa dan bergerak melalui ruang angkasa dengan kecepatan yang mendekati kecepatan cahaya. Ketika dia kembali ke rumah, dia menemukan bahwa waktu telah berlalu jauh lebih lambat baginya daripada orang-orang yang tersisa di Bumi dan banyak dari mereka, yang seusianya, telah meninggal: saudara kembarnya sendiri bertahun-tahun lebih tua.

Di hadapan bukti ilmiah ini, kita tidak perlu terkejut menemukan bahwa materi juga relatif. Pada tingkat makroskopis atau area berukuran sedang di mana kita hidup, umumnya tampak terdefinisi dengan baik: batas-batasnya dapat ditentukan, dapat ditimbang dan diukur, tingkat kekerasan atau kelenturannya dapat ditetapkan. Jika tidak, kita akan mendapat masalah setiap hari. Sifat-sifat materi ini tetap tidak berubah bahkan pada tingkat astronomi, dan hukum fisika yang berlaku di meja dapur kita juga berlaku untuk planet terakhir di galaksi yang jauh.

Akan tetapi, pada tingkat subatomik, yaitu pada tingkat yang sangat kecil, segala sesuatu berubah dan materi menjadi sesuatu yang sangat tidak jelas sehubungan dengan esensi sejatinya. Tingkat subatomik adalah partikel elementer, yang merupakan komponen internal atom.

Filsafat dan mistisisme fisika.

Filsafat fisika mempelajari aspek logis dan metafisik dari konsep seperti energi, waktu, ruang, dan materi. Dia sangat tertarik pada pertanyaan tentang kausalitas dan determinisme.

Secara alami, filsafat telah tertarik pada fisika kuantum sejak lahir, karena kemampuannya untuk menggerogoti aspek fundamental dari tradisi ilmiah, seperti konsep pengukuran, tiba-tiba digantikan oleh ketidakpastian.

Pengoperasian pengukuran pada tingkat subatomik menjadi tidak mungkin, karena dilakukan pada elemen yang sangat kecil sehingga terganggu oleh pengukuran itu sendiri. Akibatnya, atom tidak dapat diamati secara langsung bahkan dengan mikroskop yang paling kuat, tetapi hanya "berteori".

Ini mendukung kegagalan determinisme, yang sangat disukai Pierre Simon Laplace, dan menandai lahirnya nilai-nilai baru seperti probabilisme dan indeterminisme.

Indeterminisme adalah sikap filosofis, dipimpin oleh astronom Inggris Arthur Eddington, yang mengakui tindakan kebetulan dalam penggambaran kehendak atau realitas. Artinya, indeterminisme mengakui bahwa sesuatu juga bisa terjadi secara kebetulan, tanpa alasan yang jelas. Fakta tidak selalu produk dari sebab dan akibat tindakan. Pengertian indeterminisme memiliki definisi yang jelas:

> “Keadaan sistem fisik saat ini tidak sepenuhnya dapat ditentukan. Atau, kita dapat mengatakan bahwa dari keadaan sekarang yang terdefinisi sepenuhnya, banyak keadaan masa depan yang berpotensi muncul, tetapi hanya satu dari keadaan ini yang akan terjadi.

Di antara pendukung indeterminisme adalah fisikawan terhebat di zaman kita: Werner Karl Heisenberg, Niels Bohr, Arthur Compton, Pascual Jordan, Hans Reichenbach, Robert Millikan, Georges Lemaître, dan lain-lain.

Fisika kuantum mengabaikan kekakuan deterministik dan membawa kita ke konsep kosmos yang secara substansial mistik, berdasarkan unsur-unsur yang mengingat kemungkinan komponen spiritual di samping komponen material.

Pemikiran tentang realitas benda-benda ini membawa kita kembali ke lebih dari dua milenium yang lalu, ke intuisi para filsuf Yunani pertama. Namun, bertentangan dengan apa yang terjadi saat itu, penglihatan tentang kosmos yang muncul saat ini tidak didasarkan pada intuisi melainkan pada eksperimen yang dilakukan dengan sangat teliti di laboratorium fisika terbaik.

Akar dari semua sains Barat dan fisika khususnya dapat ditemukan pada abad keenam SM, dalam periode yang tidak mengenal pembagian apa pun antara agama, filsafat, dan sains, di antara orang bijak sekolah Miletus. Studi mereka ditujukan untuk menemukan susunan materi yang sebenarnya, yang mereka identifikasi dalam istilah "physiká", yang sekarang diterjemahkan sebagai "fisika". The "physiká" mewakili upaya untuk menemukan esensi dari segala sesuatu. Berdasarkan anggapan mereka, para filsuf Miletus didefinisikan sebagai "hylozoists", sebuah istilah yang berarti "mereka yang berpikir bahwa materi adalah animasi". Nyatanya, mereka tidak membedakan antara roh dan materi fisik; memang, mereka bahkan tidak memiliki istilah untuk materi fisik, karena bagi mereka semua bentuk keberadaan diberkahi dengan kehidupan dan spiritualitas. Secara khusus, Thales berpendapat bahwa keilahian hadir dalam segala hal dan Anaximander menggambarkan Kosmos sebagai organisme tunggal yang diberi makan oleh "pneuma".

Selanjutnya Heraclitus dari Efesus menggambarkan dunia yang terus berubah, "menjadi" yang abadi. Dia percaya bahwa semua transformasi dunia berasal dari tindakan yang berlawanan, dan bahwa setiap pasangan yang berlawanan harus dianggap sebagai satu kesatuan, yang dia beri nama Logos. Dari lawan Heraclitus muncul arus pemikiran yang menyebabkan pemisahan antara roh dan materi.

Parmenides dari Elea, sangat kontras dengan keabadian Heraclitus, menyebut prinsip dasarnya sebagai "Makhluk Abadi", dan menyatakan bahwa setiap perubahan adalah murni ilusi indra. Dari pemikirannya lahirlah gagasan tentang zat yang tidak dapat dihancurkan yang ditempatkan di dasar sifat-sifat perubahan benda.

Dari kontras antara "keberadaan abadi" dan "Wujud yang tidak berubah", berkembang pemikiran yang merenungkan "Wujud" yang hadir dalam zat-zat tertentu yang tidak berubah-ubah, yang, bagaimanapun, bercampur dan terpisah, menimbulkan perubahan dan bentuk yang berbeda. Maka lahirlah konsep atom, sebagai bagian terkecil dari materi yang tak terpisahkan. Atom mendasari segalanya terlepas dari semua keragaman yang tampak. Memang hari ini kita tahu bahwa segala sesuatu terbuat dari atom.

Para atomis, termasuk Democritus, mendefinisikan pemisahan yang jelas antara roh dan materi. Mereka membayangkan materi fisik terdiri dari "blok bangunan fundamental", yaitu partikel yang benar-benar pasif dan lembam yang bergerak dalam ruang hampa, dan yang pergerakannya mungkin disebabkan oleh kekuatan eksternal. Kekuatan-kekuatan ini berasal dari spiritual, bukan material.

Citra ini kemudian menjadi dominan dalam pemikiran Barat, sehingga menimbulkan dualisme antara tubuh dan jiwa.

Aristoteles, dalam keyakinannya bahwa masalah yang menyangkut jiwa lebih penting daripada yang menyangkut dunia material, menciptakan suatu pola pemikiran yang akan menopang konsepsi alam semesta di seluruh Barat selama hampir dua ribu tahun. Kekristenan juga mendukung doktrin Aristoteles sepanjang Abad Pertengahan.

Di zaman Renaisans, studi tentang alam pertama kali dilakukan dengan menggunakan metodologi ilmiah, yaitu menerapkan eksperimen yang dikendalikan oleh hipotesis teoretis. Galileo Galilei adalah orang pertama yang mengikuti jalan ini dan karena itu dianggap sebagai bapak ilmu pengetahuan modern.

Kelahiran sains modern didukung oleh perkembangan pemikiran filosofis yang menonjolkan dualisme "materi-roh". Pada abad kedelapan René Descartes menggambarkan suatu alam yang didirikan pada pemisahan mendasar antara dua realitas yang berbeda dan independen, pikiran (res cogitans) dan materi (res extensa). Pemisahan Cartesian memungkinkan dunia ilmiah untuk mempertimbangkan materi fisik yang terdiri dari benda-benda lembam dan benar-benar berbeda satu sama lain. Hasilnya adalah representasi dunia yang mirip dengan akumulasi objek yang berbeda, objek yang bersama-sama membentuk mesin tak bernyawa yang sangat besar.

Kereta Raja Milinda.

Milindapañha adalah teks Buddhis yang disusun dalam bentuk dialog filosofis, berlatarkan kota Sāgalā, Siyālkoṭ sekarang. Dialog terjadi antara biksu Nagasena dan Milinda, yang secara historis dapat diidentifikasi dengan penguasa Indo-Yunani Menander I yang memerintah di Punjab antara 155 dan 130 SM.

“Raja Milinda pergi ke tempat Bhikkhu Nagasena berada dan, setelah menyapanya dengan sopan dan ramah, bertanya kepadanya:

"Bagaimana kamu dikenal dan siapa namamu?"

Nagasena menjawab, "Saya dikenal sebagai Nagasena, wahai raja, dan dengan nama itu saudara laki-laki dan orang tua saya memanggil saya."

"Kamu bilang kalau kakak-kakakmu biasa memanggilmu sebagai Nagasena. Sekarang apa sebenarnya Nagasena? Maksudmu rambut Nagasena?"

“Aku tidak mengatakan itu, Baginda.”

"Atau rambut tubuh?"

"Tentu tidak."

“Mungkin Nagasena adalah paku, gigi, kulit, daging, saraf, tulang, sumsum? Apakah salah satu atau semua ini adalah Nagasena?”

Untuk setiap pertanyaan ini, biksu itu menjawab tidak.

“Lalu bentuk luarnya adalah Nagasena? Apakah sensasi atau persepsi atau kesadaran adalah Nagasena?”

Terhadap masing-masing hipotesis ini, biarawan itu menjawab tidak.

“Kalau begitu, Nagasena adalah suara kosong dan sia-sia. Siapakah Nagasena yang saya lihat di depan saya ini? Nagasena itu bohong, tipuan!”

Kemudian Bhikkhu Nagasena berkata kepada Raja Milinda:

“Yang Mulia, Anda tumbuh dalam kemewahan. Jika Anda berjalan di tanah berbatu, kaki Anda terasa sakit. Jadi saya bertanya kepada Anda: Bagaimana Anda datang ke sini? Apakah Anda datang ke sini dengan berjalan kaki atau dengan kereta?”

"Saya tidak datang dengan berjalan kaki. Saya datang dengan kereta."

"Jadi, jika kamu datang dengan kereta, jelaskan padaku apa itu kereta. Apakah kuda itu kereta?"

"Aku tidak mengatakan ini."

"Apakah kereta itu sumbu roda?"

"Tentu saja tidak."

"Mungkinkah kereta itu rodanya atau talinya atau rangkanya atau kuknya atau jari-jari rodanya?"

Untuk semua pertanyaan ini Milinda menjawab tidak.

"Tapi mungkin kereta itu berbeda dari yang saya sebutkan? "

Milinda menjawab tidak lagi.

"Kalau begitu kata kereta adalah bunyi kosong dan sia-sia. Dengan kereta mana Anda akan tiba? Apa yang kamu katakan itu bohong! Mengapa kamu mengatakan hal-hal yang salah?

Kemudian Nagasena memanggil orang Yunani dan para bhikkhu sebagai saksi, sambil berkata:

"Raja Milinda berkata dia datang dengan kereta. Tetapi ketika saya memintanya untuk menjelaskan apa itu kereta, dia tidak dapat melakukannya."

Orang-orang Yunani dan para biarawan bertepuk tangan, dan berkata kepada raja:

"Sekarang, Yang Mulia, jawablah jika Anda mampu!"

Milinda raja menjawab Nagasena, berkata:

"Aku tidak berbohong, Yang Mulia. Himpunan yang terdiri dari kuda-kuda, poros, roda, rangka, tali, kuk, jari-jari, dan tiang penopang, menunjukkan sebutan umum untuk kereta."

> "Sangat bagus! - Kata Nagasena. Anda mengerti persis arti kereta. Begitu pula rangkaian rambut, kuku, gigi, persepsi, perasaan dan kesadaran, yang menunjukkan Nagasena."

Lantas, apa sebenarnya kereta Milinda itu? Kaum materialis akan mengatakan bahwa tidak ada gerobak tanpa bagian-bagian individualnya. Bagian-bagiannya adalah keseluruhan, dan kereta itu ada hanya sebagai fakta aksesori, sebuah epifenomena yang ada atau tidaknya tidak mempengaruhi keberadaan bagian-bagian itu. Fakta bahwa bagian-bagiannya, secara keseluruhan, membentuk sebuah kereta benar-benar acak.

Dalam pandangan yang lebih spiritual, kita akan mengatakan bahwa bagian-bagian individu memperoleh makna hanya ketika, dikumpulkan secara cerdas, mereka membentuk kereta, Bhikkhu Nagasena sendiri, dan segala sesuatu yang ada di alam semesta. Namun, setiap rangkaian komponen yang dirakit secara logis membutuhkan desain cerdas yang jauh melampaui kelembaman bahan penyusunnya.

Pemisahan Descartes.

Visi mekanis dunia diadopsi oleh Isaac Newton, yang menggunakannya untuk membangun ilmu mekanistiknya yang meletakkan dasar-dasar fisika klasik. Pandangan Newton mendominasi dunia dari pertengahan abad ke-17 hingga akhir abad ke-19.

Filosofi Descartes tidak hanya penting bagi perkembangan fisika klasik, tetapi juga berdampak besar pada pemikiran Barat.

Ungkapannya yang terkenal “Cogito ergo sum” (Saya berpikir, maka saya ada) membuat manusia lebih mengidentifikasi dengan pikirannya daripada dengan tubuhnya. Akibatnya, manusia menyadari dirinya sebagai “liyan” yang hidup di dalam tubuhnya sendiri. Pikiran, yang terpisah dari tubuh, diberi tugas untuk mengendalikannya; ini menyebabkan konflik antara kehendak dan naluri.

Pemisahan dari tubuh seseorang ini diperluas ke dunia luar, dilihat sebagai kumpulan objek dan peristiwa yang terpisah. Lingkungan alam terdiri dari bagian-bagian yang dapat dikelompokkan bersama dalam kelompok minat (pohon, bintang, mineral atau, memang, kereta Raja Milinda).

Masyarakat juga terbagi menjadi ras, bangsa, bangsa, agama dan kelompok politik, dan lingkaran dalam kita terbagi antara "kondominium saya, kerabat saya, teman saya, rekan kerja saya, mereka yang memiliki hobi yang sama dengan saya, pengunjung supermarket saya ”.

Perpecahan ini adalah akar dari semua krisis sosial dan budaya dan telah menimbulkan kekacauan dan distribusi sumber daya yang tidak adil yang sering mengarah pada kekerasan dan perang.

Pemikiran Cartesian membawa manfaat dan kerugian; dia pantas mendapat pujian karena telah memperkenalkan pemisahan pada tingkat ilmiah, sementara mengenai kejahatan sosial terbukti mereka ada jauh sebelum Descartes. Oleh karena itu, filsuf tidak boleh disalahkan, sebaliknya, kemampuannya untuk menyoroti pemisahan antara roh dan materi sebagai asal mula masalah ini harus diakui.

Menarik untuk dicatat bagaimana sains modern, yang lahir dari pemisahan Cartesian dan konsepsi mekanistik Newton, memikirkan kembali konsep-konsep ini. Nyatanya, sains abad ini kembali ke gagasan yang diungkapkan oleh filosofi Yunani pertama. Itu adalah gagasan tentang kosmos yang didasarkan pada kerja sama roh dan materi.

Mengapa ada sesuatu bukannya tidak ada?

Sains sering menanyakan "bagaimana" sesuatu terjadi. Dia juga bertanya "mengapa" itu terjadi, tetapi dengan frekuensi yang jauh lebih sedikit. Bahkan, keyakinan deterministik mengasumsikan bahwa "mengapa" jelas dan dapat ditemukan secara logis dalam rangkaian sebab dan akibat. "Sesuatu" menyebabkan "sesuatu yang lain", dan cukup merekonstruksi semua langkah untuk memahami asal muasal fenomena tersebut. Jadi, "mengapa" tersirat dalam "bagaimana". Artinya, tidak ada alasannya.

Wacana ini menjadi tidak praktis ketika kita berbicara tentang kelahiran pertama alam semesta karena, jika kita mempertimbangkan momen sebelum keberadaannya, pada saat itu tidak ada sebab yang bekerja yang akan memulai rantai akibat. Jadi, pada level ini kedua pertanyaan, bagaimana dan mengapa, tetap tidak terjawab.

Ilmu-ilmu yang mencoba memecahkan masalah ini adalah kosmologi dan fisika. Studi tentang kosmos telah menunjukkan bahwa ia berada dalam fase perluasan, karena ia terus meluas ke luar angkasa. Mulai dari kondisi saat ini dan mensimulasikan jalan mundur, yaitu kontraksi, kita sampai pada titik di mana kerapatan materi dan suhunya menjadi tak terhingga, situasi yang mustahil. Oleh karena itu, dapat dihipotesiskan bahwa alam semesta dimulai pada waktu tertentu, ditempatkan di antara saat sekarang dan suatu saat di masa lalu yang terletak sementara sebelum kondisi menjadi tidak mungkin.

Akan ada saat yang tepat ketika perluasan akan dimulai dan alam semesta akan "lahir". Ini, bagaimanapun, dapat memberi kita elemen tentang bagaimana, tetapi tidak menjelaskan alasannya.

Ada banyak sekali tradisi budaya dan agama yang berusaha memberikan jawaban. Para sarjana Alkitab telah lama memperdebatkan apakah penciptaan menggunakan materi lembam yang sudah ada sebelumnya atau terjadi dari ketiadaan. Baik eksegesis Yahudi kuno maupun Philo, dalam tradisi Hellenistik, sepakat mendukung "creatio ex-nihilo" (penciptaan dari ketiadaan), sebuah hipotesis yang masih didukung oleh agama Kristen saat ini.

Dalam banyak kasus lain, alam semesta diusulkan yang dimodel ulang mulai dari situasi awal kekacauan, atau dari kekosongan yang tidak terstruktur.

Menurut beberapa tradisi, alam semesta dapat muncul dari rahim ibu purba. Menurut mitologi lain, alam semesta bisa lahir dari telur yang sudah ada sebelumnya.

Ada juga tradisi yang menurutnya alam semesta selalu ada, menurut konsep waktu yang diilhami oleh peradaban pertanian, di mana segala sesuatu tunduk pada siklus kematian dan kelahiran kembali yang terus-menerus.

Di sebagian besar hipotesis yang dipertimbangkan, tidak termasuk hipotesis alkitabiah, pra-eksistensi suatu materi diterima begitu saja, meskipun dalam bentuk kekacauan, rahim, atau telur. Seringkali tidak dijelaskan dari mana asal usul yang sudah ada sebelumnya ini. Namun, semua tradisi tidak menjelaskan bagaimana proses transisi dari ketiadaan menjadi sesuatu dapat terjadi, kecuali dengan tindakan kreatif ilahi.

Semuanya dimulai dengan Big Bang.

Big Bang adalah model kosmologis yang didasarkan pada gagasan bahwa alam semesta mulai mengembang dengan kecepatan sangat tinggi dalam waktu yang dapat ditentukan dengan tepat di masa lalu dan proses ini masih berlanjut.

Ini adalah gagasan utama dalam komunitas ilmiah saat ini, karena telah mendapat konfirmasi berdasarkan pengamatan dan bukti astronomi.

Secara khusus, ini berperan dalam teori Big Bang bahwa unsur-unsur ringan seperti hidrogen dan helium sangat melimpah sesuai dengan nilai yang diprediksi; konfirmasi lain datang dari keberadaan radiasi latar belakang kosmik, dengan spektrum yang sesuai dengan harapan. Temuan-temuan eksperimental ini dan lainnya telah meyakinkan sebagian besar ilmuwan bahwa peristiwa mirip Ledakan Dahsyat benar-benar terjadi sekitar 14 miliar tahun yang lalu.

Ketika diusulkan, penerimaan gagasan itu tidak jelas atau tenang. Big Bang mengandaikan penciptaan semua energi dan semua materi (yang, bagaimanapun, adalah bentuk energi yang berbeda) dalam tindakan awal, kurang lebih seperti yang diklaim Descartes dan Newton. Tetapi yang lain melihat intervensi kreatif Tuhan di awal alam semesta.

Keadaan ini mengakibatkan komunitas ilmiah sangat enggan menerima teori tersebut. Sebaliknya Gereja Katolik, dengan Paus Pius XII, sepenuhnya menerimanya dalam pidato yang dia berikan pada hari Kamis 22 November 1951 di Pontifical Academy of Sciences:

"Dua pertanyaan secara spontan muncul di benak: apakah sains mampu mengatakan kapan prinsip kosmos yang kuat ini terjadi? Dan bagaimana keadaan awal alam semesta yang primitif? Pakar paling hebat dalam fisika atom, bekerja sama dengan para astronom dan astrofisikawan, telah berusaha menjelaskan dua masalah yang sulit tetapi sangat menarik ini. (...)

Tidak dapat disangkal bahwa pikiran yang tercerahkan dan diperkaya oleh pengetahuan ilmiah modern, yang menilai masalah ini dengan tenang, dituntun untuk memutus lingkaran materi yang sepenuhnya independen, baik karena tidak diciptakan atau karena diciptakan dengan sendirinya. Pikiran yang tercerahkan akan memahami kehadiran Roh pencipta. Dengan tatapan jernih dan kritis yang sama, yang dengannya ia memeriksa dan menilai fakta, pikiran yang tercerahkan melihat sekilas dan mengenali karya kemahakuasaan kreatif, yang kebajikannya diguncang oleh "Fiat" yang kuat yang diucapkan miliaran tahun yang lalu oleh Roh pencipta. Dengan isyarat cinta terciptalah sebuah materi yang penuh energi. Tampaknya sains saat ini, tiba-tiba mundur jutaan abad, telah berhasil menjadi saksi "Fiat lux" yang alkitabiah, ketika lautan cahaya dan radiasi meledak entah dari mana. Pada saat yang sama, partikel-partikel dari unsur-unsur kimia terbelah dan bersatu kembali menjadi jutaan galaksi." (Pius *XII*)

Gambar 27- Niels Bohr, fisikawan Denmark penggagas Sekolah Kopenhagen. Pada tahun-tahun setelah 1920 ia menyempurnakan model atom klasik dan dianugerahi Hadiah Nobel pada tahun 1922.

Teori Big Bang mengandung implikasi teologis yang ditolak dan ditentang, terkadang hanya karena Gereja mendukungnya. Beberapa fisikawan terkenal mengajukan hipotesis bahwa teori ini adalah bagian dari konspirasi yang dibuat oleh Gereja sendiri. Astronom Fred Hoyle mengutuk Big Bang dengan menyebutnya sebagai model yang dibangun di atas fondasi Yudeo-Kristen dan merumuskan hipotesis alternatif dari alam semesta yang tidak bergerak, di mana penciptaan materi baru terjadi terus menerus; teori ini, bagaimanapun, telah ditinggalkan untuk beberapa waktu karena akan meramalkan kelahiran galaksi bergerak di antara yang sudah ada, yang belum diverifikasi. Memang, tidak ada galaksi muda yang terletak di antara galaksi tua. Galaksi termuda, yaitu yang lahir lebih awal, adalah yang terjauh sesuai dengan perluasan alam semesta yang berlanjut setelah tindakan kreatif awal.

Saat ini teori Big Bang diterima oleh mayoritas mutlak komunitas ilmiah, tanpa ini, jelas, menerima gagasan bahwa momen kreatif awal berasal dari kehendak ilahi.

Atom dan representasi klasiknya.

Atom (dari bahasa Yunani àtomos, tak terpisahkan) adalah struktur dasar materi; semua materi terdiri dari unit dasar yang disebut atom. Ini berlaku untuk materi dalam keadaan padat, cair dan gas. Perlu dicatat bahwa pernyataan ini sulit untuk dikaitkan dengan keadaan plasma, di mana nilai tekanan dan suhu yang sangat tinggi mencegah pembentukan atom. Atom dianggap sebagai unit materi terkecil dan tak terpisahkan sampai, pada tahun 1897, Joseph Thompson mengumumkan penemuan elektron, menunjukkan bahwa atom sebenarnya dapat dibagi.

Hari ini kita tahu bahwa, dalam pembagian dangkal, atom dibentuk oleh unsur-unsur subatom seperti proton (dengan muatan positif), neutron (tanpa muatan) dan elektron (dengan muatan negatif). Atom membentuk molekul dengan menggabungkan pada tingkat yang lebih tinggi.

Model klasik terakhir dari struktur atom adalah model yang dikembangkan pada tahun 1913 oleh Niels Bohr, masih berlaku tanpa variasi substansial.

Menurut model ini, atom terdiri dari nukleus, di mana elektron berputar. Inti terdiri dari dua jenis partikel, proton dan neutron. Proton memiliki muatan listrik positif, sedangkan neutron memiliki muatan listrik netral. Sebaliknya, elektron memiliki muatan listrik negatif dan bergerak di ruang luar yang mengelilingi nukleus menyeimbangkan daya tariknya dengan energi rotasi, seperti halnya rotasi Bulan menyeimbangkan daya tarik Bumi. Secara keseluruhan, atom netral secara elektrik karena jumlah proton (nomor atom) dan elektron adalah sama. Di alam, atom berbeda satu sama lain dengan jumlah proton yang ada dalam inti: jumlah proton dan neutron disebut nomor massa.

Saat ini kajian inti atom dan komponen-komponennya terkait dengan perkembangan fisika partikel. Dalam beberapa tahun terakhir, struktur inti atom dapat didefinisikan dengan lebih akurat, terutama dengan eksperimen yang dilakukan dalam akselerator partikel. Menurut Model Standar partikel, proton dan neutron itu sendiri terdiri dari quark.

Untuk mendapatkan gambaran tentang ukuran atom, perbandingan ini dapat membantu:

- diameter rambut manusia setara dengan sekitar satu juta atom karbon yang tersusun dalam satu baris;
- jika sebuah jeruk menjadi seukuran planet Bumi, (berdiameter sekitar 12.700 km) atom-atomnya akan berukuran kira-kira sebesar jeruk asli (berdiameter sekitar 10 cm).

Penting juga untuk dicatat bahwa atom pada dasarnya kosong. Padahal, jika inti atom memiliki diameter 3-4 milimeter, elektron terluarnya akan berputar pada jarak sekitar seratus meter.

Representasi statis dari atom yang baru saja diekspos adalah hipotesis kerja yang valid, tetapi fisika kuantum menunjukkan bahwa pada tingkat subatom terdapat lebih banyak probabilitas daripada kepastian. Kepastian yang pasti telah dibantah adalah bahwa menurutnya partikel adalah "potongan kecil materi", meskipun sangat kecil. Tidak ada lagi yang perlu dipertanyakan.

Fisika kuantum.

Fisika kuantum adalah teori yang menggambarkan perilaku materi dan radiasi, serta interaksi timbal baliknya, dalam skala panjang atau energi atom yang sangat kecil.

Pada akhir tahun 1800-an fisika klasik tampaknya tidak mampu menjelaskan perilaku materi dan radiasi elektromagnetik pada tingkat mikroskopis, yaitu pada dimensi yang sama atau lebih kecil dari atom. Dengan cara yang sama dia tidak dapat menjelaskan perilaku energi yang terkait dengan ikatan internal atom. Oleh karena itu, pada awal 1900-an menjadi jelas bahwa lahirnya fisika baru diperlukan, sama sekali berbeda dari fisika klasik yang berkembang hingga saat itu.

Maka lahirlah teori kuantum, disebut juga fisika kuantum atau mekanika kuantum. Cabang fisika ini awalnya diperkenalkan oleh Max Planck dan didasarkan pada fakta bahwa beberapa besaran pada tingkat mikroskopis, seperti energi atau "momentum sudut", tidak dapat berubah secara linear, tetapi hanya dengan nilai diskrit, yang disebut "kuanta".

Selain partikel penyusun utama atom, yaitu proton, neutron, dan elektron, masih banyak partikel lain, dan hampir dapat dikatakan bahwa partikel baru ditemukan setiap hari. Sebuah partikel yang sangat menarik bagi kita adalah foton, yaitu "kuantum cahaya". Foton adalah partikel yang membuat bintang terang dan matahari bersinar.

Konsep "berapa banyak" cukup aneh dan sulit diterima oleh para ilmuwan abad ke-19 dan ke-20.

Pada tingkat makroskopis kami, kami menganggap alami konsep bahwa semua kuantitas dapat mengasumsikan serangkaian nilai yang berkelanjutan. Misalnya, selain kilo kita juga mempertimbangkan kwintal dan ton, serta hektogram, gram, miligram dan seterusnya, sehingga wajar jika suatu benda dapat memiliki berat, misalnya 7 kilogram dan 356 gram. , yaitu 7365 gram.

Mekanika kuantum, di sisi lain, menetapkan bahwa besaran yang berbeda hanya dapat mengambil seperangkat nilai tertentu, kelipatan dari nilai fundamental yang tidak dapat dipecah. Nilai ini disebut "kuantum materi atau energi".

Bayangkan sebuah supermarket tempat Anda dapat membeli buah lepas atau "bungkus" mentega seratus gram. Akan mudah bagi Anda untuk memasukkan 1.365 kilogram apel ke dalam keranjang Anda, sedangkan untuk mentega, Anda hanya dapat membeli 100 atau 200 atau 300 gram, tergantung pada jumlah paket yang Anda masukkan ke dalam keranjang Anda. Dunia partikel meramalkan bahwa energi dan materi tidak tersedia dalam jumlah besar tetapi hanya dalam bentuk paket, yang disebut kuanta.

Oleh karena itu, di dunia partikel, energi dan materi tidak dapat direduksi menjadi nilai yang lebih rendah dari "kuantum". Ini berarti bahwa mereka hanya tersedia dalam nilai dasar, atau sebagai kelipatan dari nilai dasar. Seperti yang mudah dimengerti, kuantum memiliki nilai yang sangat rendah.

Segala sesuatu di alam semesta terdiri dari kuanta, bahkan buku yang sedang Anda baca. Alasan mengapa Anda tidak merasakan "perinciannya" saat disentuh adalah karena kuanta sangat kecil sehingga indera kita tidak dapat melihatnya, sama seperti kita tidak melihat atom individu atau bahkan molekul individu secara jelas.

Salah satu kasus pertama yang dipelajari adalah kuantisasi energi: misalnya, elektron atom hanya dapat memiliki nilai energi tertentu, oleh karena itu elektron dapat berputar mengelilingi nukleus hanya dalam orbit tertentu. Demikian pula foton adalah kuanta medan elektromagnetik: mereka adalah paket cahaya yang tak terpisahkan.

Gambar 28 - Albert Einstein, mungkin fisikawan dan matematikawan paling terkenal di zaman kita. Dia menentang teori kuantum Niels Bohr dan Sekolah Kopenhagen dengan merancang percobaan EPR untuk menunjukkan inkonsistensi mereka. Evolusi penelitian selanjutnya malah mengarah pada konfirmasi mereka.

Atom terkuantisasi.

Konsep "kuantum" sangat penting untuk berfungsinya materi dalam yang sangat kecil, yaitu dalam atom, tetapi akibatnya juga di seluruh alam semesta. Untuk lebih memahaminya, saya dapat mengusulkan kesamaan dengan beberapa perangkat yang biasa digunakan dalam kehidupan sehari-hari. Misalnya, bayangkan kompor gas tradisional yang dilengkapi dengan pembakar yang diatur pada satu tingkat dan oven built-in. Kontrol dapur berbaris di panel depan dan terdiri dari kenop yang dapat disesuaikan yang memungkinkan Anda mengirim gas ke pembakar masing-masing.

Sebagian besar kenop dapat diputar secara linear dari kiri ke kanan. Kenop memblokir pengiriman gas saat diputar penuh ke kiri. Dengan memutar kenop ke kanan, gas dikirim ke burner dalam jumlah yang semakin banyak, hingga mencapai "batas", yaitu maksimum yang diperbolehkan. Katakanlah kenop memungkinkan peningkatan jumlah gas secara linier (atau berkelanjutan).

Namun, salah satu kenop, terutama kenop oven, bekerja secara berbeda. Kenop ini tidak bisa berputar terus menerus, hanya tersentak-sentak. Dengan cara ini memungkinkan aliran gas dalam jumlah yang ditentukan, cocok untuk mendapatkan panas yang ditandai pada setiap klik kenop dengan nilai yang dinyatakan dalam derajat Celcius: 120 °C, 180 °C, 270 °C atau nilai serupa. Dalam hal ini gas tidak dapat bertambah terus-menerus, tetapi dengan cara yang “diskrit”, yaitu hanya untuk jumlah yang tetap dan ditentukan.

Tepatnya, kita harus mengakui bahwa kenop lain juga beroperasi dalam mode "diskrit", tidak terus menerus.

Masalahnya adalah variasi antara satu titik dan titik lainnya sangat kecil sehingga bagi kami variasi tersebut memberi kesan kenaikan atau penurunan linier. Sederhananya, indera kita gagal menangkap klik variasi, karena terlalu kecil.

Di tingkat menengah dimensi materi, di mana kita hidup dan indera kita bekerja, segala sesuatu tampak bagi kita bertambah (atau berkurang) secara linier. Difusi cahaya saat fajar atau senja, suara mobil mendekat atau menjauh, lalat berdengung di sekitar kita. Kami akan mengatakan segalanya tentang lalat itu, tetapi kami tentu saja tidak akan mengatakan bahwa lalat itu terbang dengan tersentak-sentak.

Ini sekali lagi memberi kita ukuran seberapa menipu indera kita karena, pada kenyataannya, tidak ada yang bergerak secara linier tetapi semuanya melakukannya dengan cara yang terpisah, yaitu dengan jumlah energi, atau "kuanta".

Perbedaan antara tingkat makroskopik kita dan tingkat partikel mikroskopis adalah kita memperkirakan gerakan dan energi dengan menganggapnya linier.

Pada dasarnya, menurut konvensi yang digunakan dalam fisika, benda material pada tingkat makroskopis dapat dipelajari sebagai benda kontinu, karena jumlah yang sangat tinggi, kohesi, dan saling ketergantungan antar partikel membuat butiran apa pun menghilang.

Alih-alih, dalam yang sangat kecil tidak mungkin lagi mengabaikan karakteristik ini karena dimensi benda subatom sensitif terhadap perincian kuantum.

Kesimpulannya, dalam mekanika kuantum, kuantum (dari bahasa Latin kuantum yang berarti kuantitas) adalah kuantitas yang terpisah dan tidak dapat dibagi. Dengan ekstensi, istilah ini kadang-kadang digunakan sebagai sinonim untuk "partikel".

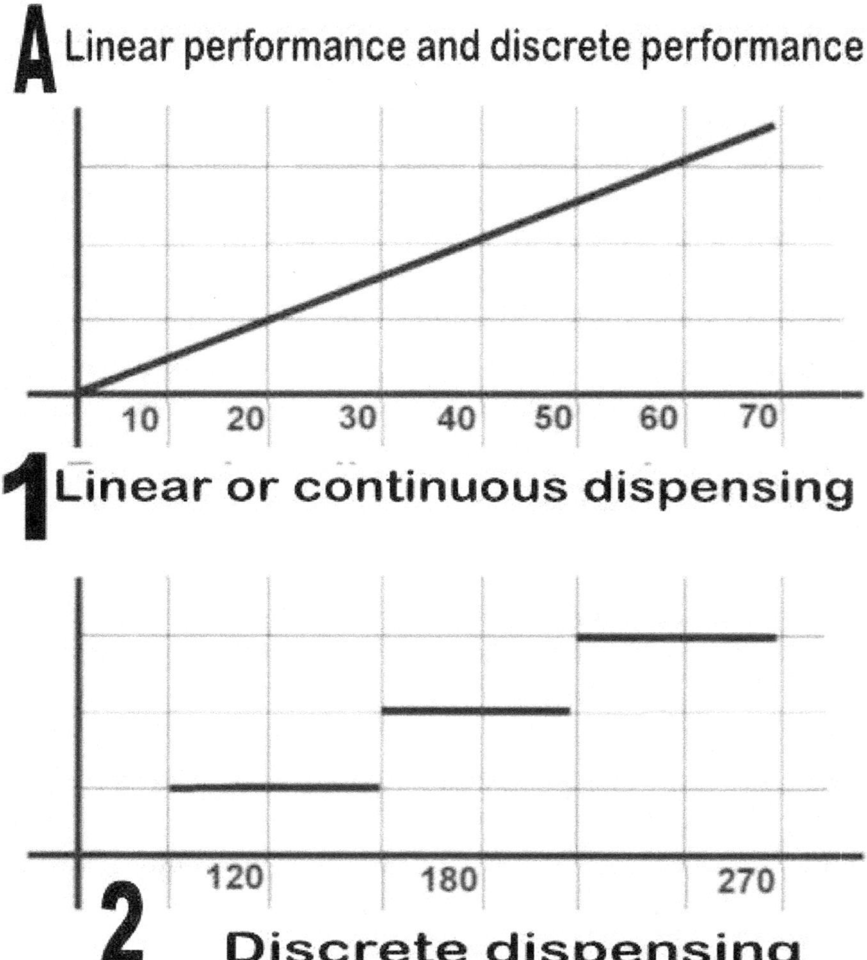
A Linear performance and discrete performance
10
20
30
40
50
60
70
1 Linear or continuous dispensing
120
180
270
2 Discrete dispensing

Gambar 29

Tren linier dan tren diskrit.

1 Pengiriman linier atau berkelanjutan.

2 Pengiriman dengan nilai diskrit

- Tren linier mengasumsikan jumlah tingkat menengah (hampir) tak terbatas. Kecenderungan diskrit, di sisi lain, membayangkan hanya beberapa peningkatan yang direncanakan.

Mekanika kuantum diprakarsai terutama oleh Niels Bohr, Louis-Victor de Broglie, Paul Dirac, Albert Einstein, Enrico Fermi, Wolfgang Pauli, Erwin Schrödinger, Richard Feynman dan Werner Heisenberg.

Intuisi kuantisasi materi lahir pada tahun 1900 dari karya Max Planck, yang mengadopsi konvensi ini untuk mengkonfirmasi teorinya yang berkaitan dengan emisi elektromagnetik benda hitam. Dalam praktiknya, Planck mencatat bahwa hipotesis benda hitamnya hanya akan bekerja dengan adanya energi terkuantisasi. Namun, Planck sangat enggan menganggap kemungkinan ini nyata. Meskipun dia adalah orang pertama yang berteori tentang kenyataan ini, dia selalu berjuang untuk menganggapnya valid.

Realitas fisik ini baru kemudian dikonfirmasi oleh sarjana lain, yang menentukan nilai kuantum energi. Nilai ini mengambil nama konstanta Planck, karena komunitas ilmiah dengan jujur \u200b\u200bingin mengenali karya orang yang pertama kali mengintuisi dan menggunakannya.

Konstanta Planck, atau besarnya "kuantum", dilambangkan dengan huruf h dan $6{,}6\times10^{-34}$Js, yaitu nilai yang sangat kecil.

Hipotesis struktur granular energi mekanik menemukan konfirmasi penuh dan definitif dalam teori panas spesifik padatan yang dirumuskan pada tahun 1907 oleh Einstein

Lompatan kuantum.

Mengacu lagi pada representasi tradisional atom, yaitu inti yang dikelilingi oleh elektron yang berputar mengelilinginya, kita dapat melangkah lebih jauh untuk memahami aspek yang terkait dengan fungsinya yang disebut lompatan kuantum.

Pertama-tama, perlu dicatat bahwa elektron tidak dapat berputar dalam rezim anarkis, tetapi harus mematuhi aturan tertentu. Aturan pertama adalah Prinsip Pengecualian Pauli, yang berlaku untuk "fermion," kelas partikel yang mencakup proton, neutron, dan elektron.

Prinsip ini dimulai dari konsep bahwa di sekitar atom hanya ada beberapa "zona yang diizinkan", dan bahwa dua fermion yang identik tidak dapat menempati zona (atau keadaan kuantum) yang sama secara bersamaan.

Oleh karena itu, sebuah orbit dapat ditempati oleh maksimal dua elektron, asalkan mereka memiliki "putaran" yang berlawanan.

Kondisi kedua adalah bahwa setiap orbit tidak dapat secara acak jauh dari nukleus.

Menurut model atom yang diusulkan oleh Niels Bohr, elektron berputar mengelilingi inti dalam orbit melingkar; setiap elektron, yang memiliki muatan negatif, sesuai dengan orbit yang sangat tepat, karena ia harus bergerak dengan kecepatan yang cukup untuk menangkal gaya listrik yang menarik yang diberikan oleh nukleus, bermuatan positif, padanya. Rotasi mencegah elektron tersedot ke dalam nukleus, tetapi harus terjadi dengan energi yang sebanding dengan jaraknya.

Semakin jauh elektron dari intinya, semakin banyak energi yang dibutuhkannya. Tapi itu harus menjadi energi yang seimbang. Jumlah energi yang tepat harus mencegah elektron jatuh ke dalam nukleus atau, sebaliknya, terlempar keluar dari zona pengaruh atom.

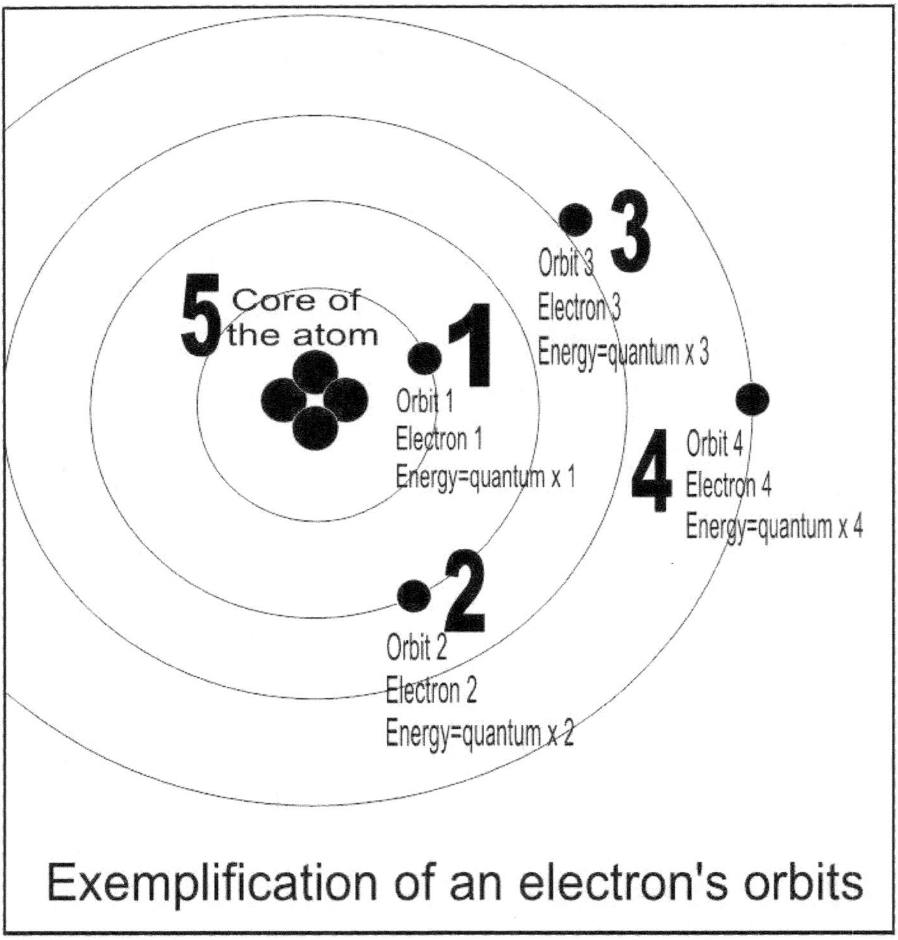

Gambar 30 - Contoh ilustrasi atom dengan empat elektron dan empat proton. Setiap elektron berputar dalam orbit yang berbeda dan memiliki sejumlah energi yang dapat diukur dalam kuanta.

1 Elektron pada orbit 1 memiliki 1 kuantum energi.
2 Elektron pada orbit 2 memiliki 2 kuanta energi.
3 Elektron pada orbit 3 memiliki 3 kuanta energi.
4 Elektron pada orbit 4 memiliki 4 kuanta energi.
5 Inti atom.

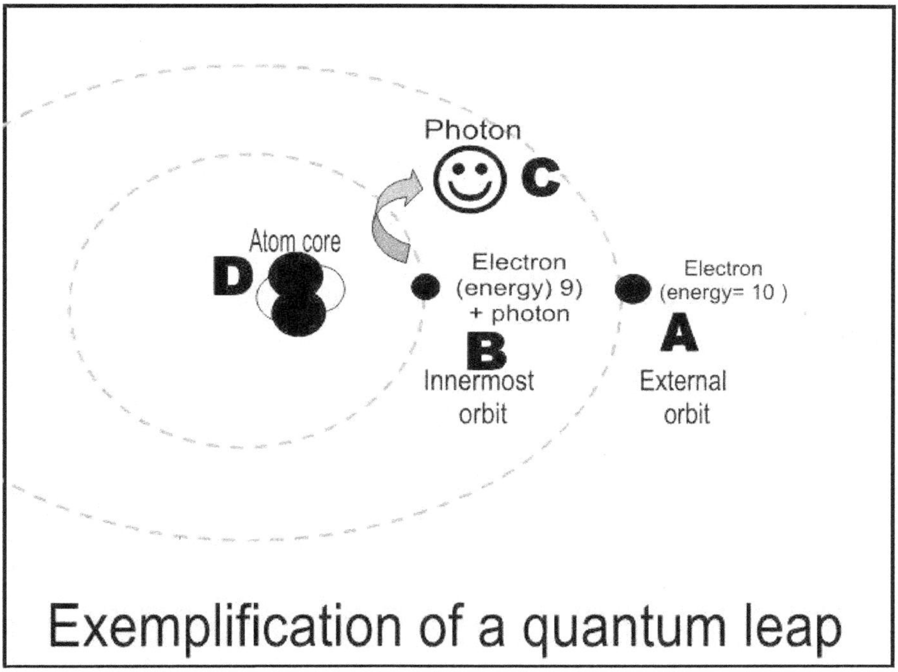

Gambar 31 - Contoh lompatan kuantum.

A. Elektron A yang ditempatkan pada orbit luar memiliki energi sepuluh kuantum.

B. Elektron melompat ke orbit dalam. Di sini ia membutuhkan lebih sedikit energi (9 kuanta) sehingga melepaskan kuantum.

C. Kuantum yang dilepaskan menjadi foton.

D. Inti atom.

Karena kita tahu bahwa energi pada tingkat elektron diukur dalam kuanta, maka orbit hanya dapat berada pada jarak kuantum, atau kelipatan kuantum.

Tidak ada elektron yang akan berputar dalam orbit yang membutuhkan nilai energi selain kuantum atau kelipatannya.

Oleh karena itu, antara elektron yang berputar pada orbit internal (sebut saja E-Inner) dan elektron lain yang berputar pada orbit yang lebih eksternal (sebut saja E-Eksternal) terdapat perbedaan energi: E-Eksternal membutuhkan lebih banyak energi daripada E -intern.

Sebagai contoh, kita dapat mengatakan bahwa jika elektron internal membutuhkan satu kuantum energi, elektron eksternal membutuhkan dua untuk mempertahankan orbitnya. Tidak mungkin ada orbit yang membutuhkan satu setengah kuantum, karena kuantum adalah ukuran seminimal mungkin.

Di tengah begitu banyak keteraturan kita harus mempertimbangkan bahwa elektron sangat sulit diatur dan terkadang, karena alasan yang hanya diketahui oleh mereka, suka melompat dari orbit luar ke orbit dalam. Jadi, jika sebuah elektron yang memiliki dua kuanta energi, ingin melompat ke orbit dalam (yang hanya membutuhkan satu kuanta energi), ia harus melepaskan salah satu kuanta-nya. Apa yang terjadi pada energi yang dilepaskan ini? Dibutuhkan bentuk foton saat elektron melakukan apa yang disebut "lompatan kuantum".

Gambar 31 mewakili "lompatan kuantum". Pada titik A elektron, yang ditempatkan pada orbit apa pun, memiliki energi yang sama dengan sepuluh kuanta (nilai contoh). Pada titik B elektron telah melompat ke orbit dalam. Sekarang energi yang dibutuhkan sama dengan sembilan kuanta.

Kuantum yang tidak lagi dibutuhkan telah dipindahkan dalam bentuk foton: yaitu menjadi kuantum cahaya.

Seperti yang akan kita lihat nanti, fisikawan telah mengeksploitasi sifat ini dengan menstimulasi elektron untuk melakukan lompatan ganda kuantum untuk menghasilkan foton kembar, atau foton berkorelasi; mempelajari perilaku mereka telah mengarah pada penemuan fenomena yang disebut keterikatan kuantum.

Dualisme gelombang-partikel.

Karakteristik mendasar dari fisika kuantum adalah mampu merepresentasikan radiasi atau materi baik dalam bentuk fenomena gelombang maupun entitas partikel. Ini berbeda dengan fisika klasik di mana, misalnya, cahaya dijelaskan secara eksklusif sebagai gelombang dan elektron secara eksklusif sebagai partikel.

Properti yang sama sekali tidak terduga ini disebut dualitas gelombang-partikel. Tidak mempertimbangkannya adalah alasan kegagalan semua teori klasik yang dikembangkan sebelumnya tentang fungsi atom. Ciri utama fisika kuantum adalah prinsip saling melengkapi, yang menurutnya dua aspek, gelombang dan partikel, tidak dapat diamati secara bersamaan selama percobaan yang sama. Konsep ini diformalkan dalam prinsip ketidakpastian Heisenberg. Heisenberg menetapkan bahwa tidak mungkin untuk mengukur secara bersamaan dan dengan sangat presisi sifat-sifat yang menentukan keadaan partikel elementer. Jika, misalnya, kita dapat menentukan posisinya dengan ketelitian mutlak, kita akan mendapatkan ketidakpastian maksimum tentang kecepatannya.

Munculnya fisika kuantum menyebabkan kebingungan dan kekacauan dalam komunitas ilmiah yang melihat dasar-dasar konsepsinya tentang dunia dipertanyakan dan direvolusionerkan.

Einstein sendiri, ketika menyadari realitas baru fisika kuantum, menyebutnya sebagai "tindakan jahat dari kejauhan".

Seperti dilansir dalam buku "Albert Einstein Scientist and Philosopher", Einstein menulis dalam buku hariannya sebagai berikut:

> “Semua upaya saya untuk menyesuaikan landasan teoretis fisika dengan asumsi ini gagal. Seolah-olah kami telah kehilangan pijakan di bawah kaki kami, dan tidak ada tempat yang terlihat untuk membangun”.

Penemuan fisika kuantum memerlukan peninjauan kembali konsep dasar seperti materi, waktu, ruang, dan hubungan sebab akibat, semuanya penting untuk memahami dunia seperti yang kita rasakan. Tentunya kebutuhan untuk memodifikasinya menghasilkan krisis budaya yang mendalam dalam komunitas ilmiah. Bahkan saat ini tidak mungkin untuk sepenuhnya mendefinisikan apa visi yang tepat dari realitas fisik, jika tidak dengan memeriksanya secara terpisah pada tingkat yang berbeda: dimensi menengah, yaitu, tingkat sensitif kita, dan dimensi subatomi.

Eksperimen celah ganda.

Prestasi fisika modern telah memprovokasi perubahan signifikan dalam citra ilmiah kita dunia: mereka telah mengguncang keabsahan mutlak hukum-hukum alam dan mengubahnya menjadi keabsahan relatif. Hukum alam adalah kebenaran statistik, yaitu, bisa dikatakan, sepenuhnya valid hanya ketika berhadapan dengan kuantitas makrofisik. Sebaliknya, dalam bidang kuantitas minimal, memprediksi apa yang akan terjadi menjadi tidak pasti dan tidak mungkin, karena kuantitas yang sangat kecil tidak lagi berperilaku sesuai dengan hukum alam yang diketahui.

(Carl Gustav Jung)

Salah satu eksperimen paling terkenal dalam fisika kuantum (mungkin yang paling terkenal) akan membantu kita lebih memahami sifat partikel elementer. Eksperimen mendasarkan kepentingannya pada asal-usulnya yang kuno: versi pertama dibuat lebih dari dua abad yang lalu, pada tahun 1801, oleh Thomas Young. Selanjutnya, percobaan mempertahankan martabatnya yang membuatnya terkini dalam banyak proposisi ulang berikutnya, diperbarui karena teknologi memungkinkan versi yang lebih terkini. Saat ini merupakan salah satu kunci utama untuk memahami fisika kuantum dan fenomena terkait, termasuk keterikatan. Oleh karena itu saya akan mencoba mengilustrasikan percobaan ini agar mudah diasimilasi oleh pembaca non-spesialis dan menghindari rumus matematika.

Eksperimen ini tidak rumit secara konseptual dan saya akan mengusulkan sebuah contoh yang, saya percaya, dapat dipahami oleh siapa saja yang, sebagai anak laki-laki, senang melempar batu ke segala jenis sasaran, atau melemparkannya ke dalam air untuk melihat lingkaran konsentris yang khas.

Angkat tanganmu yang tidak pernah melempar batu. Biarlah dia yang telah melempar batu, meski usianya sudah tidak muda lagi, bersiaplah untuk melempar lagi, .

Gim ini terdiri dari memasang penghalang yang kokoh di depan kita, di mana kita akan membuat lubang atau celah. Celah itu cukup besar untuk memungkinkan batu yang dilemparkan ke arahnya bisa lewat. Tepat di belakang penghalang kami menempatkan lembaran logam yang sangat tipis. Dalam contoh ini, ketika sebuah batu melewati lubang, ia mengenai lembaran logam dan membuatnya penyok, meninggalkan bekas benturan.

Gambar 32 Thomas Young (Milverton, 13 Juni 1773 - London, 10 Mei 1829) adalah seorang ilmuwan Inggris, yang terkenal dengan penelitiannya tentang cahaya dan mekanika benda padat, dan atas kontribusinya pada fisiologi dan Egiptologi.

Gambar 33. Werner Karl Heisenberg (Würzburg, 5 Desember 1901 - Munich, 1 Februari 1976) adalah seorang fisikawan Jerman. Dia adalah salah satu arsitek utama mekanika kuantum, yang dikenal karena menguraikan prinsip ketidakpastian pada tahun 1927. Dia menerima Hadiah Nobel Fisika pada tahun 1932.

Pada titik ini percobaan dapat dilakukan, seperti yang ditunjukkan pada gambar 34. Mari kita berdiri beberapa meter dan melempar batu sebanyak yang kita inginkan untuk mencoba melewati celah tersebut. Kami hanya akan mempertimbangkan batu yang melewati celah dan mengenai layar penerima, dan kami akan mengabaikan batu yang meleset dan ditolak oleh penghalang.

Setiap batu yang mengenai layar penerima menghasilkan satu penyok (gbr. 34-1).

Jika kita membuka celah kedua pada penghalang (gbr.34-2), peluncuran yang berhasil akan melewati satu atau celah lainnya, dan akan menghasilkan penyok pada layar penerima sesuai dengan celah yang disilangkan.

Singkatnya, di bagian percobaan ini kita dapat memahami bahwa penghalang dilintasi oleh satu proyektil padat hanya dengan mengamati penyok yang dihasilkan pada layar penerima. Kita sekarang dapat beralih ke bagian kedua dari percobaan kita. Kami akan membenamkan perangkat, yaitu penghalang dengan celah dan layar penerima, dalam wadah berisi air, sehingga celah tersebut setengah terendam, seperti pada gambar 35.

Kali ini kita tidak akan melempar batu kita langsung ke celah, tapi ke air agak jauh di depan penghalang. Batu itu akan menghasilkan lingkaran air khas yang kita semua tahu; ini akan menyebar ke arah penghalang, melewati celah dan muncul kembali di sisi berlawanan membentuk gelombang perambatan baru yang akan diblokir oleh layar penerima.

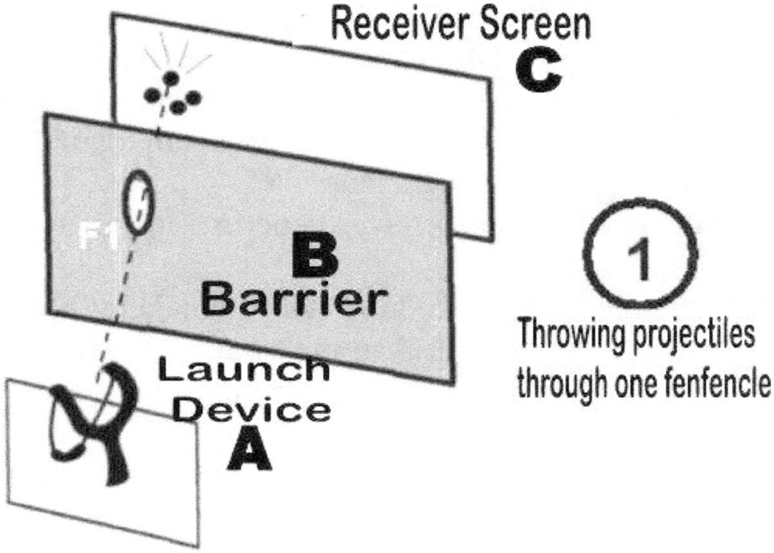
Receiver Screen
C
F1
B
Barrier
Launch
Device
A
1
Throwing projectiles
through one fenfencle

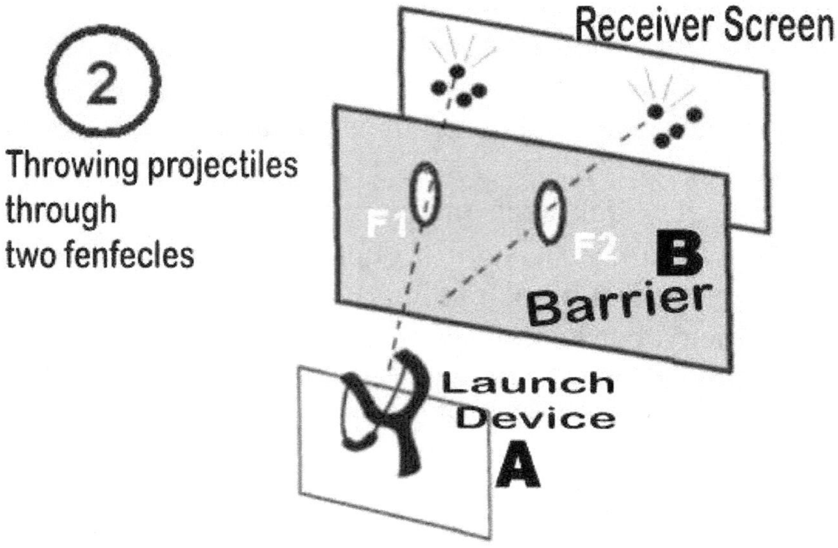
Receiver Screen
2
Throwing projectiles
through
two fenfecles
F1
F2
B
Barrier
Launch
Device
A

Gambar 34 - Simulasi percobaan celah ganda. 1) Melempar proyektil melalui celah. 2) Melempar proyektil melalui dua celah.

1) Melempar adalah melalui penghalang dengan celah.

A.Peluncur

B.penghalang

C. Layar penerima

2) Melempar adalah melalui penghalang dengan dua celah.

A.Peluncur

B.Penghalang

C. Layar penerima.

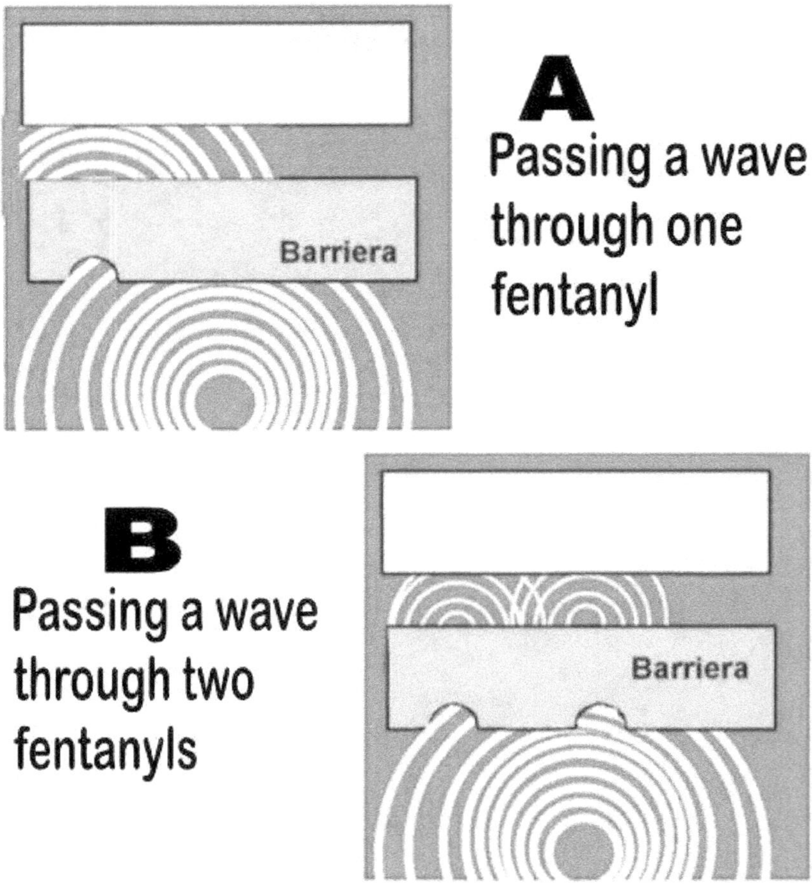

Gambar 35 - Melewati dua celah, gelombang menghasilkan dua setengah gelombang yang, saat berpotongan, bertambah.
A) Perjalanan gelombang air melalui celah.
B) Efek superposisi yang terjadi ketika gelombang melintasi dua celah.

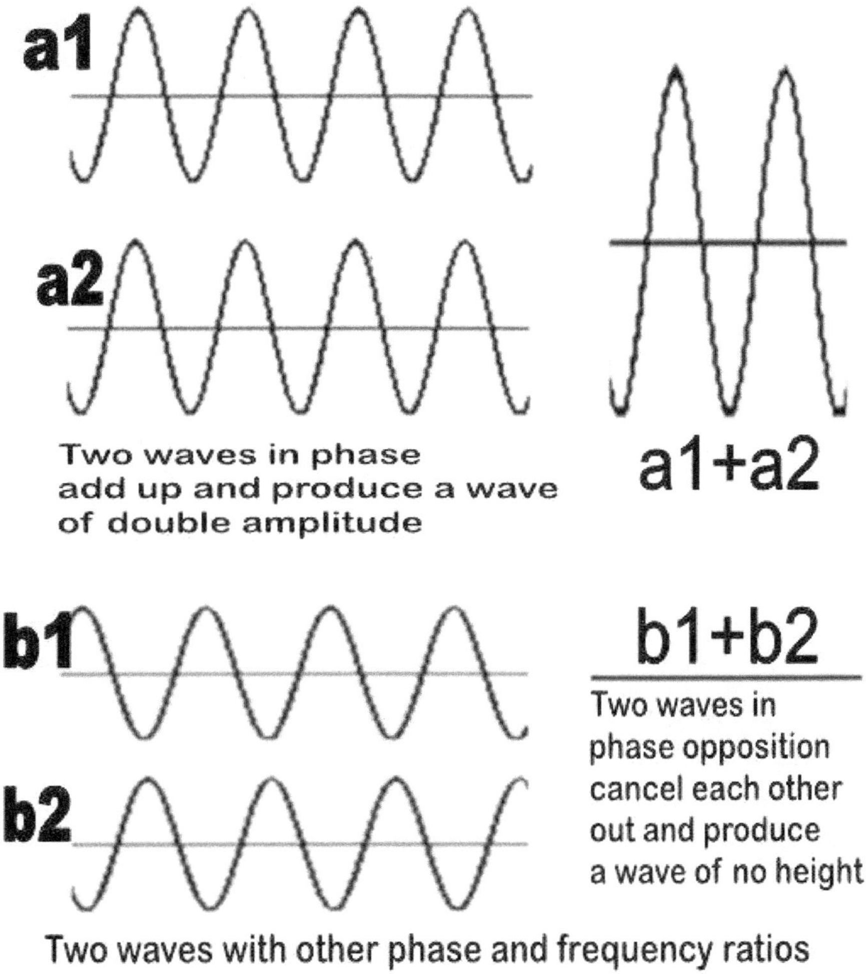

Two waves with other phase and frequency ratios
produce waves equal to their algebraic sum

Gambar 36 - Jumlah gelombang dengan amplitudo, frekuensi, dan fase yang berbeda

A) Dua gelombang a1-a2 sefasa. Amplitudo mereka bertambah dan menghasilkan gelombang a1+a2 dengan amplitudo ganda.

B) Dua gelombang b1-b2 berlawanan fase. Amplitudo mereka bertambah dan menghasilkan hasil negatif, gelombang b1+b2 dengan amplitudo nol.

Jika dua gelombang tidak persis dalam fase atau berlawanan fase, mereka menghasilkan gelombang yang sama dengan jumlah aljabarnya.

Sekarang bayangkan membuka celah kedua dan melempar batu lagi, seperti pada gambar 35 .

Lingkaran air yang dibuat oleh satu batu, menyebar di depan penghalang, akan melewati kedua celah. Muncul di belakang penghalang dua lubang akan menghasilkan dua lingkaran air baru. Lingkaran ini, yang masih merambat, akan saling mengganggu dan bertambah.

Dari apa yang telah dikatakan sejauh ini kita dapat menarik beberapa kesimpulan sederhana:

- Jika kita meluncurkan proyektil ke arah penghalang dua celah, proyektil melewati satu atau celah lainnya. Kami dapat memverifikasi ini dengan melihat penyok pada layar receiver.

- Jika kita melempar batu ke dalam air menuju penghalang dengan dua celah, kita menghasilkan sekelompok lingkaran air. Lingkaran ini melewati kedua celah, dan menghasilkan dua set lingkaran air baru di belakang penghalang. Kedua kelompok ini akan bergabung dan menghasilkan pola interferensi.

Jadi kita telah melihat perbedaan antara lemparan batu dan lemparan gelombang: lemparan batu menghasilkan penyok, sedangkan lemparan gelombang rambat menghasilkan pola interferensi.

Ketika sains ingin memahami apakah cahaya terbuat dari partikel atau gelombang, seseorang membayangkan melemparkan "kilatan cahaya" ke arah perangkat seperti yang baru saja dijelaskan. Eksperimen cenderung memverifikasi efek apa yang akan dihasilkan pada layar penerima, "penyok" atau "gangguan”.

Thomas Young

Thomas Young adalah seorang ilmuwan Inggris, terkenal karena penelitiannya tentang cahaya dan mekanika benda padat, tetapi juga karena kontribusinya pada Egyptology. Ia lahir di Milverton pada tanggal 13 Juni 1773 dan meninggal di London pada tahun 1829.

Dia adalah anak pertama dari sepuluh bersaudara dalam keluarga Quaker. Dia digambarkan sebagai anak ajaib, dan memang begitu. Memang, di usia dua tahun dia sudah bisa membaca. Pada usia enam tahun, dia sudah menguasai bahasa Latin dan membaca seluruh Alkitab dua kali. Dia segera belajar bahasa lain dan pada usia empat belas dia tahu, selain bahasa Yunani, Prancis, Italia dan Ibrani, dan banyak bahasa oriental seperti Kasdim, Syria, Samaria, Arab, Persia, dan Turki.

Young lulus dalam fisika pada 1796 di Göttingen, dan pada 1799 ia mulai bekerja sebagai dokter dalam praktik di Jalan Welbeck di London. Sebuah plakat di pintu masih memperingati kolaborasi itu hingga hari ini. Sementara itu, dia menerbitkan esainya secara anonim karena dia takut akan dampak pada reputasinya sebagai seorang dokter.

Pada 1802 Young bergabung dengan Council of the Royal Society, di mana dia telah menjadi anggotanya sejak 1794.

Dalam fisika Young terkenal dengan karya-karyanya di bidang optik, karena ia adalah penulis penelitian tentang dualisme gelombang-partikel. Penemuan fenomena interferensi dalam cahaya juga harus dikaitkan dengan Young. Bahkan, pada tahun 1801 ia merancang percobaan celah ganda.

Kontroversi mengenai sifat cahaya dimulai dengan Newton yang percaya bahwa cahaya bersifat corpuscular.

Belakangan, hipotesis ini ditentang, sehingga pada 1801 Young merancang dan melaksanakan eksperimennya yang terkenal.

Youngi mengirimkan berkas cahaya menuju penghalang di mana dua lubang telah dibor. Pada layar penerima yang ditempatkan di luar penghalang, dia mendapat pola interferensi. Dengan demikian, Young menyimpulkan bahwa penghalang telah dilintasi gelombang daripada partikel, dan menegaskan sifat gelombang cahaya. Tetapi apakah cahaya benar-benar gelombang?

Evolusi percobaan celah ganda.

Pada awal abad ke-20, keraguan mulai muncul karena studi Planck tentang benda hitam dan beberapa aspek yang disoroti oleh Einstein dalam kaitannya dengan perilaku foton, yang terlihat sangat mirip partikel jika dipelajari dalam efek fotolistrik. .

Pada tahun 1916, Robert Millikan dari Amerika menghipotesiskan keberadaan foton sebagai sebuah partikel, yang kemudian dikonfirmasi oleh penemuan efek Compton pada tahun 1922. Hal ini menimbulkan masalah besar dalam fisika, karena cahaya tampak memiliki dualitas misterius yang membuatnya tampak sebagai gelombang atau sebagai partikel dalam percobaan berbagai jenis.

Pada tahun 1924 fisikawan dan matematikawan Prancis Louis de Broglie merumuskan hipotesis bahwa tidak hanya foton, tetapi semua benda material, dan khususnya semua partikel, juga memiliki sifat fisik gelombang yang khas. Hipotesis ini segera menemukan konfirmasi eksperimental dan memberikan dorongan mendasar pada pengembangan mekanika kuantum. Bukti eksperimental dualitas gelombang-partikel diperoleh pada tahun 1927 oleh Clinton Davisson dan Lester Germer, di Bell Laboratories di Murray Hill, di negara bagian New Jersey di Amerika Serikat. Para ilmuwan ini menembakkan seberkas elektron pada kristal nikel, dan mengamati pola difraksi. Ini memungkinkan penggunaan berkas partikel untuk melakukan percobaan interferensi dua celah, seperti yang dilakukan Young.

Versi modern dari percobaan celah ganda

Eksperimen celah ganda pertama kali dilakukan dalam bentuk modern menggunakan elektron pada tahun 1961, oleh Claus Jönsson di Universitas Tübingen, Baden-Württemberg di Jerman. Itu kemudian diulangi pada tahun 1974 di Institut LAMEL CNR di Bologna oleh Pier Giorgio Merli dari LAMEL dan oleh Gian Franco Missiroli dan Giulio Pozzi, keduanya dari Departemen Fisika Universitas Bologna.

Institut LAMEL memiliki mikroskop canggih, Siemens Eliskop 101, yang dikalibrasi dan diadaptasi untuk beroperasi dalam mikroskop elektron interferensi.

Mikroskop digunakan baik sebagai interferometer maupun sebagai sumber elektron yang dibuat untuk melewati satu per satu melalui prisma elektron ganda dan kemudian dikirim ke pelat fotografi.

Deskripsi percobaan berdasarkan peluncuran satu foton

Sekarang kami ingin mempertimbangkan secara rinci percobaan dalam versi modern klasiknya, berdasarkan penggunaan foton tunggal atau kuanta cahaya. Oleh karena itu, mari kita bayangkan sebuah perangkat yang mampu meluncurkan satu foton satu per satu, penghalang dengan satu atau dua celah dan layar di belakangnya. Layar terdiri dari kamar gelap berisi film fotografi. Film akan "ditandai" oleh foton yang mengenainya, karena foton bercahaya.

Perangkat dalam konfigurasi celah tunggal ditunjukkan pada Gambar 37. Foton yang ditolak oleh penghalang tidak diperhitungkan; mereka yang melewati celah menandai sebuah titik pada film fotografi, sebuah tanda yang jelas bahwa mereka berperilaku seperti partikel. Sejauh ini tidak ada yang luar biasa; foton berperilaku seperti batu kita, dan percobaan menunjukkan bahwa foton adalah partikel.

Gambar 38 mengilustrasikan peluncuran satu foton menuju penghalang dengan dua celah. Tanda tanya melambangkan pertanyaan: celah mana yang akan dilalui foton?

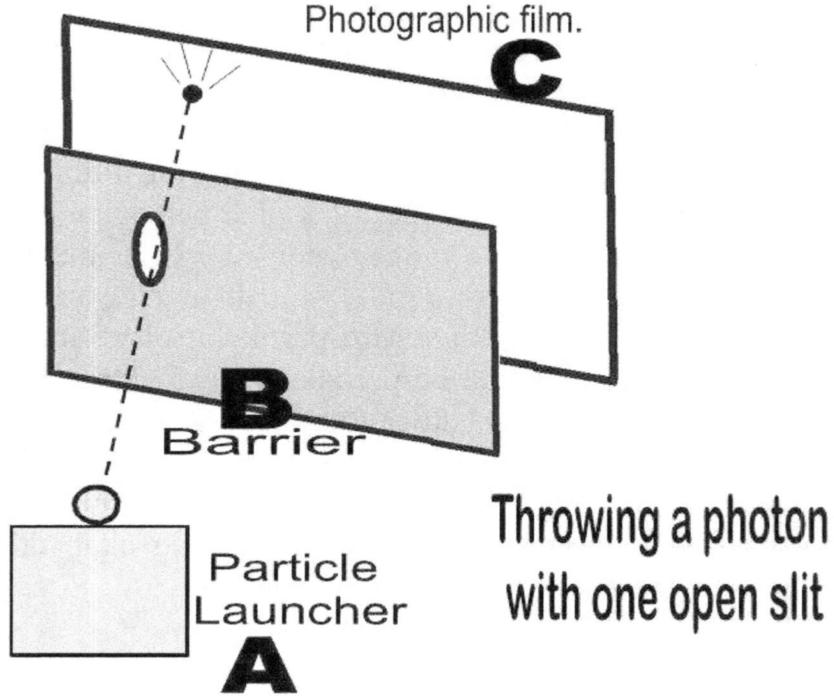

Gambar 37 - Peluncuran satu foton menuju penghalang dengan celah. Foton melewati celah dan mempengaruhi titik pada pelat fotografi belakang. Dengan demikian, foton berperilaku seperti partikel.

A) Alat lempar.

B) Penghalang dengan celah.

C. film fotografi.

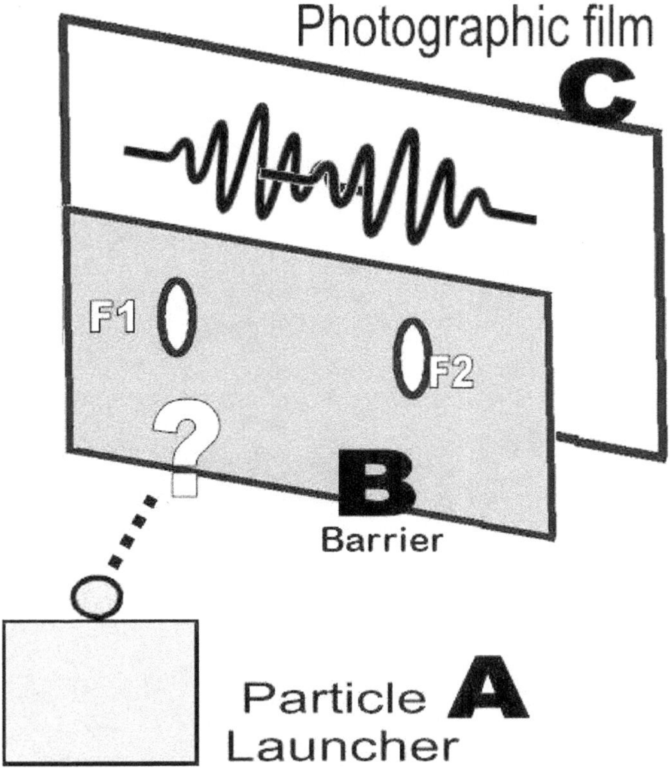

Throwing a photon with TWO open slits

Gambar 38 - Jika kita meluncurkan satu foton menuju penghalang dengan dua celah, ini, sebagai partikel, hanya akan melewati satu sedangkan sebagai gelombang, ia akan melewati keduanya.
A) Alat lempar
B) Penghalang dengan dua celah
C. film fotografi.

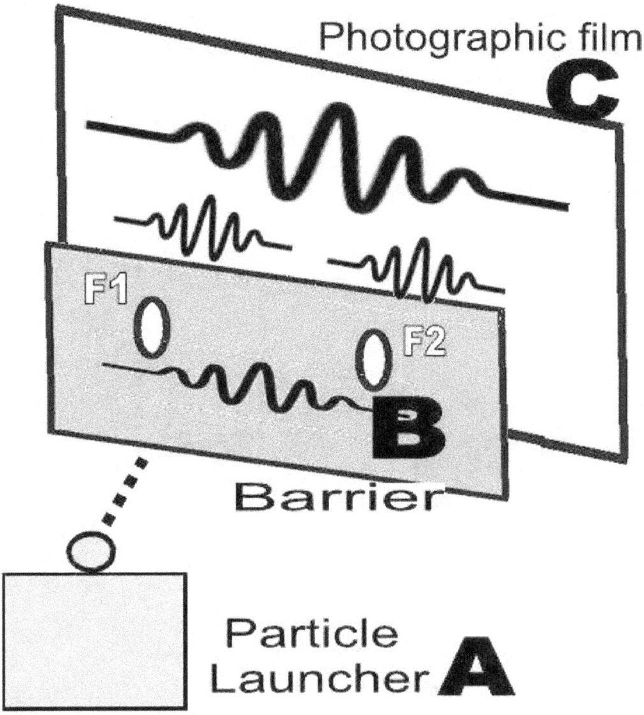

Throwing a photon with two open slits. The photon behaves like a wave

Gambar 39 - Nyatanya, foton tunggal, jika dihadapkan hanya dengan satu celah, berperilaku seperti sebuah partikel; jika ada dua di depannya, ia berperilaku seperti gelombang.

A) Alat lempar

B) Penghalang dengan celah

C. film fotografi.

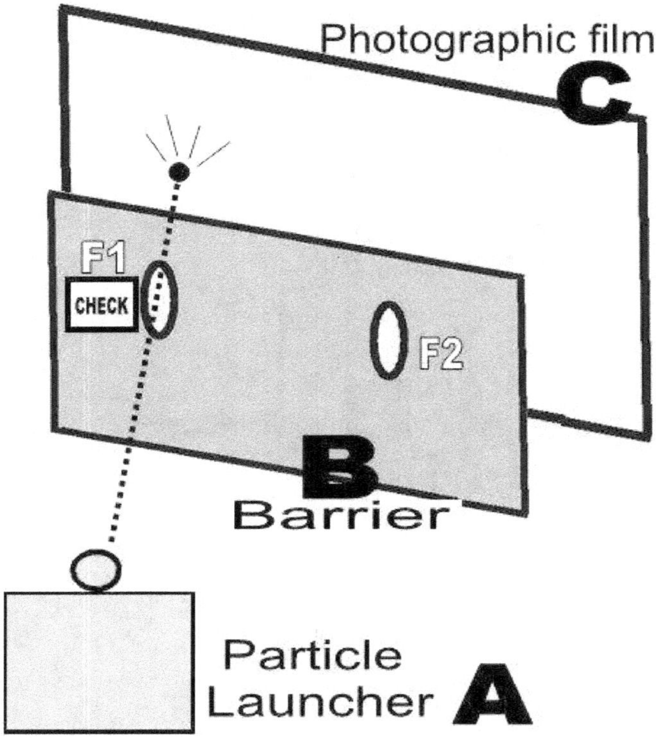

Launch of a photon with CONTROL DEVICE. The photon behaves like a particle

Gambar 40 - Jika kita melempar foton ke penghalang dengan dua celah, salah satunya dilengkapi dengan perangkat kontrol untuk memverifikasi lintasan foton, maka foton kita memilih celah yang dikontrol dan berperilaku seperti partikel.

A) Alat lempar
B) Penghalang dengan celah
C. film fotografi
CHECK) Memeriksa perangkat.

Jawabannya jelas terlihat pada Gambar 39: foton tunggal melewati kedua celah.

Memang, di depan satu celah foton berperilaku seperti partikel, sedangkan di depan dua celah berperilaku seperti gelombang dan melintasi keduanya.

Dalam kasus pertama, umpan balik diberikan oleh masing-masing titik terang yang muncul pada film fotografi. Dalam kasus kedua, garis-garis gelap dan terang muncul di sini, yaitu angka interferensi yang diberikan oleh gelombang yang melintasi kedua celah menciptakan dua gelombang keluar. Di luar penghalang, kedua gelombang berinterferensi dan secara aljabar bertambah satu sama lain. Bilah gelap atau terang mewakili hasilnya (gbr. 39).

Pertimbangan pertama yang dapat dibuat adalah bahwa foton (tetapi tidak hanya, sifat yang umum untuk semua partikel elementer) berperilaku, bergantung pada kasusnya, seperti partikel atau gelombang. Ini terlihat pada alat kami. Terbukti, partikel adalah partikel dan gelombang pada saat yang bersamaan.

Ini memungkinkan satu foton melewati kedua celah secara bersamaan.

Tapi kejutan belum berakhir. Bayangkan pelaku eksperimen memutuskan untuk memverifikasi lintasan foton melalui celah, mulai dari prinsip bahwa foton adalah partikel, dan harus lewat suatu tempat.

Oleh karena itu, tempatkan instrumen tepat di luar salah satu dari dua celah. (gambar 40).

Nah, dalam hal ini, yaitu ketika lintasan foton dikendalikan oleh suatu instrumen, sesuatu yang luar biasa terjadi, seolah-olah foton menolak untuk bekerja sama. Meskipun ada dua celah terbuka, foton hanya melewati celah yang dilengkapi instrumen, dan meninggalkan titik di layar belakang. Jika kedua celah dipantau, ia hanya melewati satu celah sambil tetap berperilaku sebagai partikel. Tetapi jika Anda mengeluarkan alatnya, itu akan kembali berperilaku seperti gelombang.

Dalam praktiknya, foton menantang pelaku eksperimen dengan membuktikan kepadanya bahwa itu adalah misteri yang tak terpecahkan baginya.

Fisikawan Amerika Leon Max Lederman, menulis dalam bukunya "Quantum Physics for Poets" sebagai berikut:

> "Tampaknya satu elektron, seolah-olah secara ajaib, melewati dua celah pada saat yang sama jika tidak ada yang mengamatinya, sambil memilih jalur yang memungkinkan jika seseorang atau sesuatu melihatnya! Ini dimungkinkan karena elektron bukanlah partikel atau gelombang: mereka adalah sesuatu yang lain, sama sekali baru. Partikel adalah "keadaan kuantum".

Harus dikatakan bahwa eksperimen yang awalnya terbatas pada partikel elementer, kemudian juga dilakukan pada benda kompleks. Di Universitas Wina, Anton Zeilinger dan rekan-rekannya melibatkan "bola bucky" dalam percobaan. Ini adalah molekul yang terdiri dari enam puluh atau lebih atom karbon yang dirangkai untuk membentuk struktur yang menyerupai kubah geodesik; pengaturan ini dipopulerkan oleh arsitek Amerika Richard Buckminster dan dinamai menurut namanya. Jelas, sebuah molekul yang terdiri dari enam puluh atom menjadi struktur raksasa jika dibandingkan dengan satu foton. Namun demikian, dalam percobaan celah ganda, menggunakan "bola bucky" sebagai pengganti foton, diperoleh hasil yang sama.

Dengan ini telah dibuktikan bahwa sebuah molekul materi dapat menghasilkan fenomena gelombang seperti sebuah partikel energi. Juga, molekul-molekul materi ini memiliki anugerah di mana-mana, yaitu, dengan melewati kedua celah, mereka memiliki kemampuan untuk menemukan diri mereka secara bersamaan di dua tempat yang berbeda.

Apakah kehadiran di dua tempat berbeda masuk akal?

Apakah mungkin di masa depan untuk melakukan percobaan pada tubuh yang lebih kompleks, yang terdiri dari miliaran molekul, seperti tubuh manusia? Dalam hal ini, akan ada konfirmasi ilmiah dari fenomena kontroversial seperti penggandaan, proyeksi astral, perjalanan keluar tubuh atau bilokasi, yaitu semua pengalaman keluar tubuh, juga dikenal dengan singkatan OBE dan terkadang OOBE (keluar dari tubuh). pengalaman). Itu semua adalah pengalaman, interpretasinya masih kontroversial, di mana seseorang merasa "keluar" dari tubuh fisiknya, yaitu memproyeksikan kesadarannya sendiri di luar batas tubuh. Pengalaman-pengalaman ini termasuk dalam bidang disiplin parapsikologis, yang tidak diakui oleh dunia ilmiah dan akademik, tetapi hadir di banyak budaya, baik Barat maupun Timur.

Fenomena bilokasi telah menjadi bagian dari tradisi Weda dan Buddha selama berabad-abad. Rupanya, budaya ini dapat mentransmisikan, kepada subjek dengan kecenderungan tertentu, dasar-dasar pengetahuan filosofis dan spiritual untuk memungkinkan mereka, melalui pelatihan yang lama, kemampuan bilokasi.

Filsuf India terkenal Paramahansa Yogananda bersaksi dalam buku-bukunya, dengan sangat rinci, episode-episode tentang dirinya juga.

Robert Allan Monroe adalah seorang penulis Amerika, pendiri Institut dengan nama yang sama "untuk penelitian tentang kesadaran manusia" pada tahun 1978. Dalam bukunya "Perjalanan saya keluar dari tubuh" dia menjelaskan disiplin oriental dan merekomendasikan teknik persiapan untuk inisiasi ke dalam fenomena bilokasi.

Dalam kekristenan terdapat banyak kesaksian hagiografi tentang bilokasi antara lain St Antonius dari Padua, St Fransiskus dari Assisi, St Alfonsus Maria de' Liguori, St Yosef dari Cupertino, St Fransiskus dari Paola dan St Yohanes Bosco.

Kemampuan prekognitif partikel subatomik.

Dari percobaan celah ganda kita dapat menarik kesimpulan yang bahkan membuat fisikawan yang paling berpengalaman pun takjub, dan yang mungkin lebih berkaitan dengan filsafat fisika daripada fisika itu sendiri.

Mari kita bayangkan sejenak bahwa foton memiliki hati nuraninya sendiri dan mampu "memutuskan" perilakunya dalam berbagai situasi yang melibatkannya.

Dalam praktiknya kita bertanya: ketika sebuah foton diluncurkan ke arah penghalang, bagaimana ia mengetahui jika penghalang tersebut memiliki satu atau dua celah terbuka?

Karena, sebenarnya, foton harus mengetahui berapa celah yang ada hanya setelah melewati penghalang, tetapi tampaknya foton mengetahuinya terlebih dahulu. Memang, foton memutuskan untuk menghadapi penghalang dalam bentuk partikel atau dalam bentuk gelombang, sebelum melewatinya.

Tidak hanya; foton tahu, sebelum melewati sebuah lubang, jika ini dipantau oleh instrumen untuk memverifikasi jalurnya. Foton mengetahui mana dari dua lubang yang dipantau oleh instrumen, sebelum melewatinya. Di saat-saat yang sangat singkat keberadaannya antara saat diluncurkan dan saat bertemu dengan penghalang. foton memperoleh pengetahuan tentang apa yang menunggunya. Dia tahu apakah dia akan menemukan satu atau dua celah, dan apakah mereka diawasi atau tidak.

Karena foton tidak memiliki pikiran maupun kesadaran, kita harus bertanya dari mana asal kemampuannya untuk "mengetahui sebelumnya" apa yang menunggunya di masa depan. Judul provokatif bab ini, tentang kapabilitas prekognitif foton, menunjukkan bahwa ini benar-benar ada.

Mungkin iya. Foton tahu karena menerima pengetahuan, memang itu adalah bagian dari kebijaksanaan universal, pengetahuan yang menghubungkan seluruh kosmos. Foton tahu karena seluruh kosmos tahu, dan pengetahuan ini tidak memiliki batas waktu, ruang, atau ukuran.

Partikel tidak "mengetahui sebelumnya", ia mengetahui karena merupakan bagian dari pengetahuan.

Foton "mengetahui" karena merupakan bagian dari pengetahuan kosmik universal yang ditempatkan di luar batas apa pun dan di luar ikatan apa pun yang ditentukan oleh materi. Pengetahuannya adalah informasi dan kecerdasan pada tingkat psikis atau spiritual murni. Foton tunggal itu, dan setiap partikel lain di alam semesta, tidak "meramal masa depan", itu hanya bagian darinya.

Kemudian muncul pertanyaan lain: mengapa kita manusia yang pada dasarnya terbuat dari partikel tidak memiliki pengetahuan yang sama?

Secara alami semua partikel yang menyusun tubuh kita memiliki pengetahuan ini, masing-masing secara individual; kita, dianggap sebagai kumpulan dari jumlah partikel yang tak terhingga, harus memiliki pengetahuan kumpulan, jumlah pengetahuan dari semua partikel kita.

Ada perbedaan besar antara partikel tunggal dan kumpulan partikel kita. Pertama, partikel adalah anggota pengetahuan universal tanpa mediasi apa pun. Partikel adalah bagian langsung darinya. Sebaliknya tubuh kita, sebagai kumpulan partikel, dipengaruhi oleh perantara yang kuat yang sebenarnya menjadi pemisah.

Mediator negatif ini secara kolektif disebut 'aku'. Kesadaran dan kepribadian kita menjalankan fungsi pemisah menuju pengetahuan kosmik. Memang, sementara partikel adalah anggota rendah hati yang mematuhi pengetahuan ini, kita menempatkan diri kita di pusat alam semesta: segala sesuatu yang mengelilingi kita, apa yang terjadi di sekitar kita, ingatan masa lalu dan harapan masa depan benar-benar berpusat pada pribadi kita. kosmos.

Hal ini membuat kita jelas tidak patuh dan tidak terlalu permeabel sehubungan dengan pengetahuan yang sama sekali tidak berpusat pada diri kita sendiri.

Pertimbangan yang mirip dengan ini secara naluriah membangkitkan seruan mengerikan dari Lucifer yang diusir dari hadirat Tuhan: "Aku tidak akan melayanimu!". Mungkin kita sendiri adalah malaikat yang jatuh, karena kita benar-benar tidak ingin melayani apa pun selain ego kita dan ini menjerumuskan kita ke dalam kesunyian eksistensial yang terdiri dari keegoisan dan referensi diri.

Demikian pula, mitos alkitabiah tentang Adam dan Hawa menceritakan tentang pengusiran dari Eden karena ketidaktaatan. Tuhan telah menanam kebun buah yang dapat dimanfaatkan sepenuhnya oleh pasangan itu, dengan satu pengecualian:

«Dari setiap pohon di taman ini kamu akan bisa makan; tetapi dari Pohon Pengetahuan tentang yang Baik dan yang Jahat janganlah kamu makan; pada hari kamu memakannya, kamu pasti akan mati."

Pengetahuan tentang Baik dan Jahat mengubah Adam dan Hawa menjadi subjek yang mampu menilai, tetapi kapasitas ini, sayangnya, dinodai oleh ambisi untuk menjadi serupa dengan Tuhan.

Meskipun demikian, ada banyak aspek yang membuat kita tetap terhubung, meski lemah, dengan "pengetahuan kosmik". Meskipun pengetahuan ini telah ditahan dari kita, kita memiliki remah-remah kesadaran akan keberadaannya. Pertama-tama kita memiliki firasat akan kehadiran yang lebih tinggi dari diri kita sendiri, yang kita intuisi dan terkadang merasa perlu, seperti untuk mengenang orang tua yang jauh atau hilang. Bayangan orang tua yang tidak dikenal yang merasa dipeluk melayang secara mistis dalam pikiran kita, itu membuat kita terpesona.

Inilah perasaan yang oleh banyak orang disebut "kerinduan akan Tuhan". Sebuah nostalgia yang datang dari jauh, ditimbulkan oleh peristiwa yang seringkali bukan bagian dari pengalaman hidup kita; itu adalah nostalgia yang mengacu pada ingatan sebelum keberadaan fisik kita.

Lalu ada persepsi ekstrasensor, yaitu kilatan cahaya yang kadang-kadang menerangi dan membuat jalan yang menyatukan kita dengan pengetahuan kosmik dapat dipraktikkan. Ketidaksadaran kita berhasil terhubung dengan ketidaksadaran kolektif dan, meskipun berliku-liku, kilatan pengetahuan mengalir dari kesadaran universal ke kesadaran individu kita. Ketika ini terjadi, kita "tahu dan melihat", untuk beberapa saat singkat, hal-hal yang, karena kondisi kita sebagai budak yang terikat pada materi, biasanya tidak kita lihat. .

Tetapi kita menemukan hubungan paling konkret dengan kebijaksanaan kosmos dalam sinkronisitas yang memenuhi keberadaan kita, seringkali dalam ketidakpedulian kita. Meskipun telah tenggelam ke dalam jurang malaikat yang jatuh, sebuah tangan menjangkau kita untuk mengangkat kita dari lubang dan membimbing kita menuju penebusan evolusioner spiritual dan budaya. Sinkronisitas adalah bukti bahwa "Pengetahuan" tidak menganggap kita terkutuk selamanya dan melihat dalam diri kita anak hilang yang evangelis, yang sekembalinya, tidak ditolak oleh ayahnya tetapi disambut dengan sukacita.

Atom dan representasi terbarunya.

Dalam representasi klasik atom, sebuah elektron memiliki jumlah energi yang terdefinisi dengan baik, mampu mempertahankannya dalam orbit tertentu yang, karenanya, mengambil nama tingkat energi orbit. Konsekuensinya, orbit merepresentasikan jalur yang ditempuh elektron mengelilingi nukleus sementara tingkat energi merepresentasikan jumlah energi yang cukup untuk mempertahankannya di orbit tersebut.

Seperti yang telah kita lihat, mekanika kuantum mampu menjelaskan perilaku partikel yang sangat kecil, seperti elektron, dan kita juga telah melihat bahwa aturan fisika klasik tidak berlaku untuk partikel ini. Dalam visi kuantum, model atom baru yang lebih kompleks telah diperkenalkan, di mana kita tidak lagi berbicara tentang "Orbit" tetapi tentang "Orbital".

"Orbit" dan "Orbital".

Mekanika kuantum telah banyak menunjukkan bahwa tidak mungkin untuk menentukan lintasan elektron, oleh karena itu istilah "Orbit" tidak tepat. Penting untuk meninggalkan konsep orbit yang ditempuh oleh elektron untuk menggantikannya dengan konsep "Orbital", yang juga didefinisikan sebagai "awan probabilitas". Ini terjadi karena kita tidak dapat menentukan dengan pasti apa posisi elektron di dalam atom pada saat tertentu atau pada saat berikutnya. Melalui fungsi matematika yang rumit, informasi tentang posisi elektron dapat diperoleh, tetapi hanya dalam hal probabilitas keberadaannya di ruang tertentu di sekitar nukleus (gbr. 41).

Dengan kata lain, sementara "Orbit" adalah lintasan yang ditentukan, "Orbital" adalah fungsi matematika yang memungkinkan Anda menentukan di mana elektron paling mungkin ditemukan di ruang sekitar atom.

Semua ini adalah konsekuensi langsung dari prinsip dasar mekanika kuantum yang ditemukan oleh fisikawan Jerman Werner Heisenberg, "Prinsip ketidakpastian" atau "prinsip Heisenberg", yang menurutnya tidak mungkin mengetahui posisi dan kecepatan elektron secara bersamaan. Ini menegaskan kekhasan perilaku partikel elementer dibandingkan dengan perilaku benda pada tingkat makroskopik, yaitu pada tingkat dimensi dan pengalaman kita.

Pada level kami, sebenarnya, adalah mungkin untuk menghitung lintasan dan kecepatan batu dengan sangat presisi bahkan sebelum melemparkannya, seperti halnya jalur benda langit atau rencana perjalanan satelit luar angkasa dihitung. Namun, pada tingkat subatomik, kemampuan ini menjadi tidak mungkin. Prinsip Heisenberg menetapkan sekali lagi keragaman misterius perilaku partikel.

Berkaitan dengan tidak hanya elektron tetapi partikel elementer lainnya, kita hanya dapat menentukan wilayah ruang tertentu di mana partikel itu dapat ditemukan; justru wilayah ruang inilah yang disebut "Orbital", dan ditentukan oleh energi yang dimiliki oleh partikel tersebut.

Kita dapat membayangkan "Orbital" sebagai kompromi antara tolakan berbagai elektron satu sama lain dan daya tarik yang diberikan oleh nukleus.

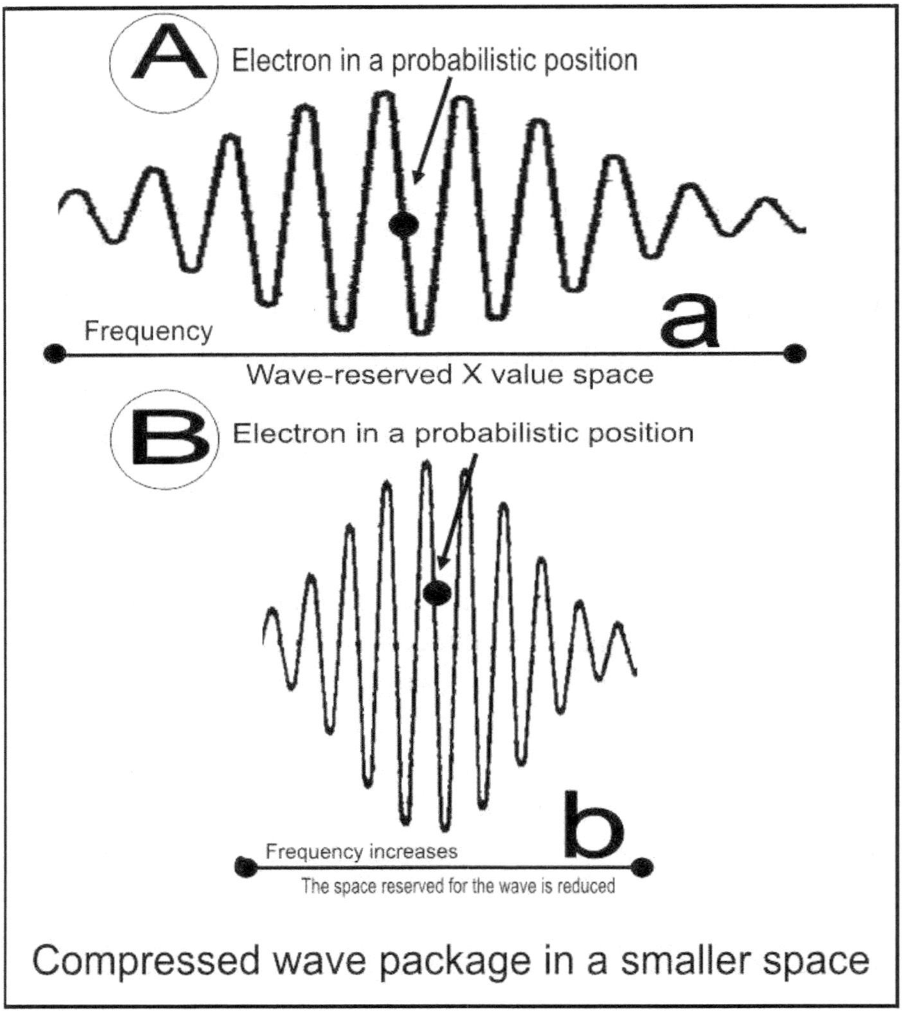

Gambar 41 - Dengan memampatkan wilayah ruang gelombang, frekuensinya meningkat dan karenanya kecepatan rotasi partikel.

A. Dalam ruang nilai "X" frekuensi gelombang memiliki nilai "a".

B. Di ruang sempit frekuensi gelombang memiliki nilai "b", lebih tinggi dari "a".

Oleh karena itu, semakin banyak proton dan elektron yang dimiliki atom, semakin rumit situasi hubungan internal tarikan dan tolakan; atom menjadi sarang lebah tempat tawon bergerak dengan kecepatan yang tak terbayangkan di sepanjang orbital probabilistik.

Dalam kondisi ini, satu-satunya cara untuk mengetahui dengan sangat dekat di mana sebuah elektron berada dan seberapa cepat ia bergerak adalah dengan memperlakukannya sebagai gelombang;

elektron akan berada di titik X mana pun dari gelombang yang menggambarkannya. Prinsip ini didefinisikan oleh fungsi matematika, fungsi gelombang, yang ditemukan oleh fisikawan dan matematikawan Austria Erwin Schrödinger.

Fungsi ini, pada kenyataannya, tidak menentukan koordinat yang tepat dari elektron, tetapi membatasi volume ruang di mana ia dapat ditemukan dengan kemungkinan yang lebih besar.

Hari ini kita tahu bahwa hukum kuantum dapat diterapkan tidak hanya pada elektron, tetapi juga pada partikel yang ada dalam inti atom, proton, dan neutron.

Tampilan dinamis atom.

Apa yang telah dikatakan sejauh ini memberikan pandangan atom yang jauh lebih dinamis daripada pandangan klasik. Memang, dengan mempertimbangkan elektron sebagai partikel, kita tidak dapat mengetahui dengan pasti di mana letaknya, kecuali bahwa ia terletak di titik mana pun dari fungsi gelombang yang menggambarkannya (gbr. 41A).

Fisika modern telah memahami alam semesta sebagai jaringan yang tak terpisahkan, di mana hubungan benar-

benar dinamis, bukan statis. Dalam mekanika kuantum, aspek dinamis ini, jika memungkinkan, ditingkatkan dan merupakan konsekuensi langsung dari sifat gelombang partikel. Akibatnya, sifat-sifat partikel subatomik hanya dapat dipahami dalam konteks dinamikanya.

Fakta bahwa partikel juga merupakan gelombang menyebabkan perilaku aneh yang harus diperhitungkan. Jika kita memaksa partikel ke ruang tertentu, ia bereaksi dengan bergerak di ruang tersebut. Semakin banyak ruang yang dibatasi, semakin cepat pengadukan.

Properti ini menjadi dapat dimengerti dengan memeriksa Gambar 41.

Di bagian atas digambarkan fungsi gelombang sebuah elektron, yang terkurung dalam wilayah ruang bernilai X dengan elektron ditempatkan pada posisi probabilistik.

Di bagian bawah gambar 41B, dengan membatasi ruang yang tersedia, gelombang bergetar pada frekuensi yang lebih tinggi dan ini menyebabkan peningkatan kecepatan elektron. Semakin kecil daerah batas, semakin banyak gerakan elektron akan meningkat.

Kecenderungan partikel untuk bereaksi terhadap setiap penyempitan ruang dengan meningkatkan kecepatannya menghasilkan keadaan agitasi materi, tipikal dunia subatomik.

Bagaimanapun, bahkan di dalam nukleus tidak ada imobilitas, sebaliknya, jika mungkin, agitasi mengambil bentuk paroksismal. Kita dapat memahami ini jika kita menganggap bahwa volume inti adalah satu triliun kali lebih kecil dari volume total atom. Padahal, seperti yang telah kami sebutkan, jika nukleus berukuran 3-4 milimeter, elektron terluar akan berputar dalam volume bola dengan diameter sekitar 100 meter. Dalam volume ruang inti yang sangat kecil, dua gaya ikut bermain: di satu sisi, tolakan antar proton, yang semuanya bermuatan listrik positif, cenderung "meledakkan" inti di ruang angkasa. Di sisi lain, bagaimanapun, interaksi nuklir kuat berperan yang memberikan daya tarik antara semua partikel yang terdiri dari quark. Oleh karena itu, nukleus bergetar, dalam konflik abadi yang terdiri dari tolakan dan tarikan, dengan kecepatan yang ditinggikan secara eksponensial oleh dimensinya yang sangat kecil.

"Benda" atau peristiwa?

Karena partikel adalah bagian dari struktur yang lebih besar seperti molekul dan gumpalan materi yang lebih besar, ini juga memiliki kecenderungan untuk bergerak dalam tarian yang terus-menerus, yaitu secara alami diaduk. Mekanika kuantum menunjukkan bahwa materi tidak pernah lembam, tetapi selalu bergerak. Meskipun pada tingkat makroskopik benda-benda tampak tidak bergerak dan padat bagi kita, dalam komposisi intim mereka mendidih dengan aktivitas hingar-bingar.

Objek realitas kita sehari-hari terdiri dari atom-atom yang terhubung satu sama lain untuk membentuk semua struktur molekul yang kita kenal. Ini bergetar selaras dengan suhu sekitar. Elektron terikat pada atom oleh gaya tarik-menarik dan tolakan listrik yang menekannya ke arah inti sehingga menyebabkan kecepatan rotasi yang sangat tinggi. Dalam nukleus yang sama, proton dan neutron direduksi menjadi volume yang sangat kecil sehingga menyebabkan agitasinya dengan kecepatan yang sulit dibayangkan.

Semakin jauh mempelajari atom, semakin jelas bahwa ia bukanlah komponen utama dari materi, padat dan padat, seperti yang disarankan oleh Newton, tetapi serangkaian aktivitas, yaitu getaran yang disebabkan oleh partikel-partikel yang secara bersamaan merupakan gelombang. , dalam gerakan ingar-bingar abadi di ruang yang sebagian besar kosong.

Karl Raimund Popper, filsuf Austria dan cendekiawan tentang metode yang digunakan untuk mencapai pengetahuan tertentu dan ilmiah tentang berbagai hal, dikaitkan dengan metafisika, jika dipahami dengan benar, fungsi untuk merangsang kemajuan. Determinisme fisik sangat ditentang oleh Popper, baik dari sudut pandang ilmiah maupun sebagai anggapan totalitarianisme. Dalam volumenya "The ego and its brain" Popper mengungkapkan pemikirannya tentang alam semesta material dalam istilah-istilah berikut:

> “Materi ternyata merupakan energi yang sangat terkonsentrasi, dapat diubah menjadi bentuk energi lain dan oleh karena itu merupakan sesuatu yang bersifat proses, karena dapat diubah menjadi proses lain seperti cahaya dan, tentu saja, gerakan dan panas. Kami kemudian dapat mengatakan bahwa hasil fisika modern menunjukkan perlunya meninggalkan gagasan tentang suatu zat atau esensi.
>
> Sekarang (seperti yang ditekankan secara khusus oleh A. N. Whitehead) alam semesta muncul bukan sebagai kumpulan benda, tetapi sebagai sekumpulan peristiwa dan proses yang saling berinteraksi.
>
> Oleh karena itu, seorang fisikawan modern mungkin akan mengatakan bahwa benda fisik - benda, materi - memiliki struktur atom. Tetapi atom pada gilirannya

memiliki struktur yang hampir tidak dapat didefinisikan sebagai "materi" dan tentu saja tidak "substansial":(...) Dalam sejarah materialisme dan khususnya atomisme, realitas materi dianggap meragukan tidak hanya oleh para filsuf idealis seperti Berkeley dan Hume, tetapi juga oleh fisikawan seperti Mach, tepat pada saat teori kuantum muncul."

Dalam teorinya tentang elektrodinamika kuantum (didefinisikan sebagai "permata fisika") fisikawan Richard Feynman menyatakan bahwa dari prinsip ketidakpastian Heisenberg, maka vakum kuantum, juga disebut "medan titik nol", diresapi oleh lautan fluktuasi yang mereka ciptakan pasangan partikel virtual dan antipartikel, yang saling memusnahkan dalam waktu berbanding terbalik dengan energinya.

Rumus terkenal Einstein E=mc2 menyatakan bahwa materi dan energi dapat dikonversi satu sama lain. Oleh karena itu, energi dapat mengambil banyak bentuk: dapat berupa mekanik klasik dalam dua modalitas, kinetik atau potensial; selain itu, itu bisa berupa energi kimia, elektromagnetik, gravitasi, termal, nuklir. Semua ungkapan energi ini adalah komponen dari energi global yang sama, yang dapat berubah bentuk tetapi tidak dapat menghindari aturan bahwa besaran selalu tetap sama. Dalam kekekalan dan konvertibilitasnya, energi berperan menghubungkan semua fenomena fisik dalam jaringan transformasi, tetapi setiap transformasi fisik harus memastikan bahwa jumlah energi, sebelum dan sesudah, tetap sama. Oleh karena itu, energi tidak dapat dimusnahkan tetapi dapat mengambil bentuk yang berbeda. Lebih baik lagi, itu dalam transformasi konstan.

Lokalitas dan non-lokalitas.

Lokalitas mendefinisikan area di mana terdapat manifestasi energi dan peristiwa yang dibatasi oleh hukum fisika klasik; dalam realitas lokal berlaku kausalitas atau determinisme (setiap peristiwa ditentukan oleh peristiwa sebelumnya), semua realitas tunduk pada panah waktu yang hanya bergerak maju. Bagaimanapun, tidak mungkin melebihi kecepatan cahaya. Keterbatasan ini mencegah adanya komunikasi instan informasi jarak jauh. Selain itu, setiap energi yang membawa informasi apa pun mengalami penurunan daya yang semakin tinggi semakin menjauh dari sumbernya, seperti yang terjadi pada cahaya atau suara yang semakin redup seiring bertambahnya jarak.

Di domain "non-lokal", sebaliknya, ada peristiwa dan manifestasi yang tidak tunduk pada batasan khas domain lokal: mereka tidak dibatasi oleh waktu atau jarak. Di tingkat non-lokal tidak ada kemarin dan hari ini, sebelum dan sesudah, tetapi hanya "sekarang dan selalu". Di tingkat non-lokal tidak ada kemarin dan hari ini, sebelum dan sesudah, tetapi hanya "sekarang dan selalu". Demikian pula, tidak ada tinggi dan rendah, dekat dan jauh, tetapi hanya "di sini dan di mana-mana".

Keterikatan kuantum.

Entitas yang terlibat dalam "keterikatan", partikel atau foton, terhubung satu sama lain karena dihasilkan oleh proses yang mengikat mereka secara khusus. Misalnya, dua foton dipancarkan oleh atom yang sama. Foton atau partikel seperti itu akan tetap "terjerat", yaitu digabungkan, selamanya. Jika salah satu dari keduanya entah bagaimana ditindaklanjuti, "kembarannya", di mana pun ia berada di alam semesta, juga akan bereaksi secara instan.
(Amir Dan Aczel, matematikawan dan fisikawan Israel)

Perilaku materi yang seperti gelombang merupakan dasar dari fenomena kuantum mengejutkan lainnya yang dikenal sebagai "keterikatan kuantum", istilah bahasa Inggris yang dapat diterjemahkan sebagai "keterikatan". Belitan merupakan salah satu fenomena yang paling misterius dan pada dasarnya masih belum dapat dijelaskan dalam semua fisika modern. Menurut Erwin Schrödinger, salah satu bapak pendiri mekanika kuantum, tidak diragukan lagi ini adalah elemen yang mencirikan seluruh teori.

Keterikatan memiliki sifat yang luar biasa sehingga membuat Einstein meragukan realitas fenomena tersebut. Pada tahun 1935, bersama dengan Boris Podolsky dan Nathan Rosen, ia merumuskan "paradoks EPR" yang terkenal (disebut demikian dari inisial nama belakang ketiga ilmuwan tersebut), yang dalam arti namanya menyoroti fenomena keterikatan sebagai paradoks. .

Sebenarnya, paradoks EPR, yang awalnya dianggap sebagai sanggahan yang valid atas keterikatan, mengandung kesalahan mendasar, disorot pada tahun 1964 oleh John Stewart Bell dan dikonfirmasi pada tahun 1982 oleh eksperimen Alain Aspect. Kemudian, pada tahun 1998, Anton Zeilinger dan yang lainnya menyempurnakan eksperimen Aspect dan memastikan hasilnya.

Hari ini kita dapat menyimpulkan bahwa dalam penelitian yang tak terhitung jumlahnya, fisika kuantum telah terbukti mampu menghasilkan prediksi eksperimental yang tepat hingga presisi yang belum pernah dicapai sebelumnya, dan fenomena korelasi antar partikel, tipikal keterikatan kuantum, sebenarnya telah diamati. Saat ini, teori ini menjadi dasar dari teknologi yang muncul seperti komputer kuantum dan kriptografi kuantum dan telah memungkinkan untuk melakukan eksperimen yang berkaitan dengan teleportasi, di mana ekspektasi dunia teknologi terkonsentrasi.

Prinsip superposisi kuantum.

Dalam menguji eksperimen celah ganda yang dilakukan dengan mengirimkan hanya satu partikel pada satu waktu, kami melihat bahwa partikel melewati kedua celah dan menciptakan fenomena interferensi. Jelas bahwa partikel, sebagai satu-satunya yang hadir, mengganggu dirinya sendiri. Ini adalah fenomena yang menakjubkan namun nyata, yang mengambil nama "Prinsip Kuantum Superposisi Negara".

Prinsip superposisi menegaskan bahwa dua atau lebih keadaan kuantum dapat "dilapiskan", yaitu, ditambahkan bersama, dan hasilnya adalah keadaan kuantum lain yang valid. Sesuatu yang mirip dengan gelombang yang tumpang tindih di dalam air terjadi.

Oleh karena itu, keadaan suatu sistem dapat terdiri dari dua atau lebih keadaan, sehingga dapat berbagi beberapa sifat dari masing-masing keadaan yang menyusunnya.

Jika kita memberi label dengan A dan B dua sifat berbeda dari partikel yang sama, seperti:

keadaan A: partikel berada di lokasi F1

keadaan B: partikel berada di tempat F2

maka superposisi keadaan partikel tersebut dapat ditulis sebagai A+B karena ia memiliki kesamaan dengan keadaan A dan keadaan B (gambar 42).

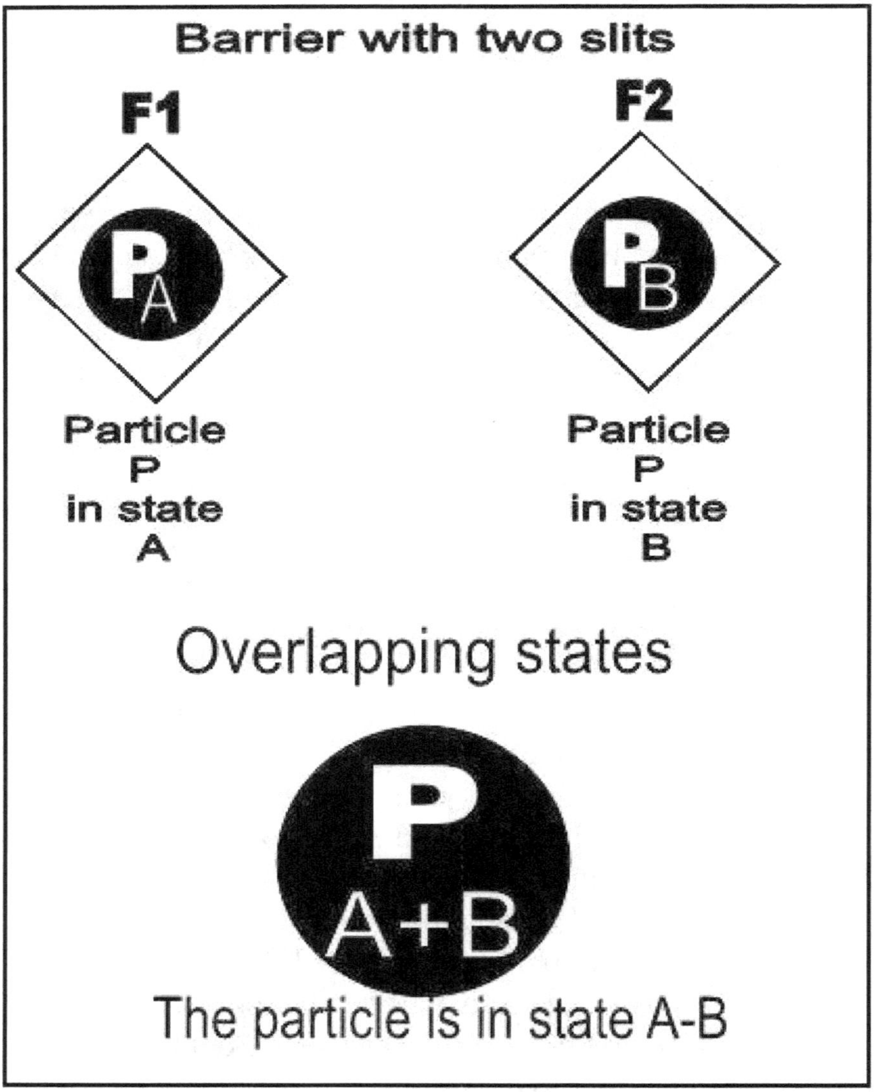
Barrier with two slits
F1
F2
PA
PB
Particle P in state A
Particle P in state B
Overlapping states
P
A+B
The particle is in state A-B

Gambar 42 - Partikel P yang melewati kedua celah berada dalam keadaan "superposisi kuantum".

F1 Partikel P melewati celah F1 dan memiliki keadaan Pa

F2 Partikel P yang sama juga melewati celah F2 dan memiliki keadaan Pb

Partikel P berada dalam "superposisi keadaan". Keadaannya adalah P(a+b)

Partikel berada dalam keadaan A ketika melewati celah F1, dan dalam keadaan B ketika melewati celah F2. Karena partikel melewati kedua celah secara bersamaan, partikel berada dalam kedua keadaan secara bersamaan, yaitu dalam keadaan superposisi, yang ditulis A+B dan merupakan kombinasi dari kedua keadaan tersebut.

"Partikel itu dalam keadaan A"

"Partikel itu dalam keadaan B".

Jika kita mengamati partikel saat melintasi penghalang, kita akan melihatnya melewati hanya satu dari dua celah dan kita tidak akan mendapatkan fenomena interferensi; sebaliknya, jika kita tidak mengamatinya, ia melewati kedua celah, menghasilkan keadaan superimposisi dan memberi sinyal dengan menghasilkan angka interferensi di layar belakang.

Prinsip superposisi adalah salah satu misteri terbesar fisika kuantum, dan merupakan kunci yang sangat diperlukan untuk memahami fenomena keterikatan.

Korelasi partikel subatomik.

Korelasi dapat dianggap sebagai hasil keterikatan: dua partikel yang telah dibuat saling terjerat dikatakan berkorelasi. Ini berarti bahwa partikel-partikel terhubung untuk membentuk sistem yang terjalin, dan mereka bereaksi serempak, masing-masing terhadap peristiwa yang saling mempengaruhi. Mereka bertingkah seperti saudara kembar, seperti yang ceritanya saya sajikan di awal buku ini.

Oleh karena itu, dua partikel terkait dapat dianggap kembar. Sama seperti manusia kembar yang terlibat dalam kelahiran yang sama, partikel elementer terjerat ketika mereka terlibat dalam fenomena yang menarik minat mereka dengan cara yang tidak sepele.

Kasus saudara laki-laki McWhirter dan saudara perempuan Furness dapat dianggap luar biasa karena protagonis bereaksi terhadap peristiwa yang memengaruhi saudara kembar mereka tanpa sebab yang jelas, sehingga mengganggu prinsip kausalitas yang menurutnya setiap peristiwa yang terjadi di alam semesta harus menjadi penyebab. peristiwa lain yang terjadi sebelumnya. Faktanya, bahkan partikel yang berkorelasi masing-masing bereaksi terhadap peristiwa yang mempengaruhi yang lain (atau yang lain) tanpa hubungan sebab akibat apa pun. Faktanya, reaksi salah satu dari si kembar terjadi ketika dia sama sekali tidak menyadari apa yang terjadi pada yang lain.

Hal yang sama terjadi juga dalam kasus partikel terjerat: variasi keadaan tidak berurutan satu sama lain, tetapi kontemporer; dan ini, ingatlah, pada jarak berapa pun partikel-partikel itu.

Keadaan ini merupakan teka-teki nyata bagi fisikawan karena hanya dapat berarti dua hal:

- partikel berkomunikasi satu sama lain dengan mentransmisikan sinyal pada kecepatan yang praktis tak terbatas, dan dalam hal apa pun lebih tinggi dari kecepatan cahaya,
- ada bentuk komunikasi lain yang mengabaikan ruang dan waktu. Jadi itu murni bentuk psikis, mirip dengan pikiran. mampu menjangkau secara instan di setiap tempat di alam semesta, di masa lalu di masa depan, tanpa batas fisik apa pun.

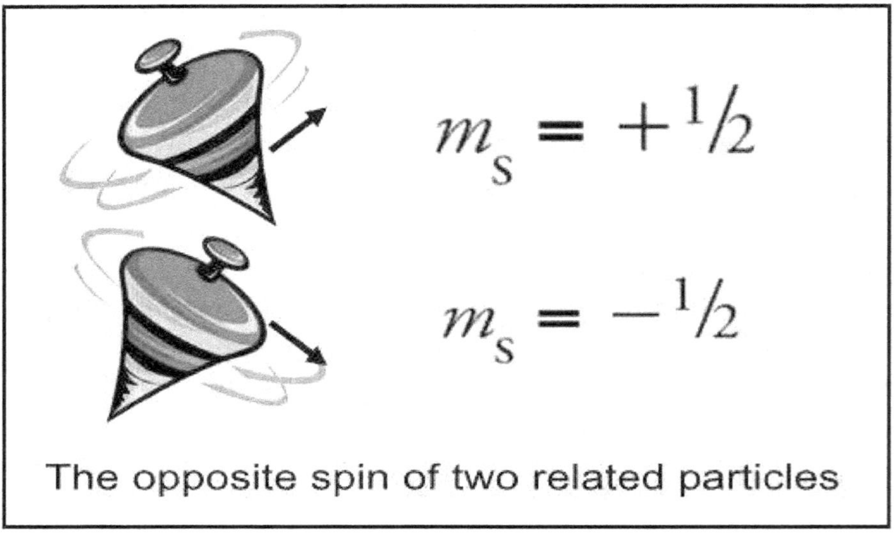

Gambar 43 – Spin (rotasi) awalnya diperkenalkan dalam kaitannya dengan "momen magnetik intrinsik" elektron.

Namun, bahkan contoh ini tidak sempurna karena akan memprediksi bahwa salah satu dari dua partikel akan meluncurkan "panggilan" ke yang lain, bagaimanapun juga, meskipun dengan kecepatan pemikiran.

Alih-alih, kedua partikel menentukan variasinya secara bersamaan; tidak ada partikel yang memutuskannya terlebih dahulu. Jika ini terjadi, kausalitas akan kembali berperan: meski dengan kecepatan ekstrim. Bukan itu masalahnya: partikel berperilaku seolah-olah mereka adalah satu partikel.

Keterikatan adalah "kendala konsistensi". Misalnya, jika dua foton dengan putaran berlawanan dikorelasikan membentuk sistem terjerat, variasi putaran (gbr. 43) salah satu secara bersamaan mempengaruhi putaran yang lain. Tidak ada cara untuk memverifikasi variasi mana yang lebih dulu.

Gambar 31 mengilustrasikan metode yang digunakan di laboratorium untuk mendapatkan partikel berkorelasi. Pada titik A, sebuah elektron yang ditempatkan pada sembarang orbit memiliki energi 10 (nilai contoh). Pada titik B elektron telah melompat ke orbit dalam; sekarang energi yang dibutuhkan lebih rendah, dan kita dapat menganggapnya sama dengan 9. Kuantitas yang tidak perlu, (kuantum), digunakan untuk menghasilkan foton.

Untuk mendapatkan dua foton yang berkorelasi, sebuah elektron akan dilompati ganda.

Mari kita bayangkan dengan cara ini kita memperoleh dua foton berkorelasi dan memeriksa hubungan di antara mereka.

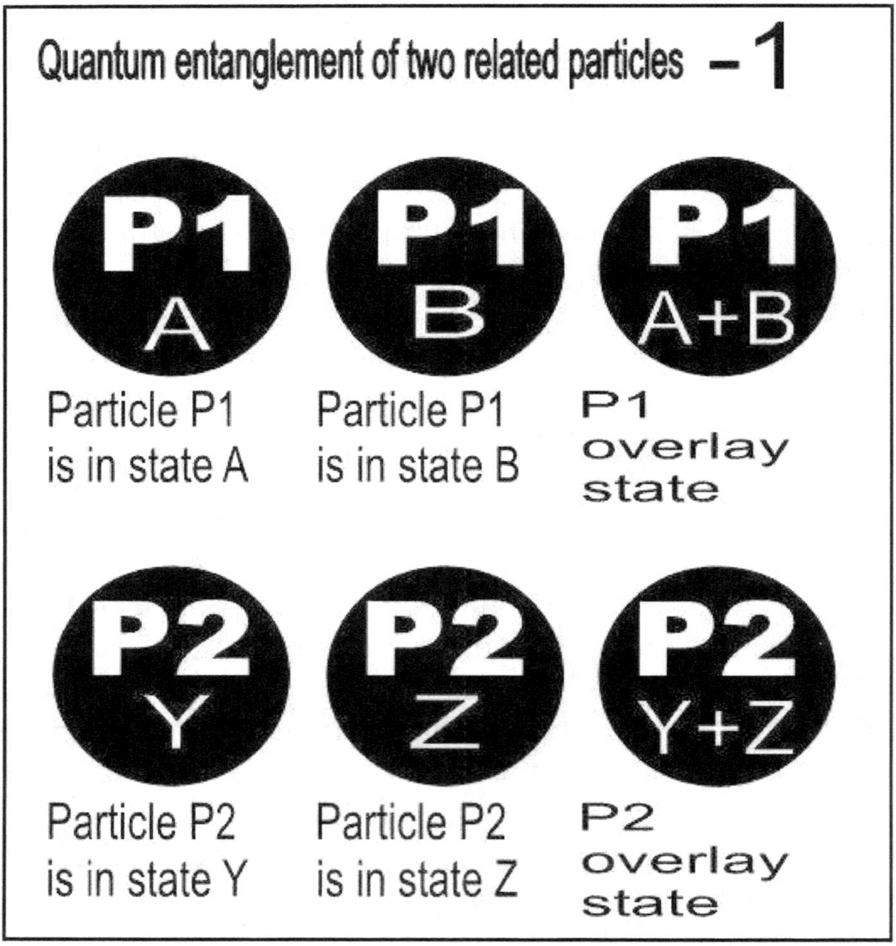

Gambar 44 -
"Keterikatan kuantum" dari dua partikel terkait. (Fase pertama)
Kedua partikel P1 dan P2 keduanya memiliki dua keadaan.
Partikel P1 berada dalam superposisi (P1(a+b)
Partikel P2 berada dalam superposisi (P2(a+b)

Superposisi dua partikel.

Kami berasumsi bahwa masing-masing dari dua partikel (P1 dan P2) dapat berada di dua tempat pada waktu yang sama dan karenanya memiliki dua keadaan. Partikel P1 akan memiliki status P1A dan P1B, sedangkan partikel P2 akan memiliki status P2Y dan P2Z. Ingatlah bahwa keadaan A, B, Y, dan Z mewakili tempat berbeda di mana partikel berada (Gambar 44).

Dua partikel terkait memiliki sifat memiliki dua keadaan. Mari kita bayangkan bahwa partikel P1 dalam keadaan A, dan partikel P2 dalam keadaan Y. Hasilnya adalah sistem dua partikel dengan keadaan AY, yang disebut "keadaan produk". Sebaliknya, jika kita membayangkan partikel P1 dalam keadaan B dan partikel P2 dalam keadaan Z, hasilnya adalah keadaan produk BZ (gambar 45).

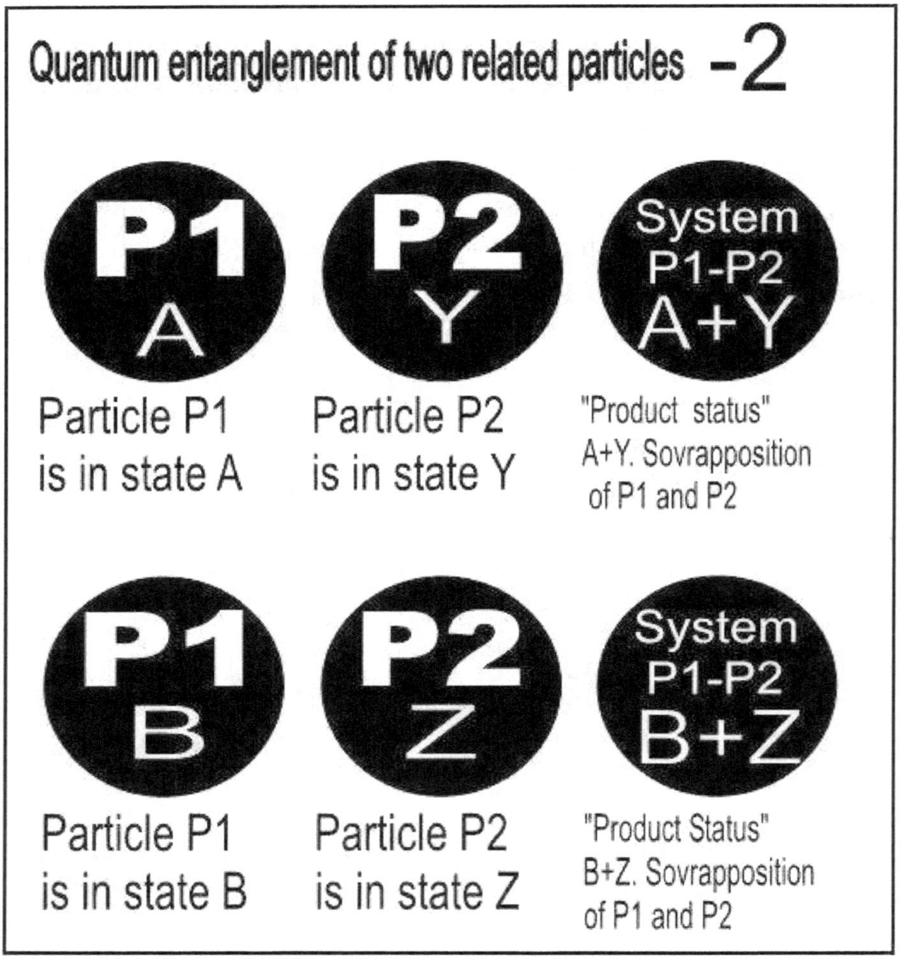

Gambar 45 -
"Keterikatan kuantum" dari dua partikel terkait. (Fase kedua)
"Kondisi produk" dari partikel terkait P1 dan P2
Dua partikel P1a dan P2y menghasilkan keadaan superposisi P1-P2(a+y)
Dua partikel P1b dan P2z menghasilkan keadaan superposisi P1-P2(b+z)

Pada titik ini, dengan langkah selanjutnya, kita dapat menerapkan prinsip superposisi pada himpunan dua sistem AY + BZ.

Keadaan ini disebut "keadaan terjerat" (Gambar 46).

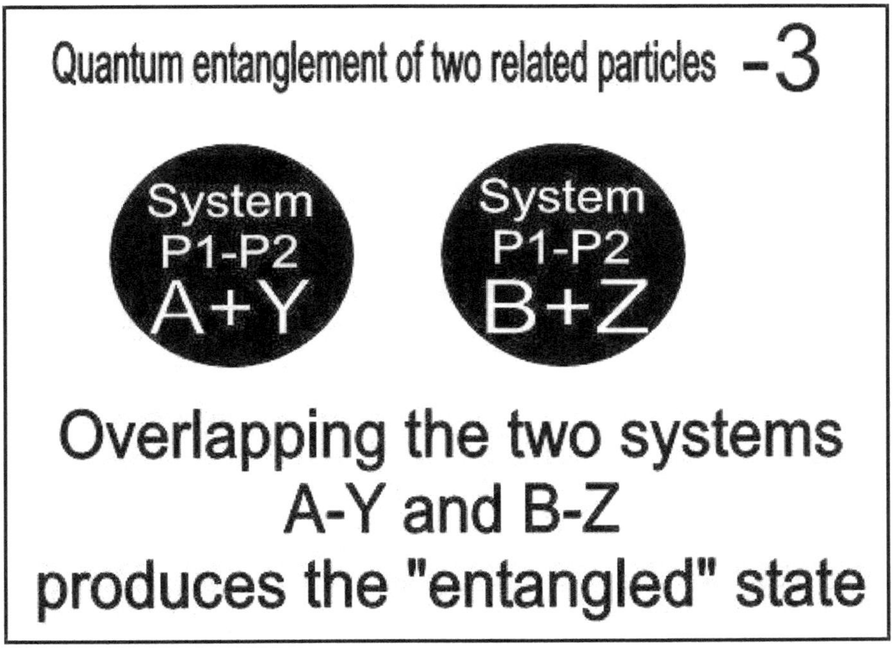

Gambar 46 – "Keterikatan kuantum" dari dua partikel terkait. (Tahap ketiga).

Penumpangan dua sistem AY dan BZ menghasilkan keadaan "terjerat"".

Tumpang tindih dari dua sistem disebut "belitan". "Keadaan produk" AY menunjukkan bahwa partikel P1 dalam keadaan A, dan partikel P2 dalam keadaan Y.

Demikian pula, keadaan produk BZ menunjukkan bahwa partikel P1 dalam keadaan B dan partikel P2 dalam keadaan Z.

Keadaan terjerat AY + BZ, yang mewakili keadaan superposisi, menunjukkan bahwa ada kesimpulan wajib mengenai kedua partikel tersebut.

Memang, jika pengukuran dilakukan yang menunjukkan bahwa partikel P1 dalam keadaan A, maka partikel P2 harus dalam keadaan Y, dan sebaliknya.

Demikian juga jika dengan melakukan pengukuran diketahui bahwa partikel P1 berada dalam keadaan B, maka partikel P2 harus berada dalam keadaan Z.

Dengan kata lain, ketika dua partikel berada dalam keadaan terjerat, tidak mungkin untuk mempertimbangkan satu secara terpisah terlepas dari yang lain. Pada akhirnya, keadaan terjerat dihasilkan dari superposisi dua "keadaan produk".

Setelah dua partikel dikorelasikan, keadaan terjerat dihasilkan di antara mereka yang tidak memperhitungkan waktu atau ruang. Intervensi apa pun pada salah satu dari dua partikel secara bersamaan menghasilkan perubahan timbal balik pada partikel lainnya, di mana pun ia berada di alam semesta.

Fisikawan Denmark Niels Bohr, pendiri Sekolah Kopenhagen yang sangat terkenal, memberikan kontribusi mendasar untuk memahami struktur atom dan mekanika kuantum, dan untuk ini ia menerima Hadiah Nobel Fisika pada tahun 1922. Mengenai korelasi partikel dia berkata:

> "Bahkan jika dua foton yang berkorelasi berada di dua galaksi yang berbeda, mereka akan selalu tetap menjadi satu kesatuan, dan tindakan yang dilakukan oleh salah satu dari dua foton tersebut juga akan berpengaruh pada yang lain".

Dengan ini, keterikatan dengan sungguh-sungguh menyatakan bahwa alam semesta tidak semuanya tunduk pada hukum fisika klasik, tetapi, setidaknya pada tingkat subatomik, hukum ini tidak berlaku lagi.

Fakta bahwa dua partikel "yang terjerat" terus berperilaku serempak terlepas dari jarak di antara keduanya menimbulkan masalah yang tampaknya tidak dapat dipecahkan.

Bagaimana dua partikel berkomunikasi satu sama lain? Tentu tidak dengan sinyal yang dikirim dengan metode klasik; ini, pada kenyataannya, akan memudar seiring bertambahnya jarak dan bagaimanapun juga mereka tidak dapat melebihi kecepatan cahaya. Pasti ada kemungkinan komunikasi non-fisik.

Fenomena ekstrasensori dan non-lokalitas.

Fitur paling mengejutkan dan menggelitik yang muncul dari apa yang telah dikatakan sejauh ini adalah bahwa partikel subatom dapat bertukar informasi secara instan, yaitu mereka terhubung dengan cara non-lokal; sederhananya, informasi tidak melewati tempat fisik mana pun untuk menghubungkan kedua partikel; tingkat non-lokal adalah tingkat psikis murni (untuk menghindari penggunaan istilah spiritual), yaitu terdiri dari informasi murni, atau kecerdasan.

Dapat juga diperdebatkan bahwa kedua partikel itu tampaknya hanya terpisah sementara tetap, pada dasarnya, satu, karena persis seperti itulah perilaku mereka. Ini tidak memecahkan masalah. Namun jika kedua partikel itu satu, maka seluruh alam semesta harus menjadi satu, yaitu tidak akan terbuat dari objek yang terpisah (kecuali pada tingkat makrofisika) sementara pada tingkat subatomik itu akan menjadi realitas tunggal.

Mungkin kita berbicara tentang "Unus Mundus", konsep yang muncul dari kolaborasi Jung dan Pauli, atau mungkin kita berbicara tentang alam semesta tersirat yang diteorikan oleh David Bohm. Namun, bahkan dalam kasus ini, satu kecerdasan universal diperlukan untuk mengatur Kosmos.

Albert Einstein sangat menentang prinsip non-lokalitas karena melanggar hukum-hukum fisika yang ia rumuskan sendiri, semuanya berdasarkan lokalitas. Dia terus-menerus mencoba dalam hidupnya untuk mengembangkan teori yang mampu menyatukan konsep fisika klasik dengan konsep kuantum; sayangnya, dia tidak berhasil.

Pada tahun 1982, mengikuti percobaan yang dilakukan oleh Alain Aspect, teori keterikatan dan konsep non-lokalitas secara definitif dikonfirmasi. Sejak saat itu kita mengetahui bahwa "realisme lokal" yang kita rasakan dalam dimensi kita bukanlah hukum alam yang mutlak.

Pada titik ini menjadi mungkin untuk membayangkan bahwa ruang dan waktu tidak konsisten dan hanya ada pada tingkat persepsi. Eksperimen Aspect menunjukkan kepada kita bahwa ada hubungan antar partikel yang melampaui ruang-waktu. Selain itu, karena seluruh alam semesta terdiri dari partikel, kita dapat bertanya pada diri sendiri apakah fenomena non-lokalitas harus dibatasi hanya pada realitas subatomik atau apakah ia juga dapat memanifestasikan dirinya di antara objek yang lebih besar, atau bahkan di antara makhluk hidup.

Mungkinkah organisme biologis, seperti manusia, dapat mengakses tingkat non-lokal? Jika jawabannya ya, maka kita bisa membayangkan pertukaran informasi antara organisme yang berbeda dengan cara yang tidak konvensional, melalui dimensi misterius yang non-lokalitas itu.

Padahal, kemungkinan ini tidak boleh dikesampingkan, sebaliknya ada dan sangat luas dan diketahui. Itu namanya telepati.

Ciri telepati adalah bahwa telepati bekerja lebih baik di antara orang-orang yang dihubungkan oleh ikatan kasih sayang atau kekerabatan tertentu, seperti ibu dan anak, yaitu, "terjerat" di antara mereka secara emosional.

Otak kita tentu mampu mengolah keinginan untuk berhubungan dengan orang-orang terdekat kita. Mungkin non-lokalitas mewakili cara yang sampai sekarang tidak diketahui dimana komunikasi semacam itu sebenarnya dapat terjadi. Bahkan jika manusia tidak sepenuhnya mengetahui bagaimana menggunakan telepati, mereka masih memiliki sarana untuk melakukannya, yaitu pikiran yang mampu memproses pikiran dan ingin mengirimkannya. Terkadang hal ini terjadi secara spontan, yaitu terjadi meskipun kita tidak dapat menjelaskan bagaimana hal itu terjadi.

Telepati mungkin terdiri dari fenomena korelasi antara pikiran. Kesadaran, dalam melatih kemampuannya untuk mengembangkan niat, dapat mengkorelasikan dua otak dengan menempatkannya dalam keadaan terjerat.

Aspek lain yang dapat dikaitkan dengan non-lokalitas adalah yang berkaitan dengan fenomena pandangan ke depan dan firasat.

Memang, di tingkat non-lokal seseorang dapat mengenali korespondensi besar dengan ketidaksadaran kolektif, tingkat kosmik yang diteorikan oleh Jung yang mengandung semua sejarah dan kebijaksanaan umat manusia dalam evolusinya. Kemungkinan "keterjeratan" yang berkembang pada tingkat non-lokal bertepatan dengan kemungkinan tingkat kesadaran kolektif dan membuatnya masuk akal bahwa hati nurani individu dapat mengakses konten masa lalu, sekarang dan masa depan.

Dalam pengertian ini, eksperimen Alain Aspect dan kolaboratornya juga dapat dianggap sebagai eksperimen dalam metafisika kuantum. Dengan mendemonstrasikan non-lokalitas, mereka juga mendemonstrasikan keberadaan tingkat yang melampaui realitas ruang-waktu, dan menyangkal hipotesis alam semesta material murni.

Brian Josephson adalah seorang fisikawan Welsh, lahir di Cardiff pada tahun 1940. Ketika dia baru berusia 22 tahun dia menemukan efek Josephson, dan sebagai hasilnya pada tahun 1973 dia menerima Hadiah Nobel untuk fisika.

Josephson adalah salah satu ilmuwan paling terkenal di antara mereka yang mendukung kemungkinan bahwa fenomena parapsikologi itu nyata. Dia secara khusus berkelana ke dalam studi mistisisme Timur, dan kemungkinan implikasi yang dapat dihadirkannya dalam kaitannya dengan interpretasi fenomena ilmiah dalam kunci mistis atau metafisik.

Secara khusus, Josephson menyatakan bahwa salah satu metode pedomannya adalah: "nullius in verba" (Jangan mempercayai kata-kata siapa pun) dengan mengacu pada fakta bahwa:

> “...jika semua ilmuwan menolak suatu gagasan, ini tidak harus dianggap sebagai bukti bahwa gagasan tersebut di atas tidak masuk akal; sebaliknya, perlu untuk memeriksa dengan hati-hati motivasi dari pendapat-pendapat ini, untuk mengevaluasi apakah mereka mendukung pengawasan yang cermat. penyelidikan."

Alam semesta yang "terjerat".

Brian Greene adalah seorang fisikawan Amerika, salah satu sarjana terpenting teori string. Ia menerbitkan buku "The fabric of the cosmos. Space, time, reality".

Dalam buku ini, dengan fokus pada teka-teki waktu, Greene menetapkan bahwa tidak ada aturan fisik yang menegaskan gagasan bahwa waktu mengalir ke arah tertentu. Selain itu, di antara topik buku ini, selain eksposisi dasar teori string, Anda juga dapat menemukan perlakuan keterjeratan kuantum. Ini pada dasarnya adalah analisis sifat realitas dengan ekskursi pada topik-topik seperti ruangwaktu, kosmologi, dan asal-usul alam semesta (yang disebut teori segalanya).

Faktanya, Greene percaya bahwa alam semesta adalah keseluruhan yang secara intrinsik terjerat dan koheren dengan dirinya sendiri.

Konfirmasi resmi lainnya datang dari buku "The Non-Local Universe: The New Physics and Matters of the Mind", sebuah teks yang ditulis oleh dua fisikawan, Robert Nadeau dan Menas Kafatos. Berikut adalah kutipan yang sering diambil dari teks ini:

> "Semua partikel dalam sejarah kosmos telah berinteraksi dengan partikel lain dengan cara yang terdeteksi oleh eksperimen Aspect. Hampir segala sesuatu di lingkungan fisik langsung kita terdiri dari kuanta yang telah berinteraksi dengan cara ini dengan kuanta lain dari big bang hingga saat ini. (...) Juga harus dipertimbangkan bahwa keterikatan kuantum tumbuh secara eksponensial dengan jumlah partikel yang terlibat dalam keadaan kuantum asli dan bahwa tidak ada batasan teoretis untuk jumlah partikel yang terjerat ini.
>
> Jika ini kasusnya, alam semesta pada tingkat yang paling dasar bisa menjadi jaringan partikel yang sangat luas, tetap berhubungan satu sama lain di semua jarak dan dalam waktu nol dan tanpa transfer energi atau informasi. Hal ini menunjukkan, betapapun aneh atau anehnya hal ini tampak, bahwa semua realitas fisik adalah Sistem Kuantum Tunggal yang merespons interaksi lebih lanjut dengan suara bulat."

Faktanya, jika kita mempertimbangkan teori Big Bang yang saya jelaskan sebelumnya, asumsi dasarnya ternyata adalah ledakan yang sangat dahsyat, yang terjadi sekitar 15 miliar tahun yang lalu, dari "singularitas" energi mirip titik. Dari "singularitas" ini akan lahir, berkat perluasan yang masih berlangsung, seluruh alam semesta. Ini berarti bahwa seluruh alam semesta awalnya dikompresi menjadi realitas dengan kerapatan yang hampir tak terbatas. Fakta bahwa semua partikel terhubung dengan sangat erat dan bahwa mereka semua lahir dari peristiwa ledakan yang sama membuat sah untuk berpikir bahwa semua partikel di alam semesta sebenarnya terjerat satu sama lain.

Tidak hanya itu, adalah mungkin untuk berhipotesis bahwa semua partikel di alam semesta menyimpan ingatan tentang kembarannya dengan setiap partikel lainnya. Artinya pemisahan realitas menjadi "benda" hanyalah ilusi. Pemisahan ini disebabkan oleh cara kita memandang tingkat makroskopik alam semesta. Pada kenyataannya, alam semesta, meskipun terbentang menjadi miliaran galaksi yang terpisah miliaran tahun satu sama lain, tetap merupakan satu hal, karena ia bersatu di kedalamannya dengan ikatan non-lokal, melampaui semua ruang dan waktu. Jika ini dapat didemonstrasikan, juga akan didemonstrasikan bahwa kita semua hidup dalam realitas holistik yang sangat luas di mana setiap bagian bernilai keseluruhan karena mencakup keseluruhan.

Tentunya masih banyak hal yang belum kita ketahui dan bahkan bisa melampaui imajinasi kita.

Konfirmasi keterikatan kuantum.

Einstein salah ketika dia berkata, "Tuhan tidak bermain dadu." Faktanya, studi tentang lubang hitam menunjukkan bahwa Tuhan, selain bermain dadu, terkadang membingungkan kita dengan melemparkannya ke tempat yang tidak dapat kita lihat.
(Stephen Hawking)

Mungkin seseorang akan mengingat "Noein". Ini adalah serial animasi fiksi ilmiah tahun 2005 yang diproduksi oleh studio Satelight, terdiri dari 24 episode, disusun dan disutradarai oleh Kazuki Akane.

Noein, karakter dari mana serial tersebut mengambil namanya, adalah sosok yang cepat berlalu, ditandai dengan topeng emas dengan satu mata. Dialah yang menjalin plot peristiwa sejak awal. Dia sangat dijiwai dengan teori mekanika kuantum.

Noein memperlakukan konsep waktu sebagai dimensi yang beresonansi dengan garis waktu lainnya. Secara khusus, dia melihat alam semesta bercabang menjadi probabilitas yang tak terbatas, mendukung interpretasi Hugh Everett tentang "banyak dunia". Namun, Noein juga menggabungkan banyak aspek interpretasi Bohr dan Mazhab Kopenhagen, yang menurutnya keberadaan seorang pengamat sangat penting untuk menentukan keruntuhan gelombang probabilitas dalam situasi terukur.

Haruka, karakter wanita, memiliki kekuatan "pengamat" dalam multiverse, kekuatan yang membuatnya mampu menentukan hasil dari suatu tindakan hanya dengan "mengamati".

Dalam episode "Hamparan", Uchida menjelaskan paradoks kucing Schrödinger kepada pengawalnya Koriyama. Ini adalah situasi ideal di mana hanya seorang pengamat yang dapat memastikan kematian kucing begitu dia membuka kotaknya. Di episode yang sama, referensi juga dibuat untuk ungkapan "Tuhan tidak bermain dadu", kutipan terkenal dari Albert Einstein.

"Tuhan tidak bermain dadu, tahukah kamu? Katakanlah Anda melempar sebuah dadu, dan lemparan itu muncul dengan angka enam."

"Saya lebih suka nomor satu, karena itu yang pertama."

"Oke, satu atau enam sama saja. Jadi, katakanlah nomor satu keluar. Nomor lima juga bisa keluar, atau nomor empat bisa keluar. Mereka memiliki probabilitas yang sama, bukan?

"Sebenarnya ya."

"Dapatkah Anda membayangkan dunia di mana nomor lima keluar dan dunia lain di mana nomor empat keluar? Mungkinkah ada dunia yang tak terhitung jumlahnya di mana salinan diri Anda yang tak terhitung jumlahnya melempar dadu dalam jumlah tak terbatas?

""Tuhan tidak bermain dadu"

Kutipan ini adalah salah satu prinsip Einstein yang paling terkenal. Ia mengulanginya beberapa kali dalam berbagai kesempatan. Ilmuwan menggunakan metafora ini untuk menentang implikasi non-deterministik mekanika kuantum, yang dianjurkan oleh Niels Bohr dan Mazhab Kopenhagennya.

Fakta bahwa posisi dan kecepatan sebuah elektron tidak dapat ditentukan dengan pasti, dan bahwa data ini hanya dapat dinyatakan dalam bentuk probabilitas, sangat menyinggung pengertian ilmiah Einstein yang sangat ketat, yang secara tegas didasarkan pada kepastian lokalitas dan determinisme.

Menurut teori Bohr, jika sebuah elektron "diamati" beberapa kali, dalam kondisi eksperimen yang sama, hasil yang sama tidak selalu diperoleh. Ini tergantung pada fakta bahwa lintasannya selalu tunduk pada probabilitas "awan yang tidak stabil".

Ibaratnya, dengan melempar dadu dengan mekanisme yang sama, selalu diperoleh angka yang sama. Tapi kami tahu itu tidak terjadi, karena banyaknya variasi yang memengaruhi peluncuran. Misalnya suhu dan kelembaban sekitar.

Dengan aforismenya, Einstein mengartikan bahwa mekanika kuantum tidak dapat dianggap serupa dengan lemparan dadu, tetapi harus memberikan hasil tertentu dalam kalkulasinya.

Ada banyak kutipan di mana Einstein dengan tegas mengungkapkan keraguannya. Pada tanggal 4 Desember 1926, dia menulis kata-kata ini dalam buku hariannya:

> "Mekanika kuantum layak dihormati, tetapi suara batin mengatakan kepada saya bahwa itu belum menjadi solusi yang tepat. Ini adalah teori yang memberi tahu kita banyak hal, tetapi tidak membiarkan kita menembus lebih jauh ke dalam rahasia "Orang Tua Hebat" ". bagaimanapun, saya yakin bahwa "Grand Old Man" tidak bermain dadu dengan dunia."

Pada tahun 1942, menulis kepada Cornelius Lanczos, ahli matematika dan fisikawan Hungaria dan teman baiknya, Einstein berkata:

> "Betapa sulitnya untuk dapat melihat kartu Tuhan. Tapi saya tidak percaya sedetik pun bahwa Dia bermain dadu atau menggunakan metode "telepati" seperti yang dimiliki teori kuantum saat ini."

Secara khusus, banyak pertukaran pandangan antara Einstein dan Niels Bohr, pendukung dua tesis yang berlawanan, diketahui. Banyak saksi dan Bohr sendiri mengingat konfrontasi verbal yang terjadi pada kesempatan Kongres Solvay tahun 1927. Bohr menulis sebagai berikut:

> "Sementara itu, Einstein dengan bercanda bertanya kepada kami apakah kami benar-benar dapat percaya bahwa Penyelenggaraan ilahi telah "bermain dadu". Saya menjawab bahwa para pemikir kuno telah memperingatkan kami untuk sangat berhati-hati dalam mendefinisikan atribut-atribut Penyelenggaraan dalam bahasa biasa."

Werner Heisenberg juga hadir pada kesempatan itu dan mengenang lelucon Einsteini yang dijawab oleh Bohr:

> "Tapi bukan tugas kita untuk memberi tahu Tuhan bagaimana membuat dunia berjalan!".

Pada tahun 1944, pada tanggal 7 September, Einstein menulis kepada Bohr sebagai berikut:

> "Perspektif ilmiah kita sekarang terpisah kutub. Anda percaya bahwa Tuhan bermain dadu dengan dunia; sebaliknya saya percaya bahwa segala sesuatu mematuhi hukum. Saya percaya pada dunia realitas objektif dan saya mencoba memahaminya dengan cara yang sangat spekulatif. Saya harap bahwa seseorang akan menemukan cara yang lebih realistis daripada cara saya. Bahkan kesuksesan awal yang besar dari teori kuantum berhasil meyakinkan saya bahwa keacakan adalah dasar dari segalanya.
>
> Namun, saya tahu bahwa rekan-rekan yang lebih muda menganggap sikap ini sebagai akibat dari sklerosis saya. Suatu hari nanti akan diketahui mana dari dua sikap naluriah ini yang benar."

Tesis Einstein didasarkan pada konsep variabel tersembunyi. Menurutnya, jika mekanika kuantum versi Sekolah Kopenhagen telah memberikan hasil non-deterministik, itu pasti bergantung pada fakta bahwa beberapa parameter penting telah diabaikan.

Paradoks EPR.

Keterikatan kuantum, yang berasal dari interpretasi Kopenhagen, dianggap paradoks karena dianggap tidak sesuai dengan relativitas khusus yang menganggap kecepatan cahaya sebagai maksimum yang dapat dilalui oleh semua jenis informasi. Selain itu, keterikatan kuantum tidak sesuai dengan prinsip lokalitas. Oleh karena itu keyakinan Einstein bahwa teori kuantum tidak lengkap. Menurutnya teori tersebut tidak lengkap karena "variabel tersembunyi", yaitu parameter yang belum diperhitungkan dalam perhitungan.

Pada tahun 1935, bersama dengan Boris Podolsky dan Nathan Rosen, Einstein mengusulkan eksperimen pemikiran dalam esai "Can Quantum-Mechanical Description of Physical Reality Be Dianggap Lengkap?"

Esai tersebut diterbitkan dalam "Physical Review" XLVII, 1935, hlm. 777-780).

Dalam karya ini, yang dikenal sebagai "Paradoks EPR" dari inisial nama mereka, ketiga pencipta bermaksud untuk menunjukkan bahwa mekanika kuantum membuahkan hasil yang valid, tetapi menghasilkan konsekuensi yang paradoks. Akibatnya, menurut mereka, itu bukanlah teori fisika yang lengkap.

Lima bulan kemudian, Niels Bohr menanggapinya dengan menerbitkan artikel dengan judul yang sama di jurnal yang sama (Physical Review XLVIII, 1935, hlm. 700).

Pada kenyataannya, pada saat bentrokan antara kedua ilmuwan tersebut tidak ada pemenang terutama karena instrumen pada masa itu tidak memungkinkan untuk verifikasi eksperimental nyata dari tesis yang didukung. Seperti yang masih digunakan sampai sekarang, "percobaan" yang diusulkan disebut "percobaan mental" atau "percobaan Gedanken", menurut istilah Jerman yang diciptakan oleh fisikawan Denmark Hans Christian Ørsted. Oleh karena itu, percobaan pemikiran yang sampai sekarang bertujuan untuk menguji, menguatkan atau menyangkal hipotesis atau teori, tetapi memiliki karakter imajiner dan non-empiris karena keterbatasan praktis membuatnya tidak layak.

Gambar 47 - Di atas, Erwin Schrödinger dalam foto antik dan perangko peringatan Austria. Di bawah ini adalah postingan lucu tentang paradoks kucing yang terkenal, dari blog "Cenacolo Jung-Pauli".

Juga harus dikatakan bahwa eksperimen EPR memiliki tingkat kerumitan sedemikian rupa sehingga membuat kesimpulan yang dapat ditarik darinya menjadi meragukan dalam hal apa pun.

Meskipun demikian, Einstein bukan satu-satunya yang ragu, tetapi juga ilmuwan lain dalam karyanya menyoroti sisi paradoks dari interpretasi mekanika kuantum Kopenhagen.

Paradoks kucing Schrödinger.

Pada tahun 1935 Erwin Schrödinger, seorang fisikawan Austria yang telah menerima Hadiah Nobel pada tahun 1933, menerbitkan artikel yang menggambarkan "paradoks kucing" yang terkenal, mencoba menunjukkan betapa anehnya teori superposisi keadaan.

Sebenarnya Schrödinger, mengusulkan paradoks ini, bermaksud, seperti Einstein, untuk mendemonstrasikan batasan fisika kuantum, meskipun dia sendiri termasuk di antara pendiri sains ini. Seperti yang telah disebutkan, menurut fisika kuantum, perilaku partikel elementer tidak dapat diprediksi secara pasti, tetapi hanya secara probabilistik.

Ini tidak berlaku untuk sistem makroskopis, yaitu terdiri dari jutaan atom agregat: setelah beberapa data diketahui, dimungkinkan untuk menghitung dengan tepat apa yang akan terjadi di dalamnya, dan kapan itu akan terjadi.

Eksperimen pemikiran Schrödinger cukup rumit. Ini melibatkan kucing yang dikunci dalam kotak berisi zat radioaktif. Kami tahu pasti bahwa satu atom dari zat ini akan memancarkan radiasi, tetapi kami tidak dapat mengatakan dengan pasti kapan ini akan terjadi.

Di dalam kotak, bersama dengan kucing, terdapat alat yang ketika zat radioaktif memancarkan radiasi, hal ini akan menyebabkan pecahnya botol sianida yang akan membunuh kucing tersebut.

Tentu waktu telah berubah dan seorang ilmuwan yang mengusulkan eksperimen semacam ini hari ini akan segera menemukan laboratoriumnya dikepung oleh aktivis hak-hak hewan. Namun, kita tahu bahwa Schrödinger tidak pernah memasukkan kucing apa pun ke dalam kotak apa pun, bahkan mungkin dia memiliki kucing yang sangat dia sukai.

Kembali ke percobaan, kita tahu bahwa kematian hewan kecil itu hanya akan terjadi jika zat radioaktif memancarkan radiasi, tetapi kita tidak tahu apakah ini akan terjadi atau kapan, kemungkinan, itu akan terjadi.

Kotak akan tetap tertutup selama satu jam. Mengetahui bahwa ada 50% kemungkinan atom akan membusuk dalam waktu satu jam ini, kita dapat menentukan bahwa kita memiliki peluang yang sama untuk menemukan kucing itu hidup atau mati saat kita membuka kotaknya.

Menurut mekanika kuantum dalam interpretasi Kopenhagen, jika perilaku atom tidak diamati secara eksplisit, atom tersebut berada dalam superposisi keadaan, yaitu, ia telah meluruh tetapi, pada saat yang sama, ia belum meluruh; atom tetap dalam superposisi ini sampai seseorang membuka kotak yang menyebabkan "fungsi gelombang runtuh".

Menerapkan paradoks Schrödinger pada mekanika kuantum, selama kotak tetap tertutup, kita memiliki atom yang membusuk dan tidak membusuk, botol sianida yang utuh dan pecah, serta kucing yang mati dan hidup.

Namun, saat kotak dibuka, sistem runtuh ke kondisi tertentu. Ini mirip dengan apa yang dikatakan dalam kasus percobaan celah ganda: ketika sebuah foton dilemparkan ke arah penghalang, ia berperilaku seperti gelombang, melewati kedua celah dan menyebabkan fenomena interferensi. Sebaliknya, jika kita menerapkan instrumen ke salah satu dari dua celah untuk mengamati jalurnya, fungsi gelombang runtuh dan foton berperilaku seperti partikel, melewati celah tunggal.

Oleh karena itu, hanya setelah kotak dibuka, sistem yang terdiri dari atom radioaktif, vial sianida, dan kucing mengambil satu keadaan koheren yang tidak tumpang tindih.

Dengan bercanda kita dapat mengatakan bahwa dari situasi ini akan muncul kesadaran bahwa, dengan membuka kotak tersebut, kemungkinan besar akan menyebabkan kematian kucing tersebut.

Sebaliknya, kucing itu akan terus hidup (atau setidaknya mati dan hidup) selama kotak itu tetap tertutup.

Jelas, paradoks kucing Schrödinger menggambarkan situasi yang sangat jauh dari kenyataan. Dalam membela fisika kuantum, kita dapat mengatakan bahwa dalam arti tertentu Schrödinger curang dengan menggabungkan dua realitas, kuantum dan makroskopik. Secara alami, kita belum mencapai penyatuan hukum fisika yang berbeda dari dua tingkat.

Ketimpangan John Stewart Bell.

Erwin Schrödinger tidak sendirian dalam mendukung keraguan Einstein. Banyak ilmuwan lain secara konseptual mengkritik tesis Mazhab Kopenhagen. Namun, mayoritas komunitas ilmiah lambat laun menjadi yakin bahwa posisi Einstein salah. Argumen tersebut berangsur-angsur dikesampingkan dan, meskipun tanpa bukti, mayoritas ilmuwan mengakui keabsahan teori "non-lokal" Bohr.

Perdebatan dihidupkan kembali oleh John Stewart Bell (gbr. 48), seorang pemuda pendiam berambut merah, berbintik-bintik yang lahir di Belfast, Irlandia Utara, pada tahun 1928.

Bell telah lulus dalam fisika eksperimental di Queen's University of Belfast pada tahun 1948. Setelah beberapa tahun, dihabiskan di berbagai Institut, dia mulai bekerja di CERN, (Organisasi Eropa untuk Riset Nuklir) di laboratorium fisika partikel terbesar di dunia, terletak di perbatasan antara Swiss dan Prancis, di pinggiran barat kota Jenewa di komune Meyrin.

Selama bertahun-tahun dihabiskan di CERN Bell mengembangkan penelitiannya dalam teori fisika dan bekerja di bidang akselerator partikel. Kompleks CERN saat ini terdiri dari tujuh akselerator utama, yang dibangun pada berbagai waktu sejak lembaga tersebut didirikan.

Akselerator partikel adalah mesin yang mampu menghasilkan sinar ion atau partikel subatom, termasuk elektron, positron, proton, dan antiproton, dengan energi kinetik tinggi. Mesin ini digunakan untuk keperluan industri dan medis dan untuk mempelajari struktur bahan. Pada tingkat eksperimen teoretis, dalam fisika partikel penggunaannya memungkinkan untuk memperoleh sinar partikel berenergi tinggi yang digunakan untuk menyelidiki objek dengan dimensi yang sangat kecil. Secara khusus, "Large Hadron Collider" (LHC) di Jenewa, yang mulai beroperasi pada 10 September 2008, membentang sepanjang 27 kilometer dan dirancang untuk mempercepat proton hingga memungkinkan studi mereka dalam kondisi yang serupa dengan yang pertama. saat-saat dalam kehidupan alam semesta, segera setelah Big Bang.

Gambar 48 - John Stewart Bell mengusulkan percobaan, yang dilakukan pada tahun 1982 oleh Alain Aspect, yang menunjukkan ketidakakuratan teori yang diungkapkan oleh Einstein bersama dengan Podolski dan Rosen (paradoks EPR) yang membenarkan fenomena keterikatan.

Sambil asyik dengan komitmen ini, Bell juga menemukan waktu untuk mengabdikan dirinya pada pertanyaan dasar teori kuantum yang telah dilupakan. Pada tahun 1964, sekitar tiga puluh tahun setelah esai tentang paradoks EPR, Bell membuka kembali perdebatan tentang masalah ini yang tampaknya telah disimpan dan menulis sebuah artikel untuk jurnal "Fisika" berjudul "Pada paradoks Einstein-Podolsky-Rosen" di mana dia mengatasi masalah dengan variabel tersembunyi.

Pertanyaan yang diajukan Bell adalah apakah teori kuantum memerlukan variabel tersembunyi, seperti argumen Einstein, untuk ditempatkan secara meyakinkan dalam kategori fenomena deterministik. Dia percaya bahwa ini penting untuk mengeluarkan fisika kuantum dari jalan buntu non-lokalitas, yaitu, dari kemungkinan bahwa dua partikel dapat berkomunikasi satu sama lain dengan cara non-lokal, saling memengaruhi tanpa batas ruang dan waktu. .

Seperti yang telah kita lihat, Einstein, meskipun merupakan salah satu pendiri teori kuantum, meragukan kelengkapannya. Dalam pandangannya, teori yang lebih lengkap seharusnya dapat meramalkan keberadaan unsur-unsur realitas, atau variabel tersembunyi, untuk melestarikan konsep lokalitas. Selain itu, non-lokalitas akan bertentangan dengan teori relativitasnya. Faktanya, teori relativitas mengesampingkan bahwa efek dari tindakan fisik dapat diamati secara instan dari jarak jauh. Ini akan mengakibatkan transmisi informasi lebih cepat dari kecepatan cahaya. Alih-alih, teori relativitas Einstein memiliki di antara basis pendirinya kecepatan cahaya yang sangat tepat, sama dengan 299.792,458 kilometer per detik. Ini adalah parameter yang, jika tidak dipertimbangkan, akan membuat seluruh teori relativitas runtuh.

Sayangnya, pada saat Einstein menyatakan keberatannya, pekerjaan masih dalam bidang teoretis yang eksklusif, mengingat ketidakmungkinan melakukan pemeriksaan karena perangkat keras eksperimental yang tidak memadai. Akibatnya, "realisme lokal" Einstein, valid pada tingkat teoretis tetapi bertentangan dengan hipotesis yang sama validnya secara teoretis, tetap terbatas pada tingkat topik debat filosofis.

Pelepasan kebuntuan ini terjadi ketika, pada tahun 1964, John Bell mengembalikan pertanyaan itu ke atas meja dengan mengajukan masalah dalam istilah yang dapat diverifikasi dengan eksperimen. Ini harus menyediakan pengukuran sifat fisik partikel yang jauh satu sama lain, tetapi terkait satu sama lain (berkorelasi) oleh efek kuantum.

Bell merumuskan "ketidaksetaraan Bell" yang terkenal. Dalam teori ini dia menunjukkan bahwa tidak ada penambahan variabel tersembunyi lebih lanjut, seperti yang disarankan dalam paradoks EPR, yang akan mampu mereproduksi semua sifat yang diprediksi oleh mekanika kuantum, khususnya yang berkaitan dengan keterikatan.

Ketidaksetaraan Bell menyoroti sebuah alternatif: baik teori kuantum yang berada di bawah payung lokalitas Einstein berkat kontribusi variabel tersembunyi adalah benar, atau mekanika kuantum Bohr dan Mazhab Kopenhagen, dengan implikasi non-lokalitasnya.

Sebenarnya, Bell mengembangkan teorinya mulai dari asumsi bahwa sebenarnya ada kemungkinan untuk membayangkan integrasi teori kuantum dengan variabel tersembunyi, seperti yang dikemukakan Einstein.

Dengan ini dia setuju dengan penelitian lain yang dilakukan oleh David Bohm, yang menurutnya variabel tersembunyi akan menjadi vektor informasi. Artinya, Bohm menyarankan bahwa partikel sudah memiliki seperangkat instruksi yang memberi tahu mereka sebelumnya seperti apa perilaku mereka dalam segala keadaan.

Ketidaksetaraan Bell memiliki keuntungan memungkinkan verifikasi eksperimental dengan mengukur polarisasi foton. Eksperimen selanjutnya adalah "senjata api" melawan realisme lokal dan menunjukkan bahwa "aksi mengerikan dari kejauhan" yang dibayangkan oleh paradoks EPR adalah bagian nyata dari kenyataan.

Di atas semua itu, eksperimen-eksperimen ini tidak diragukan lagi menunjukkan bahwa, bahkan dalam hipotesis keberadaan variabel-variabel tersembunyi, prinsip "non-lokalitas" akan dikonfirmasikan dengan cara yang sama.

Dalam bukunya "Information. The new language of science" Hans Christian von Baeyer, seorang akademisi Amerika, menulis:

> "Berlawanan dengan intuisi Einstein, Tuhan tidak hanya bermain dadu, tetapi dia tampaknya satu-satunya yang dapat kita percaya untuk bermain adil."

Eksperimen mengkonfirmasi non-lokalitas.

Pada tahun 1969 Bell menerima sepucuk surat dari fisikawan muda Berkeley John Clauser yang memberitahunya bahwa dia telah menyusun eksperimen untuk menguji teori ketidaksetaraannya. Dia bukan satu-satunya yang melakukan eksperimen semacam ini. Verifikasi hasil eksperimen cenderung memastikan sifat lokal atau non-lokal dari dunia fisik nyata. Kemajuan teknologi selama bertahun-tahun telah menghasilkan peningkatan efisiensi yang signifikan, tetapi bagaimanapun juga, semua eksperimen mengkonfirmasi teori kuantum non-lokalitas dan memberikan hasil yang tidak dapat dijelaskan bahkan dengan menambahkan variabel tersembunyi.

Pada tahun 1972 John Clauser, bekerja sama dengan Stuart Freedman, menggunakan atom kalsium untuk memperoleh, dengan lompatan kuantum ganda elektron, sepasang foton berkorelasi. Dengan melakukan serangkaian pengukuran selama sekitar 200 jam, Clauser dan Freedman memperoleh konfirmasi atas fenomena keterikatan dan non-lokalitas. Hasil ini membingungkan Clauser sendiri, yang cenderung membuktikan ketidakkonsistenan teori kuantum. Mungkin karena alasan ini percobaan tidak mendapat perhatian yang layak.

Kasus percobaan yang dilakukan oleh Alain Aspect, (gbr.49) berbeda, lahir pada tahun 1947 di Agen, sebuah desa kecil Prancis tidak jauh dari Bordeaux.

Berlawanan dengan Clauser, Aspect telah memahami bahwa teori kuantum mencapai kesuksesan ilmiah yang besar pada tingkat teoretis, dan bahwa konflik antara lokalitas dan non-lokalitas yang disarankan oleh ketidaksetaraan Bell dapat diselesaikan dengan eksperimen yang akan mengalahkan tesis lokalitas; Aspect yakin dia bisa membuktikan teori kuantum dan efek non-lokalnya.

Pada pertengahan 1970-an, ketika dia masih menjadi mahasiswa doktoral, dia mengusulkan percobaan nyata, yang didasarkan pada dua foton tunggal tetapi berkorelasi karena dipancarkan bersama dari sumber atom yang sama. Dalam eksperimennya, kedua foton akan bergerak berlawanan arah satu sama lain dan akan dipantau oleh dua detektor yang ditempatkan pada jarak tertentu.

Idenya pasti asli. Bell, ketika ditanya, memberikan persetujuannya; tetapi dengan reservasi. Pertama dia ingin memverifikasi bahwa pemuda Prancis itu sudah memiliki gaji tetap. Nyatanya, Bell percaya bahwa ide Aspect sangat aneh sehingga bisa membahayakan kariernya.

Setelah pekerjaan persiapan yang panjang Aspect dan kolaboratornya, Jean Dalibard dan Gérard Roger, dua peneliti dari "Sekolah Pascasarjana Institut d'Optique", melakukan percobaan tiga kali antara tahun 1981 dan 1982. Komitmen mereka tidak berkurang karena kesulitan ekonomi. Antara lain, mereka membuat polarisator dengan tangan yang, berkat perputarannya yang cepat, dapat menjawab pertanyaan tentang lokasi. Saat ini polarisasi ini dipamerkan di etalase bersejarah Institut d'Optique, yang memungkinkan eksperimen dilakukan di cabang Orsay. Sebaliknya, kantor pusat Institut terletak di Palaiseau, di kampus "Universitas Paris-Saclay".

Pekerjaan Aspect berhasil. Dia dan timnya menemukan konfirmasi terbaik dari non-lokalitas dalam mekanika kuantum dan dengan tegas menyangkal kemungkinan teori variabel tersembunyi lokal.

Konsekuensi dari percobaan jauh melampaui menunjukkan validitas mekanika kuantum, tetapi menyoroti peran mendasar yang dimainkan oleh keterikatan. Seperti yang telah kita lihat, dalam keadaan terjerat pengamatan keadaan foton memungkinkan kita untuk mengetahui keadaan yang lain.

Eksperimen Aspect memiliki resonansi yang sangat besar dan memberi jalan bagi rangkaian panjang wawasan teoretis dan eksperimental ke dalam keterikatan. Dapat dikatakan bahwa eksperimen Alain Aspect menandai dimulainya Ilmu Komputasi Kuantum.

Gambar 49 - Alain Aspect, Hadiah Nobel 2022. Sejak awal 1980-an dia melakukan percobaan yang diusulkan oleh John Bell beberapa kali untuk mengkonfirmasi paradoks EPR. Eksperimen, sebaliknya, mengkonfirmasi teori keterikatan partikel terkait.

Pada tahun 2013 Aspect menerima Balzan Prize yang bergengsi dengan motivasi sebagai berikut:

> "Untuk eksperimen mutakhirnya yang mengonfirmasi Mekanika Kuantum, berlawanan dengan teori dengan variabel tersembunyi lokal. Karya-karyanya membuka jalan bagi kontrol eksperimental keadaan kuantum terjerat, elemen penting dari Komputasi Kuantum."

Pada tahun 2022 tiga fisikawan, Alain Aspect, John F. Clauser dari Amerika, dan Anton Zeilinger dari Austria menerima Hadiah Nobel karena meletakkan dasar bagi masa depan informasi dan komunikasi. Eksperimen mereka pada fenomena yang disebut "keterikatan kuantum membuka jalan bagi komputer kuantum yang kuat dan sangat cepat.

Di antara eksperimen-eksperimen selanjutnya, perlu disebutkan tentang Wolfgang Tittel. Sarjana ini menerima gelar PhD dari University of Geneva, bekerja sebagai postdoc di University of Aarhus dan University of Geneva dan pada tahun 2006 bergabung dengan University of Calgary (Kanada) sebagai President of Industrial Research. Dia telah terlibat dalam eksperimen terobosan sejak dimulainya studi komunikasi kuantum yang diterapkan pada kriptografi.

Pada tahun 1988, bersama dengan "Grup Jenewa", dia melakukan eksperimen yang menunjukkan bahwa jarak tidak memengaruhi keterikatan. Cahaya dikirim melalui kabel serat optik dengan jarak beberapa kilometer sebelum dianalisis, tanpa hasil yang bervariasi.

Sepuluh tahun kemudian, pada tahun 1998, Gregor Weihs dan tim Innsbruck-nya yang dipimpin oleh Anton Zeilinger, melakukan eksperimen yang menyempurnakan eksperimen Aspect tahun 1982, mengonfirmasi hasil yang sama.

Sedihnya, Bell meninggal secara tak terduga pada tahun 1990 karena pendarahan otak tanpa dapat menerima Hadiah Nobel yang baru saja dinominasikannya.

Bagian ketiga. Prospek.

Semuanya adalah "satu hal".

Jika Tuhan menciptakan dunia, kita tidak dapat mengatakan bahwa Dia sangat peduli untuk memfasilitasi pemahamannya.
(Albert Einstein)

Eksperimen Alain Aspect mewakili konfirmasi definitif dari prediksi mekanika kuantum, dan khususnya non-determinisme dan non-lokalitas.

Dalam konteks penerimaan umum prinsip-prinsip ini, masih ada beberapa ilmuwan yang membedakan diri mereka sebagai nonkonformis dan tidak mau menyerah dalam upaya membingkai mekanika kuantum dalam konteks deterministik. Saya mengacu pada David Bohm. Namun, dalam keinginannya untuk merasionalisasi yang tidak rasional, dia akhirnya mengembangkan versi yang lebih metafisik, jika mungkin, dari teori kuantum ortodoks.

Dengan Bohm ini sepenuhnya layak mendapatkan tempatnya di Olympus para filsuf sains.

Kisah yang saya ceritakan di bagian ketiga ini adalah tentang seorang pria yang sangat jujur dan teguh dalam teori-teori ilmiahnya yang berani. Dia tidak ragu untuk mengubah teorinya menjadi perilaku sosial. Ini memberinya antipati yang kuat setiap kali dia mendapati dirinya beroperasi dalam konteks konformis dan fanatik politik, seperti yang biasa terjadi pada masanya.

David Bohm

David Bohm, fisikawan dan filsuf Amerika, lahir pada tanggal 20 Desember 1917 di Wilkes-Barre, sebuah kota di Amerika Serikat yang terletak di tengah Lembah Wyoming, di Luzerne County, di timur laut Pennsylvania.

Bohm dikenal karena menguraikan interpretasi mekanika kuantum di mana ia mengembangkan konsep "gelombang pilot" dari Louis de Broglie dan memperkenalkan konsep "potensial kuantum".

Orang tuanya berasal dari Yahudi. Ayahnya, Samuel Bohm, adalah seorang emigran Hongaria dan ibunya berasal dari Lituania.

Ayahnya memiliki toko furnitur dan juga terlibat dalam tugas asisten rabi setempat, jadi dia sendiri yang membiayai pendidikan pemuda David. Pada usia 17 tahun, pada tahun 1930, David mulai kuliah di Pennsylvania State College, di mana dia berkenalan dengan mekanika kuantum. Ia langsung tertarik dengan mata pelajaran yang menjadi objek studinya ini. Dia lulus dalam fisika pada tahun 1939.

David melanjutkan studinya di bawah bimbingan Robert Oppenheimer. Kami ingat bahwa ketenaran Oppenheimero terkait terutama dengan pembangunan bom atom pertama sebagai bagian dari proyek Manhattan. Selanjutnya, Oppenheimer mengalami krisis hati nurani dan menolak bekerja untuk bom hidrogen.

Mungkin ajaran Oppenheimer membantu mengembangkan lebih jauh rasa keadilan moral Bohm yang kuat.

Setelah melanjutkan studinya di CalTech (California Institute of Technology) di Pasadena, dia mendaftar di UC (University of California) di Berkeley, di mana dia memperoleh gelar doktor pada tahun 1943. Bohm mempraktikkan aktivitasnya sebagai fisikawan teoretis di universitas-universitas terpenting Amerika.

Dari tahun 1947 hingga 1951 dia mengajar di Universitas Princeton sambil mendedikasikan dirinya untuk mempelajari plasma.

Plasma adalah gas yang sangat terionisasi dan, secara keseluruhan, netral secara elektrik: dalam praktiknya, sebuah sistem terdiri dari ion bebas, positif dan negatif, dengan konsentrasi yang sama.

Istilah "terionisasi" menunjukkan bahwa sebagian besar elektron telah dilepaskan dari atomnya masing-masing.

Plasma dianggap sebagai wujud materi keempat, yang berbeda dari tiga wujud klasik, padat, cair, dan gas. Dalam pengertian ini, penambahan plasma mereproduksi dan melengkapi gagasan empat elemen (api, tanah, udara, dan air), yang secara historis berasal dari filsuf Yunani Empedocles.

Plasma diidentifikasi oleh Sir William Crookes pada tahun 1879, tetapi nama "plasma" berasal dari Irving Langmuir yang menciptakannya pada tahun 1928.

Hingga akhir abad terakhir, studi tentang plasma tetap lebih menarik, dengan sangat sedikit pengecualian, di antaranya kita dapat menyebutkan studi Nikola Tesla tentang pelepasan plasma, lampu plasma, dan plasma dingin yang digunakan dalam produksi ozon. Setelah 1920 Irving Langmuir mempelajari interaksi plasma dengan dinding wadah di mana mereka dibentuk, sehingga memperoleh Hadiah Nobel pada tahun 1932.

Ketertarikan yang lebih konkret pada plasma berkembang ketika Konferensi Jenewa "Atom untuk Perdamaian" memprakarsai studi tentang eksploitasi fusi nuklir secara damai.

Dalam studinya tentang plasma, Bohm segera memperhatikan kekhasan, tipikal elektron ketika mereka menjadi bagian dari plasma, kehilangan "individualisme" mereka untuk mulai berperilaku sebagai bagian dari realitas yang lebih besar dan saling berhubungan, memberikan kesan dianimasikan oleh kecerdasan. yang mampu mengkoordinasikan kegiatan mereka.

Gambar 50 - Fisikawan David Bohm mengusulkan interpretasi holistik menarik mekanika kuantum, yang menjabat sebagai tandingan pandangan ortodoks yang dikenal sebagai "Interpretasi Kopenhagen".

Dia segera menemukan, bersama dengan rekannya Yakir Aharonov, Efek Aharonov-Bohm, sebuah fenomena mekanika kuantum di mana partikel bermuatan dipengaruhi oleh medan elektromagnetik di daerah di mana medan tersebut nol.

Pada tahun 1947 Bohm mempelajari perilaku elektron dalam logam. Berdasarkan apa yang dia amati untuk plasma, dia memperhatikan bahwa bahkan dalam logam, pergerakan individu elektron tunggal dapat menghasilkan efek "kolektif" yang terorganisir.

Dalam interpretasi filosofisnya Bohm datang untuk mengidentifikasi perilaku massa elektron dengan komunitas manusia. Dia membangun hubungan antara perilaku terkoordinasi elektron tunggal dalam logam dan perilaku individu dalam konteks sosial mereka. Menurut Bohm, perilaku khas plasma merupakan metafora yang valid untuk perilaku manusia yang terorganisir. Dia mengembangkan keyakinan bahwa kesamaan utama adalah antara "masyarakat plasma" dan masyarakat manusia diatur menurut teori Marxis.

Ide-ide ini memperkuat cita-cita Marxis Bohm di masa mudanya. Namun, di tahun-tahun berikutnya dia dengan tegas meninggalkan ide-ide ini karena landasan materialistisnya, dan lebih suka mengabdikan dirinya pada pandangan kosmos yang lebih spiritual.

Hasil studinya tentang perilaku elektron dalam logam meyakinkan guru lamanya, Oppenheimer, untuk memasukkan dia di antara para ilmuwan yang dipanggil untuk bekerja di Los Alamos, di Proyek Manhattan, sebuah program penelitian dan pengembangan militer yang mengarah pada penciptaan bom atom pertama selama Perang Dunia II. Sayangnya, masa lalu politik Bohm tidak terlalu meyakinkan untuk saat itu dan Jenderal Leslie Groves menentang masuknya Bohm ke dalam proyek tersebut, karena ide-ide yang dia anut di masa mudanya.

Memang, antara akhir 1940-an dan pertengahan 1950-an kami mengalami fase maksimum dari apa yang disebut "perburuan penyihir" atau "McCarthyisme". Ini adalah sikap politik yang tersebar luas di Amerika Serikat, yang ditandai dengan iklim kecurigaan dan perilaku penganiayaan yang semakin parah terhadap orang atau kelompok yang dianggap subversif. Itu dinamai Senator J.R. McCarthy, direktur "Komisi Pemberantasan Aktivitas Non-Amerika".

Ribuan orang menjadi sasaran pengawasan dan banyak yang mengalami serangan pribadi, seringkali berdasarkan tuduhan yang tidak berdasar.

Perhatian khusus diberikan kepada pejabat pemerintah, penghibur dan orang budaya dan anggota kelas menengah industri terkemuka yang dicap sebagai "Komunis berkomitmen untuk merusak fondasi masyarakat Amerika".

Dalam suasana seperti ini, pada tahun 1948 Bohm dipanggil untuk bersaksi karena keanggotaannya di Partai Komunis yang berlangsung pada tahun 1942 dan berakhir hanya dalam waktu sembilan bulan, tetapi ia menolak hadir dengan memohon amandemen Kelima, yaitu hak untuk tidak menjawab.

Setelah setahun, dia kembali diundang untuk menghadap dewan juri, tetapi sekali lagi dia menolak, mengajukan banding atas ketentuan konstitusional yang sama.

Namun, pada saat itu fokus tertuju padanya. Pada tahun 1949 dia ditangkap karena menghina pengadilan dan menghabiskan beberapa hari di penjara, sampai dia dibebaskan dengan jaminan.

Pada tahun 1950 dia dibebaskan. Sayangnya, sementara itu dia kehilangan pekerjaannya di Universitas Princeton, yang memecatnya karena tekanan dari pemberi pinjaman.

Saat ini Bohm berada di "daftar larangan" peneliti dan bahkan Einstein, yang menginginkannya sebagai asisten, tidak dapat menawarkan kesempatan kepadanya. Dia terpaksa beremigrasi ke Brasil ke Universitas S. Paolo, tetapi dia masih warga negara Amerika; oleh karena itu, kedutaan AS mencabut paspornya karena takut dia akan pergi ke Uni Soviet.

Untuk menghindari isolasi total, Bohm mengambil kewarganegaraan Brasil. Ini memungkinkan dia, pada tahun 1955, meninggalkan Brasil dan pergi ke Israel selama dua tahun, ke Institut Technion di Haifa. Dari sini dia pindah ke Universitas Bristol di Britania Raya selama empat tahun dan akhirnya, pada tahun 1961, dia menetap secara permanen di London di mana dia ditunjuk sebagai profesor teori fisika di Birkbeck College.

Pada tahun 1951 Bohm menerbitkan "Teori Kuantum", sebuah teks tentang fisika kuantum di mana dia menganalisis interpretasi teori kuantum dan, mengambil beberapa ide dari eksperimen pemikiran EPR, dia menempatkan dirinya di antara para kritikus interpretasi Kopenhagen. Nyatanya, Bohm menyoroti aspek teori yang tidak jelas, dan menentang ketidakmungkinan memperluas keacakan dan determinisme ke objek mekanika kuantum. Bohm, seperti halnya Einstein, sangat terganggu dengan posisi komunitas ilmiah yang kini "pasif" menerima realitas ketidakpastian dan non-lokalitas.

Bohm membuat misinya untuk memperkenalkan kembali bentuk determinisme yang berhasil bahkan dalam hal yang sangat kecil. Dia merasa bersyukur dengan memberikan salinan bukunya kepada Einstein.

Potensi kuantum.

Prinsip Heisenberg menyatakan bahwa tidak mungkin menetapkan lintasan partikel, seperti elektron, karena perlu diketahui kecepatan dan posisinya pada waktu yang bersamaan. Seperti yang telah disebutkan, satu-satunya kemungkinan terdiri dari menghitung fungsi gelombang, di mana partikel menempati posisi probabilistik. Ketika pengukuran dilakukan, partikel "runtuh" dan muncul di tempat tertentu, tetapi antara satu pengukuran dan pengukuran lainnya "menghilang" dalam awan probabilitas.

Ini tidak menyenangkan Bohm. Dia menolak anggapan bahwa fungsi gelombang probabilistik bisa menjadi representasi terbaik dari sebuah partikel. Oleh karena itu ia memutuskan untuk menyelidiki cara elektron menentukan lintasan yang harus dilaluinya. Sederhananya, dia mencoba memperkenalkan kembali konsep kausalitas, atau mengidentifikasi mekanisme yang tepat yang mampu memandu partikel. Dengan cara ini partikel akan dibebaskan dari konteks tak tentu dan probabilistik.

Bohm memulai dari prinsip ketidakpastian Heisenberg dan mengerjakan ulang rumusnya, menambahkan parameter baru, "potensial kuantum". Dengan ini dia menciptakan matematika kuantum baru, "mekanika Bohemian" Teori ini masih banyak didiskusikan untuk implikasi metafisiknya.

"Mekanika Bohemian" mengusulkan bahwa partikel tidak bergerak secara acak, tetapi sebagai respons terhadap suatu gaya, "potensial kuantum". Gaya ini memberi partikel informasi melalui koneksi seketika, yaitu koneksi non-lokal.

Untuk beroperasi secara nonlokal, potensi kuantum harus mempertahankan intensitasnya terlepas dari jarak. Artinya, potensi kuantum harus beroperasi dengan cara yang berlawanan dengan semua gaya elektromagnetik lainnya. Seperti diketahui, gaya elektromagnetik lainnya berkurang dengan kuadrat terbalik dari jarak.

Menurut Bohm, potensi kuantum menggerakkan elektron dengan cara yang tidak acak atau mekanis, tetapi cerdas. Dengan kata lain, Bohm mengklaim keberadaan bidang informasi, berkat itu partikel tidak tunduk pada tingkah misterius secara kebetulan tetapi terus-menerus mendapat informasi tentang lingkungan sekitarnya, memperoleh informasi dari lingkungan yang sama. Terbukti, Bohm menyarankan lingkungan metafisik, tanpa ruang dan waktu.

Oleh karena itu, ketika partikel bergerak di jalurnya (dan kita ingat bahwa partikel berada dalam agitasi konstan) mereka tidak melakukannya secara acak tetapi mereka merespons paket informasi yang disediakan oleh potensi kuantum.

Dengan cara ini Bohm mengembalikan perilaku deterministik partikel elementer, yang bagaimanapun disebabkan oleh kekuatan yang benar-benar misterius.

Bohm merepresentasikan konsep ini dengan salah satu metaforanya yang terkenal, yaitu kapal.

Sebuah kapal (gbr. 51) mampu bergerak berkat kekuatan mesinnya, tetapi dipandu oleh instrumen navigasi, yang tanpanya ia tidak akan pernah mencapai pelabuhan dan berisiko menabrak beting kapan saja.

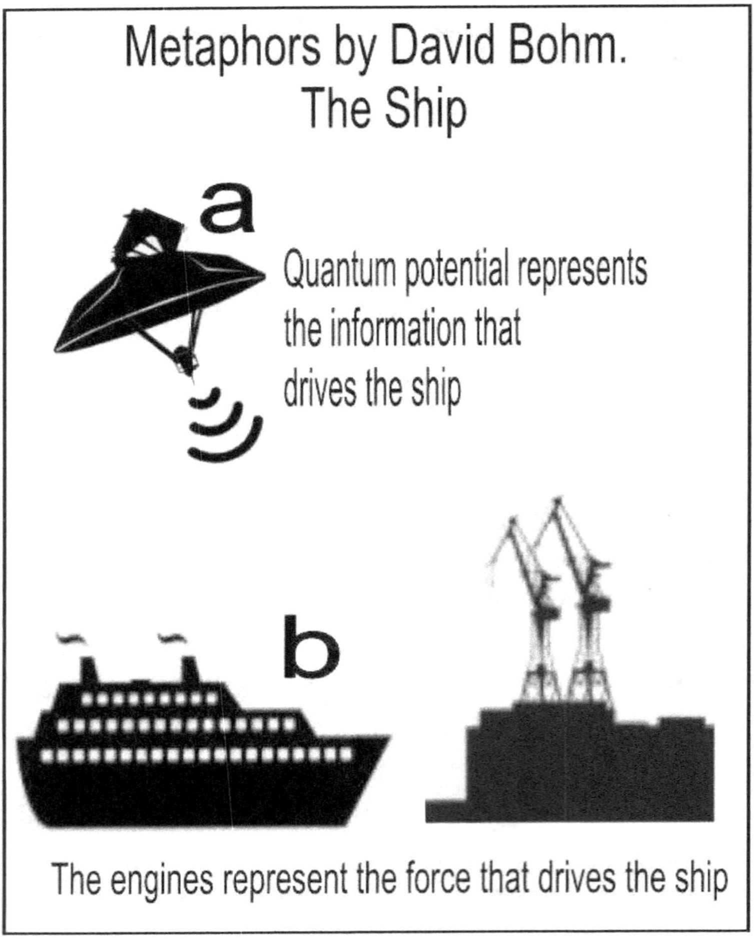

Gambar 51 - Dalam metafora kapal, Bohm merepresentasikan partikel sebagai kapal yang digerakkan oleh "kekuatan kasar" mesinnya tetapi dipandu oleh kecerdasan instrumentasi, yaitu oleh potensi kuantum yang dapat memanfaatkan informasi global dan mengirimkannya ke mengirimkan.

Metafora oleh David Bohm. Kapal

A- Potensi kuantum mewakili informasi yang menggerakkan kapal

B- Mesin mewakili gaya yang mendorong kapal.

Mesin mewakili kekuatan, kepastian fisika klasik yang membuat kapal bergerak di laut. Sebaliknya, instrumen navigasi, dari kompas kuno hingga radar modern, adalah informasi yang menentukan rute aman dan mewakili potensi kuantum.

Sinyal radar kecil, tidak terlalu kuat, cukup untuk memandu kapal. Menurut Bohm, potensial kuantum tidak bergantung pada intensitas tetapi pada "bentuk". Ini adalah energi yang, meskipun sederhana, sangat terinformasi dan berhasil membentuk energi besar dari mesin, yang dengan sendirinya akan menjadi "mentah" dan "tidak berbentuk".

Banyak elemen konkret menunjukkan bahwa potensi kuantum bukan hanya abstraksi teoretis dari Bohm. Keberadaan lautan energi yang sangat besar yang meliputi seluruh alam semesta diprediksi oleh teori kuantum klasik itu sendiri. Deposit yang hampir tak terbatas ini akan menjadi "kekosongan kuantum", juga sering disebut sebagai "bidang titik nol" atau "efek Casimir". Definisi terakhir ini berasal dari fakta bahwa keberadaan "kekosongan kuantum" telah didemonstrasikan oleh fisikawan Belanda Hendrik Casimir sejak tahun 1948.

Efek Casimir terdiri dari daya tarik yang tercipta antara dua benda yang berada dalam ruang hampa, yaitu di mana seharusnya tidak ada alasan untuk daya tarik. Namun, karena daya tariknya ada, berarti kekosongan itu tidak benar-benar kosong. Faktanya, diasumsikan bahwa ada gaya yang disebut "medan titik nol". Medan ini muncul dari energi vakum, yang ditentukan oleh partikel virtual yang terus-menerus diciptakan oleh efek fluktuasi kuantum, seperti yang diramalkan oleh prinsip ketidakpastian Heisenberg.

Dengan demikian, ruang hampa memiliki "energi dasar", yang melampaui realitas materi.

"Kekuatan" ini meluas ke setiap area "kosong" di alam semesta. Kepadatan energinya telah diperkirakan sama dengan nilai yang sangat besar, yang membentuk hubungan yang sangat tidak seimbang dengan kosmos yang kita kenal dan yang disajikan dalam bentuk materi.

Jika kita mengambil gambar atom, kita ingat bahwa atom dianggap hampir seluruhnya terdiri dari kekosongan. Nah, efek Casimir memprediksi bahwa kehampaan itu bukanlah kosong, melainkan energi. Dari sini kita memahami bagaimana energi ruang hampa jauh lebih besar daripada energi "tidak kosong". Jika kita memberikan semua energi ini kemampuan untuk mengekspresikan dirinya dalam bentuk potensi kuantum, kita menyadari kekuatan konsep yang dikembangkan oleh Bohm.

Peran pengamat.

Mekanika kuantum memprediksi bahwa realitas kosmik adalah hasil dari dua faktor. Faktor pertama adalah "kekuatan kasar" yang melekat pada materi. Faktor kedua adalah "sistem pemandu" yang memberi materi instruksi yang mampu membuat kekuatannya bekerja secara cerdas.

Faktor pertama, kekuatan kasar, mencirikan tingkat makroskopik, atau tingkat menengah, tempat kita hidup dan yang kita tafsirkan menurut hukum fisika Newton dan relativitas Einstein.

Pada level ini peran pengamat tidak berpengaruh. Nyatanya, sangat sulit, dengan mengamati sebuah fenomena, kita mampu memodifikasi perkembangannya. Kami tidak akan dapat memindahkan kursi apa pun dengan melihatnya. Pada saat yang sama, jika kita tidak melihat ke sebuah kursi,

kursi itu tidak akan bergerak dengan sendirinya dalam rentang jalur yang memungkinkan.

Faktor kedua, yaitu sistem panduan, menuntut pengamat untuk menjadi bagian dari fenomena itu sendiri dan mempengaruhi perkembangannya hanya dengan mengamatinya. Seperti yang sudah disebutkan. ini terjadi dalam kasus foton yang berperilaku sebagai partikel saat diamati dan sebagai gelombang saat tidak diamati. Pada tingkat subatomik, peran pengamat mengasumsikan karakteristik yang sangat khusus. Pengamat menjadi bagian dari sistem unik yang mencakup dirinya sendiri dan objek yang diamati. Pengamat dan yang diamati menjadi tidak dapat dibedakan dan memberikan pengaruh timbal balik yang tidak dapat diabaikan.

Dalam fisika kuantum, ilmuwan tidak dapat membayangkan menjadi pengamat objektif "luar", karena kehadirannya sendiri ikut membentuk realitas yang dia amati.

John Wheeler adalah seorang fisikawan Amerika, seorang tokoh fisika karismatik pada tahun 1930-an dan 1940-an; banyak fisikawan terkenal termasuk Richard Feynman dilatih di bawah bimbingannya. Wheeler, antara lain, menciptakan istilah "lubang cacing" yang menunjukkan kemungkinan terowongan atau lorong ruang antara wilayah ruang-waktu yang berbeda.

Wheeler percaya bahwa keterlibatan pengamat dalam realitas subatomik yang diamati bahkan merupakan aspek terpenting fisika kuantum, sampai-sampai dia mengusulkan untuk menghilangkan istilah "pengamat" dengan menggantinya dengan kata "peserta". Dia mengungkapkan keyakinan ini dalam kutipan terkenal:

> "Dalam mekanika kuantum tidak ada yang lebih penting daripada fakta bahwa konsep yang dipahami sebagai "sesuatu di luar" dihancurkan.
>
> Ini benar bahkan ketika pengamat berada pada jarak yang aman, dipisahkan dari objek yang diamati oleh pelat kaca setebal dua puluh sentimeter. Saat mengamati objek kecil seperti elektron, pengamat harus melampaui kaca: dia harus "masuk" untuk memasang alat pengukur pilihannya. Pengamat harus memilih apakah dia ingin mengukur posisi atau momentum. Memasang alat untuk mengukur salah satu dari dua besaran mencegahnya memasang alat lain untuk mengukur besaran lainnya.
>
> Selanjutnya, pengukuran mengubah keadaan elektron. Setelah pengukuran, alam semesta tidak lagi sama. Untuk menggambarkan apa yang terjadi, kata lama 'pengamat' perlu dihilangkan dan diganti dengan istilah baru 'peserta'. Di satu sisi, alam semesta adalah alam semesta partisipatif.

Tidak ada fragmentasi.

Menurut Bohm, partikel subatom, berkat potensi kuantum, terbenam dalam "medan bentuk". Dari bidang ini, partikel menerima semua informasi yang diperlukan untuk memutuskan bagaimana bergerak setiap saat.

Tetapi, karena tingkat makroskopis terdiri dari partikel subatomik yang jumlahnya hampir tak terhingga, setiap makhluk hidup tunduk pada medan bentuk yang, setiap saat, menunjukkan kepada setiap partikel tubuhnya koordinat gerakan mikroskopisnya.

Perbedaan antara kedua faktor (makroskopik dan mikroskopis) adalah yang pertama membutuhkan ruang dan waktu untuk mengembangkan dirinya, yaitu memiliki karakteristik lokal, sedangkan faktor mikroskopis, yaitu sistem penggerak, tidak membutuhkan ruang maupun waktu dan oleh karena itu ada dalam suatu dimensi. disebut "non-lokal". Sistem panduan adalah ekspresi dari "tak terbatas" yang terletak di luar ruang dan waktu. Sistem penuntun tidak menghasilkan informasi dengan menerimanya dari tempat yang tepat, tetapi memilikinya dalam "keseluruhan universal", semacam "ruang depan spasial" yang berisi kesadaran alam semesta.

Dalam konteks mekanika Bohm, partikel-partikel suatu sistem "non-lokal" dihubungkan oleh potensi kuantum. Ini terjadi tidak peduli seberapa jauh jarak mereka. Konsekuensi paling langsung adalah pengamatan bahwa tidak ada objek yang terpisah dan independen, tetapi semuanya saling berhubungan untuk membentuk satu hal.

Terlebih lagi, seperti yang telah kita lihat, tidak ada yang "di luar" dari kita yang dapat kita amati dari luar. Kita sendiri adalah bagian aktif dari keseluruhan. Mekanika kuantum memanifestasikan alam semesta yang benar-benar saling berhubungan. Ini adalah kenyataan bahwa kita tidak dapat terurai menjadi bagian-bagian dasar yang diberkahi dengan kehidupan yang mandiri. Dengan mempelajari keintiman materi, kita memahami bahwa partikel penyusunnya tidak mewakili blok bangunan mendasar dalam pengertian yang dimaksudkan oleh Democritus. Partikel-partikelnya adalah idealisasi murni, mempelajari hipotesis yang mampu memberikan representasi ideal dari suatu realitas yang tidak mungkin direpresentasikan. Memang, partikel adalah abstraksi konvensional.

Pada kenyataannya ada interkoneksi kosmik yang terdiri dari energi getar probabilistik, yang tidak dapat ditempatkan persis di ruang angkasa seperti yang kita pahami. Atas kelebihannya, Bohm mengungkapkan dirinya demikian dalam esai yang ditulis bersama dengan Basil Hiley untuk jurnal "Foundation of Physics", yang diterbitkan pada tahun 1975 dengan judul "Tentang pemahaman intuitif tentang nonlokalitas sebagaimana tersirat oleh teori kuantum":

> Kami telah menjungkirbalikkan konsepsi klasik yang biasa yang menurutnya "bagian-bagian dasar" dunia yang independen adalah realitas fundamental, dan berbagai sistem hanyalah bentuk dan pengaturan khusus dan kontingen dari bagian-bagian ini.
>
> Sebaliknya, kami mengatakan bahwa realitas fundamental adalah keterkaitan kuantum dari seluruh alam semesta. Bagian-bagian yang memiliki perilaku yang relatif mandiri hanyalah bentuk-bentuk partikular dan kontingen di dalam keseluruhan ini.

Seakan mengatakan bahwa kereta Raja Milinda bukanlah penjumlahan acak dari roda, as roda dan kuda, seperti yang diklaim oleh materialisme. Sebaliknya, bagian-bagian yang berbeda adalah elemen yang dipilih secara cerdas untuk membentuk keseluruhan yang disebut kereta.

Apa pun bentuk porosnya, berapa pun jari-jari yang dimiliki roda, apa pun warna atau jumlah kudanya, adalah detail yang tidak relevan sehubungan dengan proyek transenden "gerobak".

Gambar 52 - Metafora Bohm tentang superposisi kuantum.
Metafora oleh David Bohm. Ikan.
Ikan yang sama jika dilihat dari sudut yang berbeda dapat memberikan kesan bahwa mereka adalah dua ikan yang berbeda.

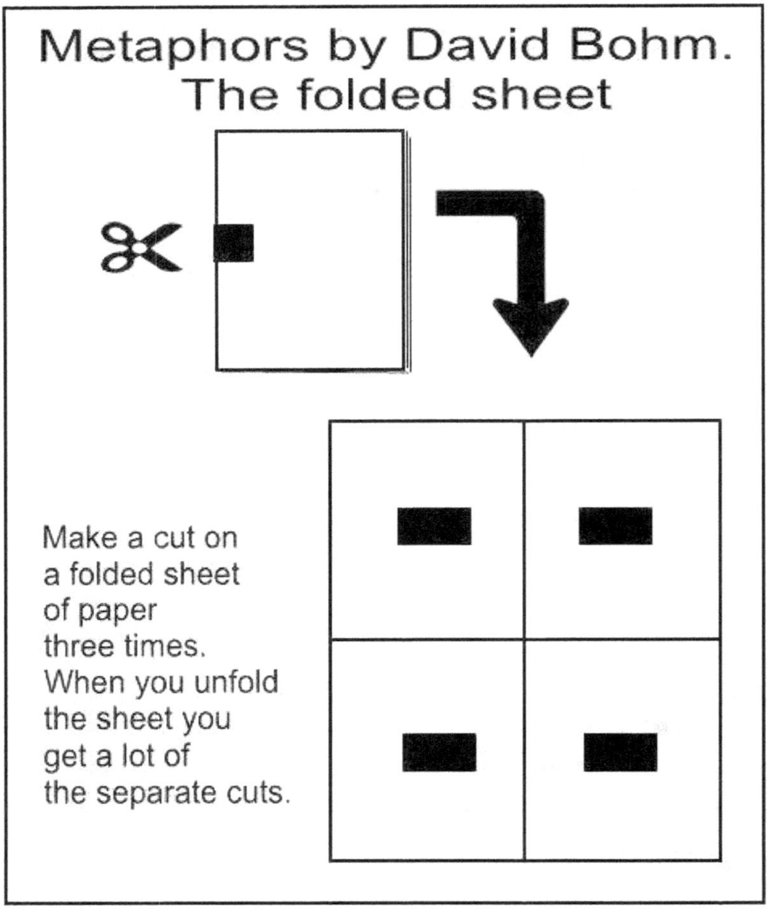

Gambar 53 - Banyak lubang yang muncul pada lembaran yang tidak dilipat, pada kenyataannya, merupakan hasil dari satu potongan.

Metafora oleh David Bohm. Lembaran kertas yang dilipat.

Buat potongan pada selembar kertas yang dilipat tiga kali pada dirinya sendiri.

Saat Anda membuka lembarannya, Anda mendapatkan banyak potongan terpisah.

Pada tingkat subatomik, benda-benda di mana materi padat terwujud larut menjadi gelombang probabilitas yang saling berhubungan menjadi satu kesatuan.

Tidak ada fragmentasi, tetapi hanya sebuah unicum yang penuh dengan getaran. Jika kita memakai kacamata fisika kuantum, kita tidak dapat lagi melihat alam semesta sebagai kumpulan objek yang berbeda, dari butiran serbuk sari hingga galaksi, yang terdefinisi dengan baik dan berbeda satu sama lain. Apa yang tampak bagi kita adalah jaringan energi yang sangat besar yang terkait secara keseluruhan yang juga mencakup diri kita sendiri.

Dalam esai "S-matrix interpretasi Teori Kuantum" fisikawan Amerika Henry Pierce Stapp menyatakan:

> "Dunia muncul sebagai jalinan peristiwa yang rumit, di mana berbagai jenis interkoneksi bergantian, tumpang tindih, dan bergabung, menentukan struktur keseluruhan".

Metafora ikan yang diambil dari sudut yang berbeda (gbr. 52) dengan luar biasa menggambarkan konsep yang menurutnya, meskipun ada manifestasi yang tampaknya berbeda dari suatu objek, seperti membuat orang percaya bahwa mereka adalah beberapa objek yang berbeda, pada kenyataannya mereka adalah satu objek.

"Urutan tersirat" dan "urutan yang dijelaskan".

"Pada tingkat yang sangat dalam, materi dan kesadaran sama sekali tidak dapat dipisahkan dan saling berhubungan, seperti halnya dalam video game, pemain dan layar disatukan oleh partisipasi dalam proses yang sama. Dalam pandangan ini, batin dan materi adalah dua aspek dari "keseluruhan" yang "satu". "Pikiran dan materi" tidak lebih dapat dipisahkan dari "bentuk dan isi". Pada tingkat yang sangat dalam, kesadaran umat manusia adalah satu.

(David Bohm)

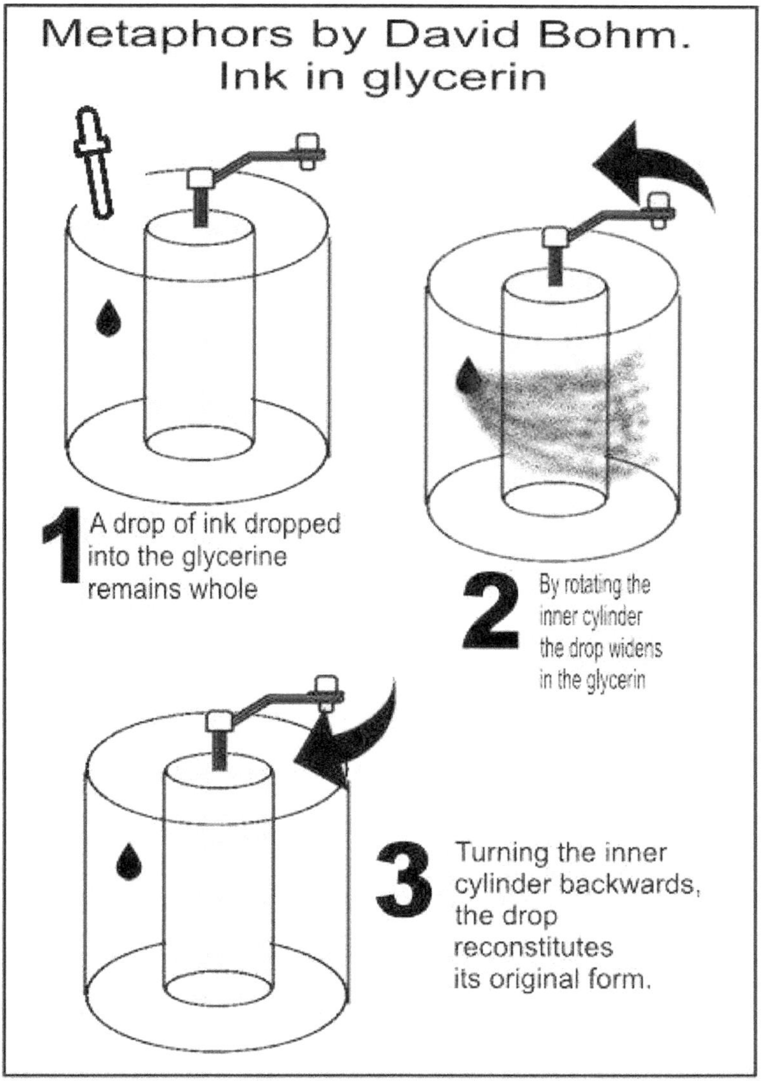
Metaphors by David Bohm.
Ink in glycerin
1
A drop of ink dropped
into the glycerine
remains whole
2
By rotating the
inner cylinder
the drop widens
in the glycerin
3
Turning the inner
cylinder backwards,
the drop
reconstitutes
its original form.

Gambar 54 - Metafora David Bohm tentang setetes tinta yang terdispersi dalam gliserin.

Metafora oleh David Bohm. Tinta dalam gliserin

1 Setetes tinta yang dijatuhkan ke dalam gliserin tetap utuh

2 Dengan memutar silinder bagian dalam, tetesan mengembang di gliserin

3 Dengan memutar silinder bagian dalam ke arah yang berlawanan, tetesan akan membentuk kembali bentuk aslinya.

Dalam studinya tentang plasma, Bohm terpesona oleh bagaimana, dalam situasi superfisial yang tampak kacau, keteraturan yang datang dari lapisan yang lebih dalam bisa tiba-tiba muncul. Pengalaman ini mengejutkannya hingga membuatnya menjadi elemen yang mencirikan semua studinya. Setiap intuisinya berangkat dari kemungkinan bahwa sebuah fenomena dapat dipahami dalam konotasinya yang paling intim mulai dari asumsi keberadaan "kecerdasan pengatur" yang mendasarinya, atau implisit.

Hal ini membuatnya berteori tentang keberadaan suatu tatanan yang melampaui ruang dan waktu, yang melekat pada lipatan terdalam dari realitas, yang disebutnya "tatanan yang melibatkan" atau "tatanan yang terlipat". Bohm berasumsi bahwa keteraturan ini tidak hanya ada di dunia partikel elementer, tetapi di seluruh alam semesta. Tatanan tersirat, tipikal dari bagian kosmos yang paling tersembunyi, bertentangan dengan "tatanan yang dijelaskan" Ini adalah tatanan hal-hal seperti yang kita lihat, atau seperti yang tampak bagi kita dalam pengalaman kita.

Bohm memiliki intuisi pertama tentang keberadaan tatanan tersirat ketika dia memimpikan alam semesta yang terdiri dari cermin bulat dalam jumlah tak terbatas, yang saling memantulkan. Dia membayangkan materi terdiri dari atom-atom di mana setiap atom, seperti cermin, memantulkan pantulan tanpa batas.

Metafora gambar 53 mengilustrasikan hubungan apa yang bisa ada antara urutan tersirat dan urutan yang dijelaskan. Bayangkan melipat selembar kertas menjadi tiga bagian atau lebih. Dengan gunting kami membuka satu jendela di mana saja di lembaran itu. Cukup bagi kita untuk membuka lembaran untuk memperhatikan keberadaan banyak jendela kecil, terpisah satu sama lain secara spasial: pemisahan ini benar-benar ilusi jika kita mempertimbangkan lembaran terlipat, tetapi dijelaskan oleh indra kita sebagai jumlah jendela kecil saat kita membuka lembarannya. Terbukti, lembaran kertas yang dilipat mewakili urutan yang tersirat, sedangkan lembaran kertas yang tidak dilipat mewakili urutan yang dijelaskan.

Bohm suka mengembangkan metafora untuk mendukung tesisnya. Mengenai tatanan tersirat dan tersirat, dia membayangkan dimensi tersirat yang berisi informasi realitas dalam bentuk yang tidak dapat dipahami oleh indra kita, tetapi mampu menjelaskan dirinya sendiri dalam bentuk dan cara yang dapat kita pahami. Tetapi pemahaman kita tidak sesuai dengan kenyataan.

Dalam metafora sinyal TV (gbr. 55), urutan tersirat terdiri dari frekuensi radio, tidak terlihat dan tidak dapat dipahami oleh kita, yang meluas ke eter dan dapat ditangkap oleh antena. Ketika frekuensi radio ditransfer ke perangkat penerima, mereka membuka sedemikian rupa sehingga mata dan telinga kita dapat memahaminya. Secara alami, apa yang kita lihat di layar hanyalah transposisi menjadi bentuk dan warna dari realitas yang terdiri dari frekuensi yang tidak dapat kita pecahkan.

Yang lebih pas, jika mungkin, adalah metafora video game (gbr. 56) di mana kecerdasan yang asing bagi lingkungan dan hati nurani kita, yaitu perangkat lunak yang berasal dari kartrid yang dimasukkan ke dalam konsol, menciptakan bagi kita ilusi dunia yang fantastis dengan di mana kita dapat berinteraksi seolah-olah kita benar-benar tenggelam di dalamnya, padahal kenyataannya, itu adalah ilusi murni.

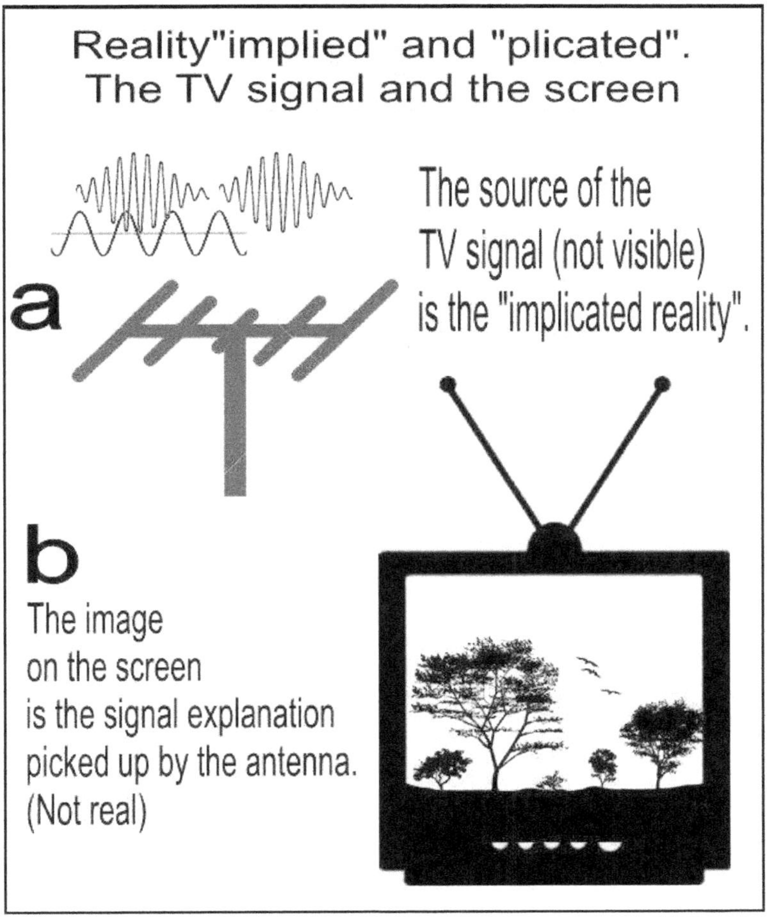

Gambar 55 - "Realitas yang dijelaskan" hanyalah interpretasi yang tidak nyata dari sinyal yang diterima dari sumber eksternal melalui antena.

Realitas "tersirat" dan "dijelaskan".

Sinyal TV dan layar

a - Sumber sinyal TV (tidak terlihat) adalah "realitas tersirat".

B - Gambar di layar adalah penjelasan dari sinyal ditangkap oleh antena.

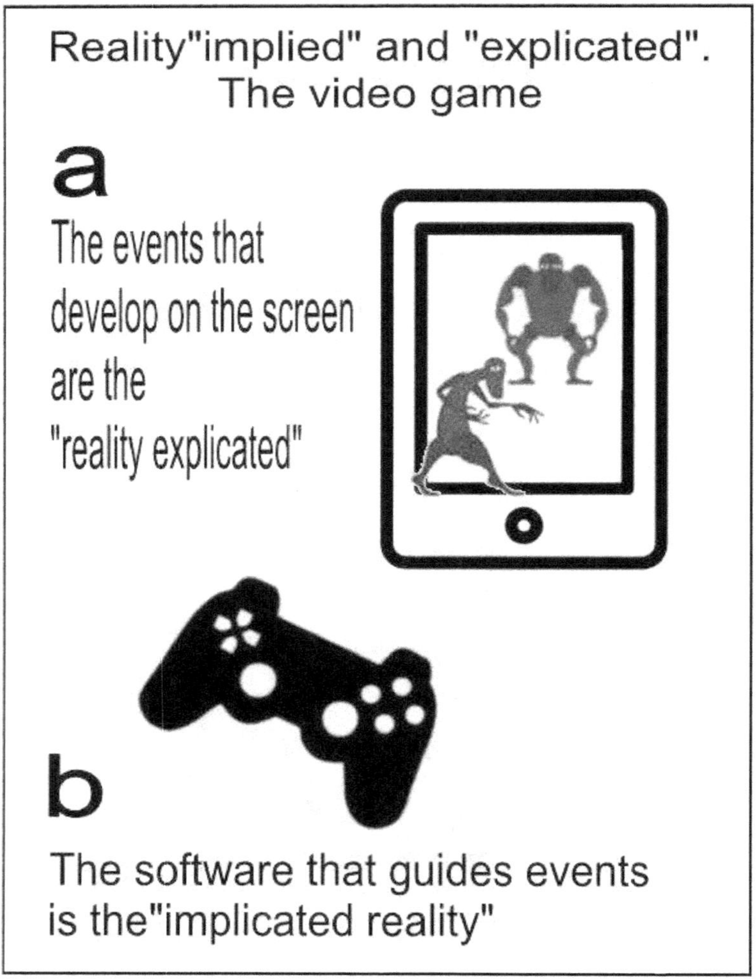
Reality"implied" and "explicated".
The video game
a
The events that
develop on the screen
are the
"reality explicated"
b
The software that guides events
is the"implicated reality"

Gambar 56 - Realitas yang dijelaskan (apa yang Anda lihat di layar) adalah representasi, yang disesuaikan dengan indra kita, dari realitas yang tersirat, yaitu perangkat lunak yang berasal dari kartrid yang dimuat ke dalam konsol.

Realitas "tersirat" dan "dijelaskan". Videogame

a - Peristiwa yang berkembang di layar adalah "realitas yang dijelaskan"

b - Perangkat lunak yang menggerakkan peristiwa adalah "realitas tersirat"

Metafora lain meramalkan bahwa dua perintah dapat diilustrasikan dengan mengatur perangkat gambar 54 yang dijelaskan oleh Bohm sendiri selama wawancara yang diberikan ke situs "oubliettemagazine.com":

> "Sementara saya merenungkan 'alam semesta terlibat', sebuah program sains di BBC menunjukkan perangkat yang mengilustrasikan konsep dengan baik.
>
> Ini terdiri dari dua silinder kaca konsentris. Diantaranya adalah cairan kental, seperti gliserin. Jika setetes tinta tidak larut ditempatkan di gliserin dan silinder luar diputar perlahan, tetesan tinta akan membentuk jejak. Akhirnya, jejaknya menjadi sangat kabur sehingga hampir tidak terlihat. Pada saat itu sepertinya tidak ada pesanan.
>
> Namun, jika Anda memutar silinder secara perlahan ke belakang, gliserin kembali ke bentuk aslinya dan tiba-tiba tetesan tinta terlihat lagi. Setetes tinta yang terdispersi dalam gliserin dibentuk kembali berkat rotasi terbalik."

Kami memiliki dua silinder kaca konsentris, salah satunya dapat berputar perlahan. Ruang antara dua silinder diisi dengan cairan kental seperti gliserin. Ketika sebuah silinder diputar, cairan di dekatnya tersapu bersamanya. Tapi misalkan silinder bergerak sekarang diputar ke arah sebaliknya. Jika fluida sangat kental seperti gliserin, dan silinder tidak diputar terlalu cepat, maka elemen fluida akan menelusuri kembali langkah-langkahnya yang tepat untuk menyusun kembali tetesan tinta aslinya.

Metafora ini mengajarkan bahwa ada tatanan tersembunyi bahkan dalam kekacauan yang tampak. Ketika bentuk tetesan tinta menghilang dari pandangan, urutannya tidak dihancurkan tetapi tetap tersirat dalam gliserin. Tetesan tinta yang terlarut ini mewakili keteraturan yang tersirat, sedangkan tetesan keseluruhan mewakili keteraturan yang dijelaskan, yaitu realitas yang tampak pada indra kita. Rotasi silinder memainkan peran yang menentukan dan mewakili dinamika yang menyatukan dua tatanan. Dalam elaborasi Bohmian dinamika ini dinamakan "holomovement".

Hologram kosmik raksasa.

Istilah hologram umumnya mengidentifikasi gambar tiga dimensi, dan khususnya gambar stereoskopis, yaitu gambar yang muncul dengan perspektif berbeda tergantung pada titik pengamatan. Oleh karena itu, hologram adalah representasi realitas tiga dimensi, dan dapat dibandingkan dengan foto biasa, jika foto tersebut bukan dua dimensi. Dengan memotret objek dengan metode klasik, Anda akan dapat melihatnya kembali hanya pada bagian yang sudah dibingkai oleh lensa. Jika Anda memotret seseorang dari depan, Anda akan selalu melihat wajahnya tetapi Anda tidak akan pernah bisa melihat punggungnya. Sebaliknya, hologram akan mengembalikan gambar tiga dimensi dari pemandangan yang diambil, di mana objek dan orang akan muncul seolah-olah ditempatkan di tengah panggung.

Hologram diperoleh dengan teknik tertentu. Perekaman dilakukan melalui seberkas sinar laser yang dikirim ke objek yang akan direproduksi dan ke arah pelat bahan sensitif.

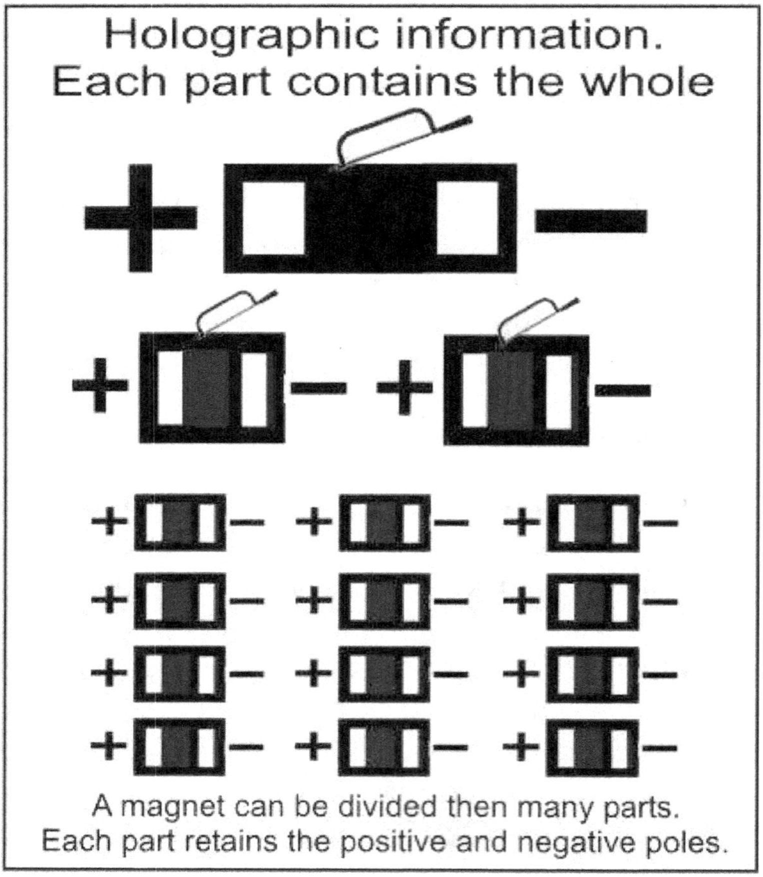

Gambar 57 - Magnet dapat mewakili realitas holografik. Jika magnet dipecah menjadi beberapa bagian, setiap bagian mempertahankan karakteristik keseluruhannya.

Informasi holografik. Setiap bagian mengandung keseluruhan

Sebuah magnet dapat dibagi menjadi beberapa bagian. Setiap bagian mempertahankan kutub positif dan negatif.

Berkat permainan cermin, cahaya yang berasal dari sumber mengganggu cahaya yang dipantulkan oleh objek. Akibatnya, garis-garis terbentuk pada pelat, yang disebut pinggiran interferensi. Dengan kata sederhana, gambar objek yang difoto tidak muncul di piring, tetapi jalinan garis yang berisi informasi tiga dimensi.

Secara alami, gambar yang direkam dapat direproduksi dengan presisi yang luar biasa, hanya dengan menyinari pelat dengan sinar laser lainnya. Sinar ini, pada kenyataannya, berhasil memecahkan kode informasi dengan merekonstruksi gambar tiga dimensi dari objek yang dicitrakan, yang tampak bagi pemirsa seolah-olah hadir secara fisik.

Berkat peningkatan dan pengembangan teknis, hologram kini juga dapat terlihat dalam "cahaya putih" atau sinar matahari.

Saat ini ada juga hologram tercetak, di mana kisi difraksi direproduksi pada penyangga plastik transparan, yang pada gilirannya bertumpu pada lapisan perak. Kita bisa melihat hologram serupa, misalnya di beberapa kartu kredit.

Sebuah hologram memiliki kekhasan yang sangat menarik, yang membedakannya dengan jelas dari foto biasa yang informasinya terkristalisasi di atas kertas. Jika Anda memotong sebuah foto menjadi dua bagian dan membuang salah satu bagiannya, informasi yang terkandung di dalamnya dapat dianggap hilang secara permanen. Anda tidak akan pernah bisa merekonstruksi, dari bagian yang tersisa, isi bagian yang hilang, kecuali dengan pendekatan intuitif.

Sebaliknya, hologram dapat dibagi menjadi bagian sebanyak yang diinginkan, dan setiap bagian akan menyimpan informasi total.

Bohm menyarankan metafora magnet (gbr. 57). Objek ini, yang biasa disebut magnet, adalah benda logam yang menghasilkan medan magnet yang tidak terlihat oleh mata manusia, dan menghasilkan efek yang diketahui secara universal: dapat menarik atau menolak magnet lain, serta, tentu saja, bahan besi. Magnet memiliki dua kutub, yang disebut utara dan selatan. Jika magnet dibiarkan berputar bebas, kutub utaranya adalah yang menghadap ke utara. Tentu saja, di ujung lainnya adalah Kutub Selatan.

Orang mungkin mengira bahwa, dengan menggergaji magnet di tengah, diperoleh dua bagian, satu hanya dengan kutub utara dan yang lainnya hanya dengan kutub selatan. Tidak demikian. Masing-masing dari kedua belah pihak segera menyusun kembali polaritas yang hilang. Anda dapat membagi magnet menjadi bagian sebanyak yang Anda suka; dalam hal apa pun, betapapun kecilnya, setiap bagian akan memiliki kutub utara dan kutub selatan, yaitu setiap bagian akan menyimpan semua informasi dari magnet asli yang diperolehnya secara utuh.

Memotong hologram menjadi dua, sepuluh, seratus atau seribu bagian, hal yang sama terjadi. Setiap bagian menyimpan semua informasi dari matriks asalnya.

Selain itu, hologram memiliki kapasitas penyimpanan kuantitatif yang luar biasa: cukup untuk mengubah sudut di mana dua sinar laser memengaruhi film untuk mengumpulkan jutaan miliar informasi dalam satu sentimeter kubik ruang.

Analogi dengan "alam semesta yang terlibat" terbukti: di sini juga setiap bagian saling berhubungan satu sama lain membentuk satu hal, dan dalam jaringan hubungan ini bahkan bagian terkecil, seperti partikel tunggal, mengandung informasi global.

Karena informasi seluruh kosmos dapat dikenali dalam partikel terkecil, teori Bohmian mengambil karakteristik holografik dan alam semesta, yang dipahami sebagai keteraturan yang tersirat dan eksplisit, dapat dibayangkan sebagai hologram yang sangat besar.

Alam semesta holografik.

Hal yang paling mencengangkan tentang model holografik adalah model ini tiba-tiba masuk akal untuk berbagai fenomena yang tidak jelas, seperti dianggap di luar batas sains. Ini termasuk telepati, prekognisi, perasaan mistik kesatuan dengan alam semesta, dan bahkan psikokinesis, atau kemampuan pikiran untuk memindahkan objek material tanpa ada yang menyentuhnya."

(Michael Talbot, "Semua adalah Satu")

Intuisi Bohm segera mengambil arah yang tepat, yaitu alam semesta yang dibayangkan sebagai hologram raksasa. Namun, perlu untuk mempertimbangkan fakta bahwa alam semesta bukanlah realitas statis tetapi dinamis, suksesi besar energi hidup dan materi gelisah; faktanya, tidak ada sesuatu pun di alam semesta subatomik yang statis, seperti yang telah kita lihat saat mendeskripsikan atom.

Jadi, Bohm menciptakan istilah baru "holomovement". Alam semesta, dalam konsepsi Bohmian, adalah sebuah holomovement besar di mana setiap bagian, bahkan yang terkecil sekalipun, mengandung semua sejarah dan kecerdasan kosmik saat terungkap dalam ruang dan waktu.

Tepatnya karena alam semesta yang "terlibat" menyiratkan di dalam dirinya sendiri semua alam semesta fisik dan keberadaannya bagi indera kita, hologram yang dihasilkan bahkan tidak mengetahui konsep statis tetapi merupakan gerakan abadi dari "implikasi" dan "penjelasan".

Tatanan yang tersirat terkandung dalam dirinya sendiri setiap waktu, masa lalu, sekarang dan masa depan, dan setiap tempat. Waktu dan tempat, yang dalam urutan yang dijelaskan (yaitu, dalam pengalaman dan pemahaman kita) terungkap dalam realitas yang terpisah, adalah satu dalam urutan yang tersirat.

Holomovement memungkinkan tatanan yang tersirat mengandung semua keragaman dari tatanan yang dijelaskan. Dalam sebuah wawancara, Bohm menjelaskan holomovement dengan kata-kata berikut:

> “Urutan implikasi yang sama telah terdeteksi dalam pergerakan kompleks medan elektromagnetik dalam bentuk gelombang cahaya. Pergerakan gelombang

cahaya seperti itu ada di mana-mana dan meliputi seluruh alam semesta ruang dan waktu di setiap wilayah. Penutupan dan pembukaan ini terjadi tidak hanya dalam pergerakan medan elektromagnetik tetapi juga dalam bidang lain yang mematuhi hukum mekanika kuantum yang menyiratkan sifat diskontinuitas dan non-lokalitas. Totalitas gerakan penutupan dan pembukaan bisa jauh melampaui apa yang telah terdeteksi selama pengamatan kami. Kami menyebut totalitas ini "holomovement".

Dalam wawancara yang sama Bohm berkata lagi:

"Saya mengusulkan sesuatu seperti ini: Bayangkan lautan energi tak terbatas mengisi ruang kosong, dengan gelombang bergerak melewatinya, sesekali berkumpul bersama dan menghasilkan denyut yang intens. Kami mengatakan bahwa dorongan tertentu berkumpul dan mengembang, menciptakan alam semesta ruang-waktu dan materi kita. Lebih banyak impuls ini bisa terjadi. Bagi kami, dorongan ini terlihat seperti Big Bang; dalam konteks yang lebih besar, itu adalah gelombang kecil. Semuanya muncul dari penyebaran di "holomovement". Semuanya terlipat kembali dengan sendirinya dalam urutan implikasi. Saya menyebut proses melipat atau menutup "implikasi". Sebaliknya, proses pengungkapan atau pembukaan saya sebut "penjelas". Implikasi dan penjelasannya adalah satu hal yang lancar dan tidak terbagi. "

Bohm kemudian menyelesaikan visinya tentang alam semesta dengan cara yang sangat mistis dengan membayangkan, seperti dalam matryoshka, teori realitas tersirat yang sangat panjang yang mendasari orang lain, hingga ia mencapai "tatanan super-implikasi", yaitu "pikiran kosmik". Menurut Bohm, Pikiran ini secara kreatif mengalami sendiri aktivitas tatanan yang lebih tinggi. Setiap makhluk hidup secara sadar berpartisipasi dalam keseluruhan dengan memberi arti pada keseluruhan. Tanpa kesadaran makhluk hidup, alam semesta tidak akan lengkap. Berkat partisipasi setiap makhluk hidup, "pikiran kosmik" bergerak menuju kesadaran dan pengetahuan diri.

Karl Pribram

Karl Pribram lahir di Wina pada tahun 1919 dan mengakhiri hidupnya pada tahun 2015. Dia adalah seorang ahli bedah saraf, profesor psikiatri dan psikologi di berbagai universitas Amerika, termasuk Universitas Stanford dan Georgetown.

Studinya yang paling penting menyangkut otak manusia dan sistem saraf: khususnya dia telah membantu mendefinisikan sifat sistem limbik, dan hubungannya dengan korteks frontal.

Tampaknya aneh bahwa kita membicarakannya dalam konteks ini, yang didedikasikan untuk sebagian besar fisikawan atau filsuf, tetapi ada alasan yang sangat spesifik. Memang, Pribram terutama dikenal untuk pengembangan, bekerja sama dengan David Bohm, dari apa yang disebut "model otak holonomic" juga dikenal sebagai "model

Gambar 58 - Karl Pribram tiba, terlepas dari Bohm, untuk menguraikan konsep pikiran holografik.

holografik Pribram dan Bohm" atau sebagai "paradigma holografik".

Dengan model ini, Pribram berteori bahwa informasi, dan karenanya juga ingatan yang tersimpan di otak kita, tidak "direkam" di neuron, tetapi merupakan hasil dari pola (pola) gelombang yang mengganggu. Dengan cara ini dia menjelaskan kemampuan otak untuk menyimpan sejumlah besar informasi dalam ruang yang relatif kecil.

Pribram percaya bahwa ingatan disimpan dalam jaringan impuls saraf yang terjalin di seluruh otak, seperti halnya sinar laser berpotongan pada film yang berisi gambar holografik dan memungkinkan, tergantung pada sudutnya, untuk mengungkapkan informasi dalam jumlah besar

Dalam studi bedah sarafnya, Pribram, seperti Bohm, sampai pada kesimpulan bahwa fungsi memori lebih dapat dipahami dengan menganggapnya mirip dengan realitas holografik. Secara alami, keduanya mematangkan keyakinan mereka mengikuti jalan yang sangat berbeda. Bohm merumuskan teorinya mengikuti studinya dalam fisika kuantum, sementara Pribram menjadi yakin akan realitas holografik karena banyak kesulitan yang terkadang tidak dapat diatasi dalam menjelaskan beberapa pertanyaan neurofisiologis.

Pada tahun 1970-an Pribram mengeksplorasi hipotesis realitas holografik, mulai dari prinsip bahwa otak kita memproses sinyal yang diterima dari mata untuk merepresentasikan realitas termediasi, mirip dengan hologram.

Karena putranya adalah seorang fisikawan, dia berpikir untuk menghubunginya untuk membandingkan beberapa ide, tetapi putranya segera menyarankannya untuk menghubungi David Bohm, yang tentunya merupakan orang yang paling cocok. Pribram melakukannya, dan dari pertemuan mereka lahirlah identitas pandangan yang kokoh tentang kemungkinan bahwa alam semesta adalah realitas holografik.

Dalam bukunya "Holographic universe: The Revolutionary Theory of Reality", Michael Talbot dengan demikian menggambarkan hasil pertemuan antara kedua ilmuwan tersebut:

> “Secara bersama-sama, teori Bohm dan Pribram memberikan cara baru yang mendalam dalam memandang dunia. Otak kita membangun realitas objektif secara matematis, menafsirkan frekuensi yang pada akhirnya merupakan proyeksi dari dimensi lain, tatanan keberadaan yang lebih dalam di luar ruang dan waktu: otak adalah hologram yang tersembunyi di alam semesta holografik.
>
> Pribram berpendapat bahwa sintesis ini membuatnya sadar dunia objektif tidak ada, atau setidaknya tidak dalam arti yang biasa kita percayai. Apa yang ada "di luar sana" adalah lautan gelombang dan frekuensi yang luas, dan kenyataan tampak nyata bagi kita hanya karena otak kita mampu mengubah bentuk holografik yang tidak jelas ini menjadi blok bangunan dasar dan benda-benda familiar yang membentuk dunia kita. (...)
>
> Kami memiliki dua aspek realitas yang sangat berbeda. Kita dapat melihat diri kita sebagai badan material yang bergerak melalui ruang. Jika tidak, kita mungkin melihat diri kita sebagai gambaran kabur dari pola interferensi yang tersembunyi di seluruh hologram kosmik.

Bohm percaya bahwa pandangan kedua ini lebih benar."

Apakah realitas itu ada atau tidak?

Menggabungkan model otak holografik Pribram dengan teori holomovement Bohm menghasilkan hasil yang mengejutkan. Jika realitas, dalam kekonkretan yang kita rasakan, adalah ilusi, dan semua yang ada tidak lebih dari kumpulan frekuensi dan energi yang bergetar, apa yang tersisa? Jika otak tidak lebih dari sebuah hologram yang menerjemahkan frekuensi yang diterima, mengubahnya menjadi persepsi sensorik, apakah realitas objektif benar-benar ada?

Jawabannya harus: tidak, "realitas objektif" tidak ada, dengan demikian menegaskan apa yang selalu didukung oleh filosofi Timur, yang menurutnya dunia hanyalah ilusi.

Tidak hanya itu: dengan jawaban ini kami juga merehabilitasi teori-teori yang terlalu tergesa-gesa dari banyak filsuf Barat, seperti George Berkeley, yang menurutnya semua benda yang kami yakini ada tidak memiliki tubuh. Objek hanyalah gagasan yang ditransmisikan oleh indera kita ke otak. Di otak, gagasan-gagasan ini dikonfigurasikan dan dibungkus dengan kesan materialitas yang salah.

Paradigma holografik Pribram dan holomovement Bohm mengarah pada kesimpulan yang banyak diperdebatkan, tetapi banyak yang lain percaya sebagai gambaran paling akurat tentang realitas yang mungkin sampai saat ini.

Kemana kita akan pergi.

"Anda harus memahami seluruh kehidupan, bukan hanya sebagian saja. Itulah mengapa Anda harus membaca, itulah mengapa Anda harus melihat ke langit, itulah mengapa Anda harus menyanyi dan menari, dan menulis puisi, dan menderita dan memahami, karena semua ini adalah kehidupan.
(Jiddu Krisnamurti)

Kita hidup di era istimewa di mana sinkronisitas dimensi kosmik membimbing kita menuju tujuan yang tidak terduga. Ketika kita telah mencapai tujuan ini, akan terjadi bahwa roh dan materi, yang akhirnya ditutupi dengan martabat yang sama, akan dapat melibatkan seluruh umat manusia dalam pengetahuan dan kemungkinan yang masih tampak tidak dapat dipahami dan tidak dapat dicapai saat ini. Sinkronisitas ini membimbing kita dalam transisi antara era materi abu-abu dan era luminous spirit.

Sebuah langkah pertama yang penting telah diambil dengan mengalahkan materialisme, terlepas dari fakta bahwa bahkan hari ini ada tempat, lembaga dan orang yang tidak menyerah menjadikannya sebagai asumsi utama latihan intelektual mereka, mungkin untuk melindungi posisi hak istimewa atau minat.

Saat ini teori-teori materialistis sudah benar-benar ketinggalan zaman dalam bidang-bidang ilmiah yang paling maju. Kita mulai bertanya-tanya apakah kita benar-benar hanya "mesin yang dirakit secara acak", atau apakah kita tidak memiliki "kesadaran" yang mampu membentuk alam semesta yang menampung kita.

Dalam konteks ini, sebuah pertanyaan yang, hingga abad terakhir, terbatas pada ranah metafisika yang samar-samar, menjadi sangat topikal dan mulai menyiksa pikiran para ilmuwan yang paling tercerahkan: apakah kita yang menciptakan realitas kita?

Studi tentang jiwa menjadi bagian dari fisika.

Hingga abad terakhir, wacana apa pun tentang keberadaan jiwa terbatas pada bidang teologis atau filosofis. Sekarang, yang mengejutkan, pertanyaan tersebut telah menjadi bagian dari agenda fisika teoretis, yang dengan tegas ditempatkan di bagian atas daftar topik studi yang belum terselesaikan tetapi layak untuk dipelajari lebih lanjut.

Secara khusus, fisikawan Henry Pierce Stapp sedang melakukan studi yang dinyatakan dengan penekanan tertentu di web melalui judul yang mirip dengan ini: "Henry Stapp ingin membuktikan keberadaan jiwa" (Henry Stapp ingin menunjukkan keberadaan jiwa). Sebenarnya, Stapp tidak begitu ingin mendemonstrasikan keberadaan jiwa, tetapi lebih dari itu, yang dipahami sebagai kesadaran makhluk hidup, tidak dapat diabaikan. Jiwa, yaitu hati nurani, harus menjadi variabel yang aktif dan berpengaruh dalam persamaan dan rumus yang menggambarkan fungsi alam semesta.

Stapp lahir pada tahun 1928 di Cleveland, Ohio, AS. Ia menerima gelar PhD dalam fisika partikel di bawah pengawasan peraih Nobel Emilio Segrè dan Owen Chamberlain di University of California, Berkeley. Ia dikenal karena karyanya dalam mekanika kuantum, khususnya pengembangan teori S-matrix aksiomatik; dia telah menerbitkan, antara lain, banyak makalah yang berkaitan dengan aspek non-lokal mekanika kuantum dan teorema Bell.

Pada tahun 1958 dia diundang oleh Wolfgang Pauli ke ETH Zurich untuk bekerja dengannya secara pribadi dalam masalah dasar mekanika kuantum. Sejak 1969 dia menjadi kolaborator langsung Werner Heisenberg di Institut Max Planck di Munich. Selanjutnya, dari tahun 1976 dia bekerja dengan John Wheeler. Ini adalah karir akademik yang selalu dilakukan di level tertinggi..

Henry Stapp. Teori kuantum dan kehendak bebas.

Pada 2017 Stapp menerbitkan buku "Teori Kuantum dan Kehendak Bebas. Bagaimana Niat Mental Diterjemahkan ke dalam Tindakan Tubuh".

Buku ini menjelaskan, secara sederhana namun tepat, bagaimana mekanika kuantum ortodoks bekerja dan menunjukkan bagaimana teori ini, ditafsirkan secara realistis, memberikan peran penting pada pilihan sadar dan bebas kita. Stapp memulai dari prinsip bahwa biologi tradisional dan ilmu saraf masih memegang prinsip klasik yang pada dasarnya gagal bahwa niat mental tidak mempengaruhi perilaku materi. Ini menunjukkan bagaimana mekanika kuantum memberikan dasar rasional untuk pemahaman yang lebih baik tentang hubungan antara kesadaran dan perilaku, juga memungkinkan penjelasan tentang fenomena tertentu yang saat ini dianggap "paranormal". Ide-ide ini memiliki implikasi penting untuk memahami diri kita sendiri dan proses berpikir kita, dan dengan demikian juga untuk makna hidup kita.

Dalam buku Stapp menangani salah satu masalah paling sulit yang pernah ada, yaitu keinginan bebas. Ini adalah konsep yang didefinisikan oleh "Treccani Encyclopedia" sebagai berikut:

> Keinginan bebas. Ungkapan yang digunakan untuk menunjukkan kebebasan manusia, yang tindakannya tidak ditentukan oleh kekuatan superior (supernatural atau natural), tetapi berasal dari pilihan otonomnya.
>
> Ungkapan itu lahir atas dasar diskusi teologis Kristen, dalam kaitannya dengan rekonsiliasi antara

> kemahakuasaan ilahi dan kemahatahuan dan kebebasan manusia. Protagonis Humanisme dan Renaisans secara khusus mendukung tesis kehendak bebas dengan kehangatan khusus.

Dari sudut pandang agama, sangat sulit untuk mendamaikan kehendak bebas dengan gagasan tentang Tuhan yang mahatahu: jika Tuhan sudah mengetahui masa depan dan karena itu mengetahui bagaimana manusia akan bertindak, dapatkah manusia menganggap dirinya bebas untuk membuat pilihan?

Mari kita kesampingkan sejenak agama, karena itu adalah konsep pribadi dan non-objektif dan bahkan penganut agama yang berbeda pun sering menemukan diri mereka berselisih tentangnya.

Sains, seperti yang kita ketahui, berkembang dengan metodenya yang dapat kita definisikan sebagai tujuan: ia melakukan eksperimen, yang darinya ia menarik kesimpulan konkret. Jika hasil eksperimen mengkonfirmasi hipotesis dengan cara yang tak terbantahkan, ini menjadi hukum fisika, jika tidak, penilaian dapat ditolak atau ditangguhkan.

Dalam hal kehendak bebas, tidak seorang pun pernah dapat mengklaim bahwa itu adalah hukum yang sah. Nyatanya, tidak pernah mungkin untuk menunjukkan bahwa, dengan memeriksa situasi tertentu beberapa kali, selalu memberikan hasil yang sama.

Bertolak dari landasan ilmiah ini kita dapat merumuskan penalaran yang lebih luas, terkait dengan kepastian bahwa manusia tersusun dari atom dan partikel.

Kita tahu bahwa atom-atom berada dalam agitasi terus-menerus, dan kita tahu bahwa, sebagai bagian dari gerakan ini, mereka cenderung menyatu dengan atom lain. Tapi satu hal yang tidak kita ketahui: mengapa atom saling menarik dan menyatu? Dengan gaya apa tiga atom (dua hidrogen dan satu oksigen) bersatu membentuk molekul air? Apakah ada "hati nurani" yang mengarahkan mereka untuk melakukan bentuk agregasi yang sangat berguna ini, daripada banyak kemungkinan lainnya?

Memang, atom seharusnya tidak memiliki kesadaran, oleh karena itu ia tidak dapat memutuskan "secara sadar" jenis agregasi mana yang akan dilakukan. Terlebih lagi, molekul air pun tidak dapat didefinisikan sebagai sadar. Tetapi atom juga dapat berkumpul dengan cara yang lebih kompleks, misalnya untuk membentuk makhluk yang "hidup" secara biologis, yaitu, tentu saja diberkahi dengan kesadaran, atau setidaknya dengan naluri. Ajaibnya, makhluk yang memiliki kesadaran lahir dari kumpulan miliaran atom tanpa kesadaran.

Mengapa? Ini teka-teki nyata. Apa yang bisa menjadi solusinya? Entah atom memiliki kesadaran, bertentangan dengan kepercayaan populer, atau mereka dipandu oleh kesadaran di luarnya: bagaimanapun juga, "kesadaran pilot" harus ada dalam proses agregasi.

Dari sudut pandang agama dapat dikatakan bahwa segala sesuatu telah ditentukan sebelumnya oleh Tuhan; kesadaran dari mana semua kesadaran dan semua perilaku sadar berasal dari Tuhan.

Namun, sains tidak menganggap penalaran metafisik ini valid dan melanjutkan pekerjaannya untuk menemukan mekanisme apa yang menentukan agregasi materi.

Memahami bagaimana dan mengapa atom-atom berkumpul berarti menemukan bagaimana hati nurani makhluk hidup diciptakan, pertama-tama hati manusia, dan kita akan menyimpulkan bahwa pembentukan hati nurani terjadi atas dasar proses yang dapat didefinisikan dengan jelas. Ini akan menjadi proses yang dapat ditransfer ke formula.

Jika demikian, "pembentukan" kesadaran akan menjadi bagian dari proses yang dapat diprediksi dan berulang. Oleh karena itu, seseorang dapat berhipotesis tentang keberadaan kesadaran "standar". Dalam kondisi ini akan menjadi jelas sekali dan untuk selamanya bahwa kehendak bebas tidak ada.

Fisika kuantum mengembangkan pandangan yang sama sekali berbeda, yang dieksplorasi Stapp dalam bukunya. Kita tidak dapat mengamati sebuah partikel dengan menetapkan posisi dan kecepatannya, atau lebih tepatnya, kita hanya dapat melakukannya secara probabilistik. Dengan mengulang pengukuran beberapa kali dengan data yang sama, kita menemukan partikel tersebut di beberapa tempat yang berbeda. Tidak hanya itu: dengan mengamati partikel, kita meruntuhkan fungsi gelombang yang memuatnya, jadi kita menentukan di mana seharusnya.

Nyatanya, partikel tersebut tersuspensi dalam kondisi samar-samar hingga, hanya dengan mengamatinya, yaitu dengan melihatnya, kita sendiri yang memutuskan di mana akan meletakkannya.

Ini memiliki konsekuensi etis dan filosofis yang tak terukur. Jika kita memutuskan, dengan mengamatinya, di mana akan menempatkan partikel, yaitu jika terserah kita untuk memilih karakteristik materi, maka itu berarti kehendak bebas itu ada. Kita bukan lagi mesin yang dikuasai materi, melainkan makhluk yang mampu mendominasi materi dengan kehendak kita.

Dalam salah satu dari sekian banyak wawancaranya, Henry Stapp mengungkapkan dirinya sebagai berikut tentang teori kesadaran kuantumnya:

> Penting bagi kita, sebagai individu dan kolektif, untuk mengoreksi anggapan yang saat ini tersebar luas bahwa sains membuktikan bahwa kita adalah robot mekanik. Ide ini didasarkan pada mekanika klasik, yang sekarang secara empiris tidak valid. Penerusnya, mekanika kuantum, menampilkan kita sebagai makhluk psiko-fisik yang niat sadarnya tidak ditentukan oleh aspek fisik Alam, tetapi yang tetap memengaruhi jalannya peristiwa fisik.
>
> Pertanyaan yang segera muncul adalah ini: "Apa hubungan antara pengalaman sadar kita dan dunia yang dijelaskan secara fisik?".
>
> Teori-teori fisika klasik yang lazim dalam sains selama abad ke-18 dan ke-19 menyatakan bahwa properti fisik apa pun ditentukan sebelumnya hanya oleh properti fisik sebelumnya, tanpa "masukan" tambahan apa pun dari kesadaran. Pernyataan ini, jika benar, menyiratkan bahwa hidup kita tidak berarti; itu akan mereduksi kita masing-masing menjadi robot mekanis yang pada dasarnya tidak berakal, tidak mampu memengaruhi jalannya peristiwa fisik di masa depan baik untuk keuntungan mereka sendiri atau untuk keuntungan orang lain.
>
> Saat ini diketahui bahwa teknik fisik klasik pada dasarnya salah. Teori usang ini telah digantikan oleh mekanika kuantum. Dalam teori ini, "pilihan bebas" sadar kita memainkan peran dinamis penting dalam

menentukan masa depan. Pilihan semacam itu disebut "bebas" karena tidak dibatasi oleh fitur teori lainnya, statistik atau lainnya."

Energi Roh.

Kemampuan kita untuk mengamati partikel elementer menentukan realitas dari apa yang kita amati dan oleh karena itu bersaksi tentang kehendak bebas kita. Tapi kemudian, kita bisa bertanya pada diri kita sendiri: siapakah yang mengamati partikel kita untuk memastikan bahwa mereka pasti membentuk tubuh kita, dan karena itu kesadaran kita? Kita, oleh siapa kita diamati?

Apakah ada pengamat yang menentukan kita? Atau: adakah permainan di mana kita adalah pengamat dan diamati, diciptakan dan diciptakan? Siapa yang menjalankan game ini? Atau mungkin permainan lahir dari sebuah “incipit” yang melihat diri kita, sejak awal, sebagai pemain dan wasit?

Mungkin kenyataannya adalah Ouroboros raksasa, naga mitos yang menggigit ekornya sendiri, membentuk lingkaran tanpa awal atau akhir?

Tampaknya tidak bergerak, tetapi dalam gerakan abadi, ouroboros melambangkan kekuatan yang melahap dan meregenerasi dirinya sendiri, energi universal yang terus dikonsumsi dan diperbarui. Oleh karena itu melambangkan kesatuan dan totalitas dari segala sesuatu, ketidakterbatasan, keabadian, waktu siklus, pengembalian abadi, keabadian dan kesempurnaan.

Sangat menarik untuk dicatat bagaimana simbol ini hadir dalam keragaman tradisi mistis dan filosofis yang mengejutkan di setiap waktu dan tempat.

Fakta bahwa semua materi terbentuk dari pengamatan mengandung keharusan yang tak terhindarkan: kita perlu diamati.

Moto George Berkeley "Esse est percipi" (Menjadi sarana untuk dirasakan) sekali lagi mencerahkan.

Dari sudut pandang ini, kata-kata pemazmur juga dapat dipahami, yang berbalik kepada Tuhan, berterima kasih kepada-Nya karena dipandang, memang, karena tidak bisa lepas dari tatapannya. Tidak hanya itu: mengakui bahwa Tuhan telah mengawasinya sejak dia terbentuk di dalam rahim ibunya, dia mengakui bahwa tatapan itu membuatnya sempurna "seperti keajaiban".

David Bohm, yang merupakan anak dari seorang asisten rabi, mungkin berdoa berkali-kali di masa kecilnya dengan kata-kata Mazmur 138

> "Tuhan, Anda menyelidiki saya dan Anda mengenal saya,
> Anda tahu kapan saya duduk dan kapan saya bangun.
> Anda menembus pikiran saya dari jauh,
> Anda memperhatikan saya ketika saya berjalan dan ketika saya beristirahat.
> Ke mana harus pergi dari roh Anda, ke mana harus lari dari kehadiran Anda?
> Matamu melihatku saat aku masih belum berbentuk"

Di tahun-tahun terakhir hidupnya, Bohm terpesona oleh teori-teori filsuf Jiddu Krishnamurti, lahir di India pada tahun 1895. Dia menjalin kemitraan budaya dan spiritual dengannya, sedemikian rupa sehingga mereka menulis buku "Di mana waktu berakhir" bersama.

Dalam perjalanan persahabatan ini Bohm menjadi sangat dekat dengan mistisisme Timur dan mengubah keinginan mudanya untuk membangun masyarakat yang lebih adil (keinginan yang telah dinodai oleh materialisme Soviet) menjadi aspirasi yang mengarah ke tujuan yang sama tetapi melalui jalur pertumbuhan rohani.

Dalam konteks kemitraan budaya dan spiritual ini, Bohm menguraikan pemikiran yang diungkapkannya dalam kutipan dari buku "Bohm. Fisika Keabadian" oleh Massimo Teodorani:

> "Bidang yang "terbatas" adalah semua yang dapat kita lihat, dengar, sentuh, ingat, dan gambarkan. Bidang ini pada dasarnya adalah apa yang nyata atau berwujud. Sebaliknya, kualitas esensial dari yang tak terbatas adalah kelihaiannya. Kualitas ini berupa kata Spirit, yang arti aslinya adalah "angin, nafas".
>
> Ini menunjukkan adanya energi yang tidak terlihat tetapi meresap yang ditanggapi oleh dunia nyata yang terbatas. Energi ini, oh Roh, melingkupi semua makhluk hidup, dan tanpanya setiap organisme akan terurai menjadi unsur-unsur pembentuknya. Apa yang benar-benar hidup dalam makhluk hidup adalah energi Roh. Energi ini tidak pernah lahir dan tidak akan pernah mati."

Bohm mengacu pada roh yang dipahami sebagai Jiwa dunia, tatanan yang sangat terlibat yang mendasari dan menghidupkan setiap implikasi dan penjelasan berikutnya, yang terletak pada tingkat kebebasan tertinggi dan, dengan demikian, bebas dari konotasi filosofis atau dogmatis apa pun.

Seperti yang ditunjukkan dalam hidupnya, Bohm menganggap kebebasan sebagai kebaikan besar dan bercita-cita untuk menaklukkannya dalam kemutlakannya agar dapat membaginya. Dia meninggal karena serangan jantung pada 27 Oktober 1992 di London, meninggalkan kekosongan besar dalam komunitas ilmiah dan warisan ide yang sangat besar menunggu untuk dikembangkan baik secara ilmiah maupun filosofis.

Bibliografia

cheson David # One thousand eighty-nine and other magic numbers.
Aguirre Anthony # Zen and Multiverses
Allen Steve # Deceptions of logic
Ambesi Alberto # Panteismo
Amir Dan Aczel #Entanglement. The greatest mystery of physics. Amir Dan Aczel # The Mystery of the Alef
Amir Dan Aczel # The God Equation
Anderl Sybilla # The universe and me. A philosophy of astrophysics
Angier Natalie # The canon of science. Guided tour from the infinitesimal to infinity for enthusiastic beginners...
Anthes Emily # Quick Guide for Brainiacs: The Mind
Arecchi Tito & Eva # Simboli e realtà
Argentieri Niccolò # Ci sono elettroni nel mondo della vita?
Armstrong David # What is metaphysics
Asimov Isaac # The Physics Book
Asimov Isaac # In the beginning. The book of genesis interpreted.
Asimov Isaac # The invisible universe
Astrolabio Ubaldini # Neuroscienze e spiritualità. Mente e coscienza nelle tradizioni
Baker Stephen # The secret power of mathematicians
BakerJoanne # Quantum Physics. 50 great ideas
Barbour Julian # The point of Janus. A new theory of time
Julian Barbour # The End of Time.
Barcelli Simone # La storia che verrà
Baron Vincenzo # Albert Einstein. Il costruttore di universi
Barrow, Tipler # The anthropic principle.
Barrow John David # 1+1 does not (always) do 2
Barrow John David # Zero to . The great story of nothing. Oscar Mondadori.
Barrow John David # From the Self to the Cosmos
Barrow John David # The numbers of the universe
Barrow John David # The Book of Universes. Complete guide to possible universes
Barrow John David # The mono within the world

Barrow John David # Infinity
Barrow John David # The universe as a work of art
Barrow John David # The Pictures of Science
Barrow John David # The Origins of the Universe
Barrow John David # Why is the world mathematical? The third
Barucca, Jannaccone Scacchi # Forced science
Barzaghi Giuseppe # Compendio di storia della filosofia
Battiston Roberto # La prima alba del cosmo. Dal big bang alla vita nell'universo
Beitman Bernard # Messages of coincidences.
Bellone Enrico # Corpi e cose
Bergson Henri # Essay on the immediate data of consciousness
Berkeley George # Philosophical Works
Bersani-Peres # Proverbial mathematics
Bersani R, Peres E. # Mathematics. Survival course
Berti Enrico # History of metaphysics
Bocchi G, Ceruti M. # Origins of stories
Bodanis David # $E=mc^2$. Biography of the equation that changed the world
Bogdanov Igor # Before the Big Bang. The origin of the universe
Bohm - Khrisnamurti # Where time ends
Bohm - Khrisnamurti # The limits of thought
Bōhm Conrad # The Keys of the Cosmos
Bohm David # Universe Mind Matter
Bojowald Martin # Before the Big Bang. Complete history of the universe
Bonaventura, Colombo, Miluzio # The made-to-measure universe. Journey into the incredible cosmic coincidences that allow us to be here
Boncinelli, Inherited # Everything is transformed. Brief history of energy
Borgna Eugenio # Il tempo e la vita
Brockmn John # That's not true but I believe it
Bruno Giordano # Of the infinite universe and worlds
Bryson Bill # A Brief History of (Almost) Everything
Bui Daniele, LeoniSilvio # Mente, cervello e coscienza. Il vicolo cieco del materialismo nel pensiero di Sir John Eccles
Burgin Luc # Errors of science
Cambray Joseph # Synchronicity. Nature and psyche in an interconnected universe.
Campbell, Joseph # Dee. The mysteries of the divine feminine
Campbell, Joseph # The Inner Reaches of the Cosmos. The metaphor in myth and religion
Cantalupi -Santarcangelo # Psiche e realtà
Cappelletti Valentina # From order to things. Essay on Werner Heisenberg
Capra F. Luisi P.L. # Life and nature. A systemic view.
Goat Fritjof # The turning point
Goat Fritjof # The Tao of Physics.
Goat Fritjof # The science of life
Goat Fritjof # Towards a new wisdom
Carlson W. Bernard#Tesla. The inventor of the electric age

Casati Roberto # La scoperta dell'ombra
Castorina Paolo # La «particella di Dio» e l'origine della massa
Cattabiani Alfredo # Planetarium
Cederquist John # Coincidences don't exist.
Cesati Cassin Marco # Non siamo qui per caso. Il potere delle coincidenze.
Chandrasekhar Sub. # Truth and beauty. The reasons for aesthetics in science.
Chiaberge Riccardo # Il Dio variabile
Chinnici Giorgio # Si dà il caso. Il funzionamento segreto del mondo quantistico
Chopra Deepak # Coincidences.
Ciuffardi, Perissi # La fine della coscienza? Dalla mente bicamerale all'intelligenza artificiale
Clark Michael # Paradoxes A to Z
Close Frank # Theories of everything
Scatti Monica # Buchi neri evanescenti
Coppens Yves # The construction of prehistory
Couliano Joan # The journeys of the soul
Coustè Alberto # Brief history of the devil
Crespi Marco # L'equazione della coscienza
Currivan Jude # The Cosmic Hologram
D'Ancona Vittorino # Greek mythology
Dal Buono Lucio # Dall'atomo all'anima. Tutto quello che devi sapere
Damasio Antonio # Emotion and conscience
Damasio Antonio # Descartes' error. Emotion, reason and the human brain
Dask Mike # Beyond Borders
Davies Paul # How to build a time machine
Davies Paul # God and the new physics
Davies Paul # The last three minutes
Davies Paul # The Mysteries of Time. The universe after Einstein
Davies Paul # The Intelligent Cosmos
Davies Paul # The fleeing universe
Davies Paul # The Mind of God
Davies Paul # Are we alone?
Davies Paul # On the edge of infinity. Naked singularities and distribution of space-time
Dawkins Richard # The Blind Watchmaker
De Agostini # Biology
De Agostini # Large paperbacks. Geographical atlas. Historical. Astronomy
De Crescenzo Luciano # Ordine e disordine
De Crescnzo Luciano # empo e felicità
De Santillana Giorgio, Von Dechend Hertha # Hamlet's mill. Essay on myth and the structure of time.
De Santillana Giorgio #Sirio
Dehaene Stanislas # Brain and consciousness
Della Sala, Dewar # Never trust your mind. N+1 experiments to understand how it deceives us and why

Delmastro Marco # Particelle familiari. Le avventure della fisica e il bosone di Higgs
By Francesco Michele, Marraffa, Tomasetta # Filosofia della mente. Corpo, coscienza, pensiero
Mondadori Dictionary # Dizionario della saggezza orientale
Donà Massimo # Magia e filosofia
Du Sautou Marcus # The perfect mess
Du Sautou Marcus # The Million Dollar Equation
Du Sautou Marcus # The impossible theories. What are the limits of science?
Dumezil Geoges # Archaic Roman religion
Edelmen, Tononi # Un universo di coscienza. Come la materia diventa immaginazione..
Albert Einstein # Albert Einstein. Relativity and new physics
Einstein Albert # The world as I see it
Einstein Albert # Thoughts, ideas, opinions
Einstein, Infeld # The evolution of physics
Ekelan Ivar # Chaos
Ereditato Antonio # Le particelle elementari
Hermes Trismegistus # Poimandres
Fabbro Franco # The biological foundations of philosophy. The symbolic nature of DNA, psyche and language
Facchini Fiorenzo # L'avventura dell'uomo. Caso o progetto?
Facchini Fiorenzo # Origini dell'uomo ed evoluzione culturale
Facchini- Magnani # Myths and rites of prehistory
Faggin Federico # Irriducibile, Conscience, life, computers and our nature
Faggin Federico # Silicon
Falletta Nicholas # The Book of Paradoxes
Federrici Vescovini G. # Magico Medioevo
Ferrini Federico # Onde gravitazionali. Una nuova porta per il cosmo
Ferris Timothy # The Adventure of the Universe. From Aristotle to quantum theory and beyond: a never ending story
Ferrone Vincenzo # Una scienza per l'uomo
Feynman Richard # The meaning of things
Feynman Richard # QED
Feynman Richard # Six Easy Pieces
Albertini Foundation # Prove e indizi dell'aldilà
Andrea Sardos Foundation # Prove e indizi dell'aldilà. Il caso Andrea
Ford Kenneth # The quantum world. Quantum physics for everyone.
Fosar-Bludorf # Hyperconsciousness. Intelligence is hidden in the DNA
Foster Charles # We human beings. 40,000 years of history of consciousness
Franks E.M. # Carl Jung's theory of psychological types
Fraser J. T. # Time: an unknown presence
Frazer James # The golden branch
Friedman Richard # Who Wrote the Bible?
Frova Andrea # Il Cosmo e il Buon Dio. Dialogo su astronomia, evoluzione e mito
Find Andrea # Luce. Una storia da Pitagora ad oggi

Find Andrea # Perché succede quello che succede
Galfard Cristophe # How to understand E=mc2
Galilei Galileo # DDialogo dei principali sistemi
Gallippi Angelo # Federico Faggin. Il padre del microprocessore
Gamow George # Gravity
Gamow George # The Adventures of Mr. Tompkins. Daedalus Editions
Gamow George # New World of mr. Tompkins. Zanichelli
Gamow George # Thirty Years That Shocked Physics
Gasperini Maurizio # L'universo prima del big bang. Cosmologia e teoria delle stringhe
Gazzaniga Michael # Conscience is an instinct. The mysterious link between the brain and the mind
Giacobbo Roberto # Secret cities
Giacobini, d'Errico # The Neanderthal hunters
Giacomelli Giorgio # Dal quark al big bang
Giuliodori Lucio # Sul concetto di sincronicità: Jung tra psicoanalisi e quantismo
Giuliodori Lucio # Tra fisica e metafisica. Alcune implicazioni
Atlanti Giunti # Geografia generale, astronomia e cartografi
Gleick James # Chaos. The birth of a new science
Goldman Jane #Xfiles. The Book of Incredible Facts
Goswami Amit # Quantum Guide to Enlightenment. Mediterranean Editions
GrazianoMichael # Rethinking conscience
Grecchi Vittorio # The brain field lies
Greek Peter # The origin of the universe
Greene Brian # Until the end of time. Mind, matter and the search for meaning in an ancient universe
Greene Brian # The elegant universe. Superstrings. hidden dimensions and the search for the ultimate theory.
Greene Brian # The Elegant Universe
Greene Brian # The Hidden Reality
Greene Brian # The hidden reality - parallel universes and profound laws of the cosmos. Philosophies of sciences
Greene Brian # The plot of the cosmos. Space, reality.
Gribbn John # Encyclopedic Dictionary of Quantum Physics
Guido Paolo # Da Buddha a Einstein
Hack Margherita Ferreri Cossard # La lunga storia delle origini. I grandi miti e le teorie con cui l'umanità ha spiegato l'universo
Hall Nna # Chaos. A science for the real world
Hand David # Chance does not exist. Because the most amazing things happen every day
Harner Michael # The Way of the Shaman
Harrison Edward # The Masks of the Universe
Hawking - Penrose # The nature of space and time
Hawking Heckler # The Grand Design.

Hawking -Mlodinov # From the Big Bang to black holes. Brief history of the universe. Mondadori
Hawking Stephan # Holes nr and newborn universes
Hawking Stephen # The universe in a nutshell. Oscar Saggi Mondadori.
Hawking Stephen # The Great History of Time. Mondadori
Stephen Hawking # The Theory of Everything. Origin and destiny of the universe. Mondadori.
Hawking Stephen # Gazing up at the stars
Heckler Richard # Coincidences
Heidegger, Martin # What is metaphysics?
Heidegger, Martin # The concept of time
Heisenberg Werner # Physics and Philosophy
Hermann Greta # Physics and philosophy
Higfield, Roger # The Science of Henry Potter
Hillman, James # The Soul Code
Hope Murry # The Secret of Sirius
Hopke Robert # Nothing happens by chance. Oscar Mondadori
Hoyle Fred # The Origin of the Universe and the Origin of Religion
Humphrey Nicholas # Soul Dust. The Magic of Consciousness
Hunter Tobias # A new idea of the world
Huxley Aldous # Brave New World. Back to the new world.
Jaffè Aniela # Dreams, prophecies, apparitions
Jaynes Julian # The Breakdown of the Bicameral Mind and the Origin of Consciousness
Johnson Steven # Where great ideas are born. Natural history of innovation
Joseph Frank # The Power of Coincidences. The meeting point.
Jou David # Rewrite Genesis. In search of the mathematical formula of creation
Jung Carl # Animus and anima
Jung Carl # Experience and mystery
Jung Carl # The Red Book. Liber novus.
Jung Carl # Jung speaks Interviews and meetings
Jung Carl # The analysis of dreams. The archetypes of the unconscious. The synchronicity.
Jung Carl # The ego and the unconscious
Jung Carl # Man and his symbols
Jung Carl # The psychic dimension. Collection of writings.
Jung Carl # Psychology of the unconscious
Jung Carl # Memories and reflections.
Jung Carl # Psychological types
Kaku Michio # The future of humanity
Kaku Michio # Hyperspace
Kaku Michio # The divine equation
Kane Gordon # The Garden of Building Blocks. Longanesi
Karsenti Eric # A Brief History of the Origins of Life. From the cell to the human being, the most beautiful story ever told: ours

Kauffman Stuart # Reinventing the sacred
Kinnebriock Werner # Where does the passing of time go. Physics, philosophy and daily life
Kippenhahn Rudolf # Pocket Cosmology. From the big bang to the poetry of the starry sky
Koch Christof ok # The search for conscience
Kornelius Martin #Einstein Light
Kosko Bart # The fuzzy-thinking
Krauss Lawrence # The Dark Heart of the Universe. In search of the «Fifth essence
Krauss Lawrence # The Universe from Nothing
Krauss Lawrence # The Physics of Star Trek
Kumar Manjit # Quantum. From Einstein to Bohr, a new idea of reality.
Kundera Milan # Immortality
Kung Hans # Chinese Christianity and Religiosity. Arnoldo Mondadori editor.
Lalumera Elisabetta # Cosa sono i concetti
Lambert Karel, G. Gordon # Introduction to the philosophy of science
Lanternari Vittorio # Religione, magia e droga
Lanza R. + Herman # Biocentrism
Lanza Robert # The grand biocentric design
Lanza Robert # Beyond biocentrism
Laszlo Erwin # Science and the Akashic Plan
LaszloErvin # The Immortal Mind
Lazzara Salvatore # Vedi alla voce scienza
Lederman-Hill # Quantum Physics for Poets
Ledoux Joseph # The emotional brain
Licata Ignazio # Observing the Sphinx. DiRenzo Publisher.
Lindley David # Einstein's moon
Lipton Bruce # The Biology of Belief
Livio Mario # La sezione aurea. Storia di un numero e di un mistero che dura da tremila anni
Lu Tung-pin # The Secret of the Golden Flower
Luc Georg # Il magico nella cultura antica
Luccio Riccardo # FDall'anima alla mente. Breve storia della psicologia
Lurker Manfrd # Dictionary of Biblical Pictures and Symbols
Marchesi Fabio # Exotropia
Marchi Vittorio # La scienza dell'Uno. Chiave per l'universo nascosto
Marconi Momolina # Prelude to the history of religions
Marletto Chiara # La scienza dell'impossibile. Alla ricerca delle nuove leggi della fisica
Martini Francesco # Persuasive communication 4 books
Massalenti (curator) # Qualcosa di grande. L'infinita bellezza e complessità di tutto ciò che esiste
Massimini Tononi # Nothing greater
Mavaldi Marco # The two heads of the tyrant. Mathematical methods for freedom

Mazzitelli Italo # What if God existed? E se Dio esistesse? I limiti della conoscenza scientifica quando si indaga su Dio e la religione
McTaggart Lynne # The secret force of the universe. The zero point field
McTaggart Lynne # The Bond. The quantum link
Mecacci Luciano # Identikit of the brain
Michell John # Astroarchaeology
Miramonti Reseghetti # Neutrino. La particella fantasma
Mondadori # Dictionary of oriental wisdom
Morowitz Harold # The birth of everything
Mortier Roland # Imposters and gullible people in the Age of Enlightenment
Matteo Motterlini # Mental traps. Rizzoli
Mugnos Sabrina # The universe that thinks
Mullis Kary # They dance naked in the field of mind
Musso Paolo # Science and the idea of reason. Science, philosophy and religion from Galileo to black holes and beyond.
Muzzio Publisher # Caos. Una scienza per il mondo reale
Nagel Thomas # A very short introduction to philosophy
Neumann Erich # History of the origins of consciousness
Nietzsce # Beyond good and evil
Nietzsche Friedrich # Thus Spoke Zarathustra
New Syntheses # Galileo Newton Einstein
O'Keane Veronica # The Bazaar of Memory. How we build memories and how memories build us
O'Regan J. Kevin # Why colors don't play. A new theory of consciousness
Odifreddi Piergiorgio # Una via di fuga. Il grande racconto della geometria moderna
Oldstone Moore # Understanding Taoism
Oliverio Alberto # Dove ci porta la scienza
Oliverio Alberto # L'arte di ricordare. La memoria e i suoi segreti
Oreglio Flavio # Curiosa storia della scienza. Le radici pagane dell'Europa
Osho # Rajneesh's bible
Overbye Dennis # Einstein innamorato. La vita di un genio, tra scoperte scientifiche e passione romantica
Palazzi Pablo # The Great Illusion
Palmarini and others # Musica, luce, colori, nuova energia
PanekRichard # The invisible century
Paolelli Ermanno # Neuro-quantum. The new frontier of neuroscience
Parigi Silvia # Magia e scienza nell'età moderna
Paris Giorgio # In un volo di storni. Le meraviglie dei sistemi complessi
Pauli Wolfgang # Psyche and nature
Pearson Carol S. # The hero within us
Peat David # The Paths of Chance
Peat David # Synchronicity. A union between matter and psyche. Magi Editions
Peiretti Federico # Il matematico si diverte. Duecento giochi e puzzle che hanno fatto la storia della matematica
Pellegrini Massimo # Fisica quantistica per principianti

Penrose Roger # The Universe is still a secret
Penrose Roger # The Emperor's New Mind
Penrose Roger # The road that leads to reality
Perconti Pietro # Conscience. Philosophical lexicon
Pichot André # The birth of science. Mesopotamia, Egypt, Ancient Greece
Pim van Lommel # Consciousness beyond life
Pinotti-Baccarini # Italia esoterica
Pizzuti Marco # From man 2.0 to the universal matrix of ooscience. Unauthorized evolution
Plato # Against Democracy
Plez Ugo # The lost sciences
Poli Eric Francesca # Anatomy of quantum consciousness
Polkinghorne John # Quantum theory
Popper Karl # The ego and its brain. Armando Publisher.
Powell Arthur # The astral body and related phenomena
Prattico Franco # From chaos… to conscience
Privitera Agata # MBT The Myers-Briggs theory and the 16 personalities
Proverb Edward # Archaeoastronomy
Radin Dean # Interconnected Minds. Psychic phenomena explained by quantum physics.
Ramorino Felice # Classic mythology illustrated
Randall Lisa # Curved passes. The mysteries of the hidden dimensions of the universe
Ranucci Stefano # Physics of the other world. When consciousness and quantum physics explain the paranormal
Reda Giuseppe # Energy and its forms of existence
Reeves Hubert # Cosmic Evolution
Regge Tullio # Infinity
Renn Jurgen # The evolution of knowledge
Rey Olivier # Itineraries of bewilderment. What if science were a great metaphysical enterprise?
Rezzolla Luciano # The irresistible attraction of gravity. Journey to the discovery of black holes
Rhine Louisa # Psychokinesis. Mind dominates matter. Golem Books.
Richet Pascal # A natural history of time
Robinson Richard # Why does toast always fall buttered side up?
Robinson Richard # Why does toast always fall buttered side up? The brilliant scientific explanation of Murphy's Laws
Rodriguez Pepe # God was born a woman
Romano Giuliano # Archeoastronomia italiana
Romanus Julian # Orientamenti ad sidera
Rosati Giancarlo # Cosmic consciousness. Path to enlightenment
Rossi Daniela # Matter that dreams
Roth Reme # The Seekers of God
Rovelli Carlo # Heligoland

Rowan Robinon # The nine numbers of the cosmos. The origin and nature of our universe
Rucker Rudy # The Fourth Dimension. A guided journey into higher order universes
Russel Bertrand # Dictionary of physical and moral logic
Russo Lucio # The forgotten revolution. Greek scientific thought
Russo Michele # Is life a "case" of matter?
Essay Isabella # Age, if any
Sale Musio Carla # Communicating with those who no longer have a body
Sarle John # The Mystery of Conscience
Schoch Robert # The voice of the stones. Lost civilizations
Schoepflin Maurice # 100 Philosophers
Schopenhauer Arthur # The art of getting right
Schumacher Ernst # A guide for the perplexed
Searle John # The mind
Sermonti Giuseppe # A science without a soul.
Serra Pietro # From the soul to the conscience. An incursion into the folds of the mind
Severino Emanuele # The anti philosophy
Shapira Haim # Lessons on Infinity
Sheldrake Rupert # The Extended Mind. Hooray.
Sheldrake Rupert # The illusions of science. Hooray.
Siegfried Tom # The Number of Heavens. A story of the multiverse and the quest to understand the cosmos
Sigman Mariano # The Secret Life of the Mind. How our brain works when it thinks, feels, decides
Singer Charles # A Brief History of Scientific Thought
Sissa ISAS laboratories # Chaos and complexity
Smith Michael # Jung and shamanism.
Smolin, Lee # Einstein's Unfinished Revolution. The search for what is there
Sorensen Roy # Philosophical Wonder Room
Sparzani and Panepucci # Jung e Pauli. La corrispondenza originaria:
Stanzani Maserati # Consciousness and meaning
Stapp Henry# Quantum Theory and Free Will. Springer International Publishing.
Stavros Joshua # Shamanism
Stein Murray # The principle of individuation. Towards the development of consciousness
Stenger Victor # Why Science Doesn't Believe in God. Faith's Lost Challenge to Reason
Styer Daniel # Really understanding relativity. Discovering Einstein's theory
Sun-Tzu # The Art of War
Surace Graziano # The Quantum of Challenge
Surprise Kirby # Sincronicità. Comprendere e utilizzare coincidenze significative
Tagliagambe Malinc # Jung e il libro rosso: il sé e il sacrificio dell'ego. Moretti & Vitali.
Malinc Legcutter. # Pauli e Jung. Un confronto tra materia e psiche.
Tagliagambe Silvano # Lo sguardo e l'ombra

Talbot Michael # All is one. Feltrinelli
Teilhard de Chardin # The human phenomenon
Teilhard de Chardin # The future of man
Teillard De Chardin # The place of Man in Nature
Teillard De Chardin # The singularities of the human species
Teodorani Massimo # Bohm. The physics of infinity.
Teodorani Massimo # Entanglement. The entanglement in the quantum world: from particles to consciousness.
Teodorani Massimo # The great celestial numbers
Teodorani Massimo # The atom and the elementary particles. Macro Editions
Teodorani Massimo # The creative mind. From the physical universe to intelligent life. Macro Editions.
Teodorani Massimo # Telling the universe. Popular introduction to astrophysics
Teodorani Massimo # Synchronicity. The link between physics and psyche. From Pauli to Jung to Chopra.
Teodorani Massimo # Teleportation
Teodorani Massimo # Tesla. A brillant idea
Tesla Nicola # My inventions. The autobiography of a genius
Tesla Nikola # On increasing human energy
Frank Tipler # The physics of immortality. Double day.
Tong Ziya # When you look at the world and you don't see it
Toni Paolo # Mathematical sparks. Games and competitions of creativity and logic
Tononi Edelman # A universe of consciousness
Tononi Giuio # PHI A journey from the brain to the soul
De Agostini # Illuminismo
Vaas Rudiger # Hawking. Universe, space, time
Vacca Roberto # You too are a mathematician
Vafa Cumrun # Puzzles to decipher the world
Vassallo Nicola # Philosophies of the sciences
Vidali Paolo # History of the idea of nature. From Greek Thought to Anthropocene Consciousness
Vincenzo Lorenzo # Enlightenment.
Vitebski Piers # Shamans
Von Franz Marie-Louise # Divination and synchronicity. Psychology of significant coincidences
Von Franz Marie-Louise # Fairy tales interpreted
Von Franz Marie-Louise # Psyche and matter
Von Franz Marie-Louise-ok # Psychological typology. The functions of consciousness: thinking and feeling, intuition and sensation
White John # The meeting of science and spirit. Publishing Practices.
Widmann Claudio # Introduction to synchronicity. Magi Editions.
Widmann Claudio # Synchronicities and significant coincidences. Magi Editions.
Wiener Anna # The dark valley
Wigner Eugene # The unreasonable efficacy of mathematics in the natural sciences
Wilber Ken # Quantum Issues

Wilson Edward # Wonderful Harmony
Wolf Fred # Time loops and space twists. How God created the universe. Find out why space, time and matter are closely connected
Wolke Robert # To his barber Einstein told it like this. Daily life and scientific questions
Zeilinger Anton # Einstein's Veil
Zeilinger Anton # The dance of photons
Zichichi Antonino # The irresistible charm of time. From the resurrection of Christ to the subnuclear universe
Zichichi Antonino # Infinity
Zolla Elemire # Archetypes. auras. Secret truths. Wandering Dionysus
Zoppi Giorgi0 # Cosmology with six difficulty levels

Bruno Del Medico, blogger, penulis, editor, mengkhususkan diri dalam penyebaran isu-isu yang berkaitan dengan peristiwa sosial terkini dan batas-batas baru ilmu pengetahuan. Dia adalah penulis banyak teks yang berkaitan dengan pandemi baru-baru ini dan seri khusus tentang fisika kuantum dan metafisika.

www.ingramcontent.com/pod-product-compliance
Lightning Source LLC
LaVergne TN
LVHW010645051026
849532LV00001B/184

* 9 7 9 8 2 1 5 1 7 5 3 2 3 *